高等职业教育农业部“十二五”规划教材

高等职业教育“十四五”规划教材

畜牧兽医基础化学

第2版

王艳立　徐丽芳　主编

中国农业大学出版社
·北京·

内 容 简 介

《畜牧兽医基础化学》是高等职业教育农业部“十二五”规划教材。教材根据畜牧兽医类专业人才培养的需要，将无机化学、分析化学、有机化学和生物化学涵盖的化学基础知识和基本技能融合在一起，以“紧密结合专业、适度够用”为原则选取和组织内容。全书以化学分析基本技术为主线，设计了溶液的配制与 pH 测定、定量分析基础、无机物含量的测定、有机化合物官能团的鉴定、蛋白质的定性定量分析、糖的定性定量分析、脂类的定性定量分析等 7 个模块。每个模块又以测定项目为载体分为不同单元，模块一包括溶液、化学平衡与电解质溶液；模块二包括定量分析概述、滴定分析概述；模块三包括钙含量的测定、可溶性氯化物中氯含量的测定、磷含量的测定；模块四包括烃与烃的衍生物、羧酸及取代酸；模块五包括蛋白质的结构和性质、蛋白质的分解代谢；模块六包括糖的结构和性质、糖在动物体内的代谢、糖原代谢；模块七包括脂类的结构和性质、动物体内脂类的代谢。每个单元包括理论知识、实验操作和思考练习题三部分内容。

本教材实现了基础课与专业课的有效对接，理论与实践的紧密结合，符合高职教育特色，可作为高职院校畜牧兽医类专业教学用书。

图书在版编目(CIP)数据

畜牧兽医基础化学/王艳立，徐丽芳主编. —2 版. —北京：中国农业大学出版社，2020.10 (2023.7 重印)

ISBN 978-7-5655-2477-6

Ⅰ.①畜…　Ⅱ.①王…②徐…　Ⅲ.①畜牧学-农业化学-高等职业教育-教材②兽医学-生物化学-高等职业教育-教材　Ⅳ.①S13②Q5

中国版本图书馆 CIP 数据核字(2020)第 224091 号

书　名　畜牧兽医基础化学　第 2 版

作　者　王艳立　徐丽芳　主编

策划编辑　康昊婷　　**责任编辑**　康昊婷　刘彦龙

封面设计　李尘工作室

出版发行　中国农业大学出版社

社　址　北京市海淀区圆明园西路 2 号　　**邮政编码**　100193

电　话　发行部 010-62733489，1190　　读者服务部 010-62732336

编辑部 010-62732617，2618　　出　版　部 010-62733440

网　址　http://www.caupress.cn　　**E-mail** cbsszs@cau.edu.cn

经　销　新华书店

印　刷　北京溢漾印刷有限公司

版　次　2021 年 1 月第 2 版　　2023 年 7 月第 3 次印刷

规　格　185 mm×260 mm　　16 开本　　15 印张　　350 千字

定　价　45.00 元

第 2 版编写人员

主　编　王艳立　辽宁农业职业技术学院

　　　　　徐丽芳　辽宁农业职业技术学院

副主编　曹凤云　黑龙江农业工程职业学院

　　　　　李红梅　广西农业职业技术学院

　　　　　陶　妍　辽宁农业职业技术学院

参　编　何春玫　广西农业职业技术学院

　　　　　张小川　黑龙江农业工程职业学院

　　　　　张　铎　江苏农牧科技职业学院

　　　　　刘会娟　辽宁农业职业技术学院

　　　　　郑关雨　辽宁农业职业技术学院

　　　　　赵福庆　辽宁农业职业技术学院

　　　　　张　林　营口理工学院

　　　　　朱　源　上海朋朋宠物有限公司

第 1 版编写人员

主　编　王艳立　辽宁农业职业技术学院
　　　　　徐丽芳　辽宁农业职业技术学院

副主编　曹凤云　黑龙江农业工程职业学院
　　　　　李红梅　广西农业职业技术学院
　　　　　刘会娟　辽宁农业职业技术学院

参　编　何春玫　广西农业职业技术学院
　　　　　张晓川　黑龙江农业工程职业学院
　　　　　张　铎　江苏农牧科技职业学院
　　　　　陶　妍　辽宁农业职业技术学院

第2版前言

党的二十大报告指出，我国要坚持教育优先发展、科技自立自强、人才引领驱动，加快建设教育强国、科技强国、人才强国，坚持为党育人、为国育才，全面提高人才自主培养质量，着力造就拔尖创新人才，聚天下英才而用之。教材遵循《国家职业教育改革实施方案》对职业教育教材建设的要求，分析畜牧兽医相关专业对应岗位工作所需关键技能和专业课程对化学知识和基本技能的需求，将无机化学、分析化学、有机化学和生物化学涵盖的化学基础知识和基本技能融合在一起，在理论知识中融入专业知识、在分析技术中侧重专业需要，实现基础课程与专业课程的有效对接、课程内容与工作任务的有效对接。

本教材为解决畜牧大类专业应用化学课程教学需求而编写，具有较强的专业性和针对性。本教材以化学分析基本技术为主线，设计了 7 个模块，分别是溶液的配制与 pH 测定、定量分析基础、无机物含量的测定、有机化合物官能团的鉴定、蛋白质的定性定量分析、糖的定性定量分析、脂类的定性定量分析。每个模块又以测定项目为载体设计了不同单元，每个单元包括理论知识、实验操作和知识拓展等内容。教材将枯燥的化学理论知识融入分析操作过程中，使学生在实验操作过程中理解和掌握理论知识，符合高职教育“做中学”的特色。教材以“紧密结合专业、适度够用”为原则选取和组织内容，在旧的知识体系基础上建立了以分析技术为主线的新的知识体系，实现了理论与实践的紧密结合。

为了方便读者使用，在第一版的基础上，本版教材除了内容和形式做了调整，还在每个单元增加了教学课件的二维码，在每个模块后增加了测试题二维码，读者扫码即可学习并检测学习效果，操作简单、使用方便。同时，教材中引用的测定方法多为国家标准测定方法，适用范围较广。

参与本教材编写的教师由来自 6 所高校的基础课教师和专业教师组成，编者们具有丰富的工作经验，经过多次讨论，大家一致认为本教材的内容组织符合专业需要、符合高职教学特点，既突出基础课的重要作用，又方便教与学。此外，教材在修订过程中得到了上海朋朋宠物有限公司朱源总经理的支持和指导，突出了化学基本知识和技术在宠物临床实践中的应用。教材模块一由徐丽芳编写，模块二和附录由曹凤云编写，模块三由王艳立、张铎、陶妍编写，模块四由张林、郑关雨编写，模块五由张小川编写，模块六由李红梅、何春玫编写，模块七由赵福庆、刘会娟编写。教材的统稿工作由王艳立、徐丽芳完成，数字资源部分由郑关雨完成。尽管编者对教材进行了反复校对，但还会有错误和不足，恳请使用者多提宝贵意见。

本教材可作为高职院校畜牧、兽医、宠物养护与驯导、宠物临床诊疗技术等畜牧兽医类相关专业的应用化学课程教学用书，也可作为畜牧兽医科技工作者的参考用书。

编　者

2023 年 2 月

第1版前言

本教材是按照高等职业教育农业部“十二五”规划教材要求，为解决畜牧兽医类专业应用化学课程教学需求而编写的，具有较强的专业性和针对性。在畜牧兽医类专业课程体系下，分析相关专业课程和相关就业岗位对化学知识和技能的需求，将无机化学、分析化学、有机化学和生物化学涵盖的化学基础知识和基本技能融合在一起，在理论知识中融入专业知识、在分析技术中侧重专业需要、实现基础课程与专业课程的有效对接。

本教材以化学分析基本技术为主线，设计了 7 个模块，分别是溶液的配制与 pH 测定、定量分析基础、无机物含量的测定、有机化合物官能团的鉴定、蛋白质的定性定量分析、糖的定性定量分析、脂类的定性定量分析。每个模块又以测定项目为载体设计了不同单元，每个单元包括理论知识、实验操作和思考练习题 3 部分内容。将枯燥的化学理论知识融入分析操作过程中，使学生在实验操作过程中理解和掌握理论知识，符合高职教育“做中学”的特色。教材以“紧密结合专业、适度够用”为原则选取和组织内容，打乱了旧的知识体系，建立了以分析技术为主线的新的知识体系，实现了理论与实践的紧密结合。

本教材的作者由来自 4 所高职院校的基础课教师和专业课教师组成，他们具有丰富的工作经验，经过多次讨论，一致认为本教材的内容组织符合专业需要、符合高职学生特点，有利于教与学，能突出基础课的重要作用。教材模块一由徐丽芳编写，模块二和附录由曹凤云编写，模块三由王艳立、张铎、陶妍编写，模块四和模块七由王艳立、刘会娟编写，模块五由张晓川编写，模块六由李红梅、何春玫编写。教材的统稿工作由王艳立、徐丽芳完成。尽管我们进行了反复校对，但难免还会有错误和不足之处，恳请使用者多提宝贵意见。

本教材可作为高职院校畜牧、兽医、宠物养护与疫病防治等畜牧兽医类相关专业的应用化学课程教学用书，也可以作为畜牧兽医科技工作者的参考用书。

编　者

2023 年 6 月

目　录

模块一

溶液的配制与pH测定

学习目标

1. 能准确计算溶液的浓度。
2. 能利用渗透压的原理解释动物体的某些生理现象。
3. 会配制溶液,会使用容量瓶、移液管、电子天平。
4. 理解化学平衡的概念和平衡常数的意义,会运用化学平衡移动原理进行定性判断。
5. 会定性判断盐溶液的酸碱性。
6. 理解缓冲溶液的概念,知道缓冲溶液的性质,能解释动物体内缓冲体系的作用。
7. 学会溶液 pH 的测定方法。

单元一　溶液

★ 理论知识

课程 PPT

一、分散系

一种或几种物质分散在另一种物质中所形成的体系叫作分散系。分散系中被分散的物质叫作分散质或分散相,而容纳分散质的物质叫作分散剂或分散介质。例如,氯化钠溶于水所形成的氯化钠溶液,水滴分散在空气中形成的云雾,其中氯化钠和水滴为分散质,水和空气为分散剂。

根据分散质粒子的大小,可以把分散系分为粗分散系、胶体分散系和分子与离子分散系3类(表1-1)。

一种或几种物质分散到另一种物质里,形成均一的、稳定的混合物,叫作溶液。溶液由溶质和溶剂组成。溶剂可以是水、汽油、酒精等。最常见的是以水为溶剂的溶液,它与农业和生物科学有着密切的联系。

表 1-1　分散系的分类

项目	粗分散系	胶体分散系	分子与离子分散系
粒子大小	$>10^{-7}$ m	$10^{-9}\sim10^{-7}$ m	$<10^{-9}$ m
一些性质	不能透过滤纸或半透膜	能透过滤纸，但不能透过半透膜	能透过滤纸或半透膜
实例	泥浆、牛奶、农药乳剂	淀粉溶液	食盐水、蔗糖水

二、溶液的浓度

溶液的浓度是指一定量的溶液或溶剂中所含溶质的量，可以用不同的方法来表示，其中比较常用的表示方法有 3 种：溶质的质量分数、溶质的物质的量浓度、溶质的质量浓度。

（一）溶质 B 的质量分数

溶质 B 的质量与溶液的质量之比称为溶质 B 的质量分数，用 w_B 表示。

$$w_B=\frac{m_B}{m}$$

式中：m_B 为溶质 B 的质量，单位为 kg；m 为溶液的质量，单位为 kg。例如，将 10 g 氢氧化钠溶于 90 g 水中即得 $w(NaOH)=0.1$（或 10%）的氢氧化钠水溶液。

（二）溶质 B 的物质的量浓度

1. 物质的量

物质是由分子、原子或离子等微粒构成的，为了将这些肉眼看不见的、难以称量的微粒与可称量的物质联系起来，引入了一个新的物理量——物质的量。

物质的量是国际单位制中 7 个基本物理量之一，符号为 n，单位为摩尔（mol）。一定量的粒子集体中如果含有阿伏伽德罗常数（N_A，约为 6.02×10^{23}）个粒子，它的物质的量就是 1 mol。

例如，1 mol C 约含有 6.02×10^{23} 个碳原子；1 mol CO_2 约含有 6.02×10^{23} 个二氧化碳分子，6.02×10^{23} 个碳原子，1.204×10^{24} 个氧原子；1 mol NaCl 约含有 6.02×10^{23} 个钠离子和 6.02×10^{23} 个氯离子。

使用摩尔表示物质的量时，应该用分子式或化学式指明粒子的种类。

化学方程式中各物质的化学计量数之比，等于各物质的粒子数之比，也等于各物质的物质的量之比。

如：

	N_2	+	$3H_2$	=	$2NH_3$
粒子数之比	1	:	3	:	2
	N_A	:	3 N_A	:	2 N_A
物质的量之比	1	:	3	:	2

2. 摩尔质量

1 mol 物质所具有的质量称为该物质的摩尔质量，用符号 M 来表示，单位是 $g\cdot mol^{-1}$。

当单位为 $g \cdot mol^{-1}$ 时，任何原子的摩尔质量，数值上等于该原子的相对原子质量，任何分子的摩尔质量，数值上等于该分子的相对分子质量，任何离子的摩尔质量，数值上等于组成该离子的各原子的相对原子质量之和。例如，$M(H)=1\ g \cdot mol^{-1}$；$M(C)=12\ g \cdot mol^{-1}$；$M(CO_2)=44\ g \cdot mol^{-1}$；$M(H_2SO_4)=98\ g \cdot mol^{-1}$；$M(H^+)=1\ g \cdot mol^{-1}$；$M(SO_4^{2-})=96\ g \cdot mol^{-1}$。

物质的量(n)、质量(m)和摩尔质量(M)之间的关系：

$$n=\frac{m}{M}$$

【例 1-1】　已知 $M(NaOH)=40\ g \cdot mol^{-1}$，请问 80 g NaOH 的物质的量是多少摩尔？

解：

$$n=\frac{m}{M}=\frac{80\ g}{40\ g \cdot mol^{-1}}=2\ mol$$

答：80 g NaOH 的物质的量是 2 mol。

【例 1-2】　已知 $M(NaCl)=58.5\ g \cdot mol^{-1}$，请问 0.2 mol NaCl 的质量是多少克？

解：$m=n \times M=0.2\ mol \times 58.5\ g \cdot mol^{-1}=11.7\ g$

答：0.2 mol NaCl 的质量是 11.7 g。

3. 物质的量浓度

物质的量浓度是指单位体积溶液中所含溶质 B 的物质的量，用 c_B 表示。

$$c_B=\frac{n_B}{V}$$

式中：n_B 为溶质 B 的物质的量，单位为 mol；V 为溶液的体积，单位为 m^3；物质的量浓度 c_B 的单位为 $mol \cdot m^{-3}$，常用单位为 $mol \cdot L^{-1}$。

在使用物质的量浓度单位时必须注明物质的基本单元。例如：$c(KMnO_4)=0.10\ mol \cdot L^{-1}$ 与 $c\left(\frac{1}{5}KMnO_4\right)=0.10\ mol \cdot L^{-1}$ 的两种溶液，它们浓度数值虽然相同，但是它们所表示的 1 L 溶液中所含 $KMnO_4$ 的质量是不同的，即所含 $KMnO_4$ 的质量分别为 15.8 g 和 3.16 g。

【例 1-3】　500 mL 氢氧化钠溶液中含 2 g NaOH，求该溶液中 NaOH 的物质的量浓度。

解：查附录 2 知 $M(NaOH)=40\ g \cdot mol^{-1}$。2 g NaOH 的物质的量为：

$$n(NaOH)=\frac{m(NaOH)}{M(NaOH)}=\frac{2\ g}{40\ g \cdot mol^{-1}}=0.05\ mol$$

溶液中 NaOH 的物质的量浓度为：

$$c(NaOH)=\frac{n(NaOH)}{V}=\frac{0.05\ mol}{0.5\ L}=0.1\ mol \cdot L^{-1}$$

答：该溶液中 NaOH 的物质的量浓度为 $0.1\ mol \cdot L^{-1}$。

【例 1-4】 配制 100 mL 3 mol·L^{-1} 的 KCl 溶液，需要 KCl 的质量是多少克？

解：100 mL 3 mol·L^{-1} 的 KCl 溶液中 KCl 的物质的量为：

$$n(\mathrm{KCl})=c(\mathrm{KCl})\times V=3\ \mathrm{mol\cdot L^{-1}}\times 0.1\ \mathrm{L}=0.3\ \mathrm{mol}$$

查附录 2 知 $M(\mathrm{KCl})=74.5\ \mathrm{g\cdot mol^{-1}}$。0.3 mol KCl 的质量为：

$$m(\mathrm{KCl})=n(\mathrm{KCl})\times M(\mathrm{KCl})=0.3\ \mathrm{mol}\times 74.5\ \mathrm{g\cdot mol^{-1}}=22.4\ \mathrm{g}$$

答：需要 KCl 的质量是 22.4 g。

【例 1-5】 要与 25 mL 0.1 mol·L^{-1}的氢氧化钠溶液完全反应，需要多少毫升 0.2 mol·L^{-1}的盐酸？

解：设需要 0.2 mol·L^{-1}盐酸的体积为 V

$$\begin{array}{ccccc} \mathrm{NaOH} & + & \mathrm{HCl} & = & \mathrm{NaCl+H_2O} \\ 1 & & 1 & & \\ 0.1\ \mathrm{mol\cdot L^{-1}}\times 0.025\ \mathrm{L} & & 0.2\ \mathrm{mol\cdot L^{-1}}\times V & & \end{array}$$

$$\frac{1}{0.1\ \mathrm{mol\cdot L^{-1}}\times 0.025\ \mathrm{L}}=\frac{1}{0.2\ \mathrm{mol\cdot L^{-1}}\times V}$$

$$V=0.012\ 5\ \mathrm{L}=12.5\ \mathrm{mL}$$

答：需要 12.5 mL 0.2 mol·L^{-1}的盐酸。

【例 1-6】 将 10 mL 18 mol·L^{-1}的浓硫酸进行稀释，可得 0.5 mol·L^{-1}的稀硫酸多少毫升？

解：设稀释前硫酸溶液的浓度和体积分别为 c_1、V_1，稀释后分别为 c_2、V_2。稀释前后硫酸的物质的量没有变化：$c_1\times V_1=c_2\times V_2$。

$$18\ \mathrm{mol\cdot L^{-1}}\times 10\ \mathrm{mL}=0.5\ \mathrm{mol\cdot L^{-1}}\times V_2$$

$$V_2=360\ \mathrm{mL}$$

答：可得 0.5 mol·L^{-1}的稀硫酸 360 mL。

【例 1-7】 配制 250 mL 0.1 mol·L^{-1}的盐酸溶液，需要浓盐酸（溶质的质量分数为 37%、密度为 1.19 g·cm^{-3}）多少毫升？

解：查附录 2 知 $M(\mathrm{HCl})=36.5\ \mathrm{g\cdot mol^{-1}}$。设所需盐酸溶液的体积为 V，根据题意可列：

$$0.1\ \mathrm{mol\cdot L^{-1}}\times 0.25\ \mathrm{L}\times 36.5\ \mathrm{g\cdot mol^{-1}}=1.19\ \mathrm{g\cdot cm^{-3}}\times V\times 37\%$$

$$V=2.1\ \mathrm{mL}$$

答：需要浓盐酸（溶质的质量分数为 37%、密度为 1.19 g·cm^{-3}）2.1 mL。

溶质的物质的量浓度与溶质的质量分数之间的换算：

$$c_{\mathrm{B}}=\frac{1\ 000\ \rho w_{\mathrm{B}}}{M_{\mathrm{B}}}$$

式中：ρ 为密度。

【例 1-8】 溶质的质量分数为 98%，密度为 $1.84\ g\cdot cm^{-3}$ 的浓硫酸中 H_2SO_4 的物质的量浓度是多少？

解：查附录 2 知 $M(H_2SO_4)=98\ g\cdot mol^{-1}$。

$$c(H_2SO_4)=\frac{1\,000\ \rho w}{M}=\frac{1\,000\times1.84\times98\%}{98}=18.4\ mol\cdot L^{-1}$$

答：浓硫酸中 H_2SO_4 的物质的量浓度是 $18.4\ mol\cdot L^{-1}$。

（三）溶质 B 的质量浓度

溶质 B 的质量与溶液体积之比称为溶质 B 的质量浓度，用 ρ_B 表示。

$$\rho_B=\frac{m_B}{V}$$

式中：m_B 为溶质 B 的质量，单位为 kg；V 为溶液的体积，单位为 m^3；质量浓度 ρ_B 的单位为 $kg\cdot m^{-3}$，常用单位为 $g\cdot L^{-1}$。例如，2 L 溶液中含有 5 g CH_3COOH，则 $\rho(CH_3COOH)=2.5\ g\cdot L^{-1}$。

三、溶液的渗透压

（一）渗透压

溶液的渗透压可用图 1-1 所示装置来说明。用一种特殊的膜（如火棉胶、羊皮纸等）将水和蔗糖溶液隔开。这种只能让溶剂分子通过而不允许溶质分子通过的薄膜叫半透膜。动物的膀胱、肠衣、植物的根、茎细胞也都具有半透膜的特性。图示装置中左边装纯水，右边装蔗糖水溶液，并使两边液面 a、c 等高。假设半透膜两侧都有相同数目的分子与膜接触，但在糖溶液一侧有一部分是不能透过半透膜的糖分子，这时水分子在单位时间内从纯溶剂进入糖溶液的数目，要比从糖溶液进入纯溶剂的数目多。其结果是溶剂通过半透膜进入溶液中，使得溶液的体积增大，液面升高到 d。纯溶剂液面下降到 b。这种溶剂分子通过半透膜进入溶液的过程称为渗透。

随着渗透作用的进行，溶液液面不断升高。若要保持溶液液面不上升，必须给溶液施加一定压力，如图 1-1 中的 Π，使单位时间内溶剂分子从两个相反方向穿过半透膜的数目相等，即达到渗透平衡。因此，渗透压就是阻止溶剂通过半透膜进入溶液所施予溶液的最小额外压力。

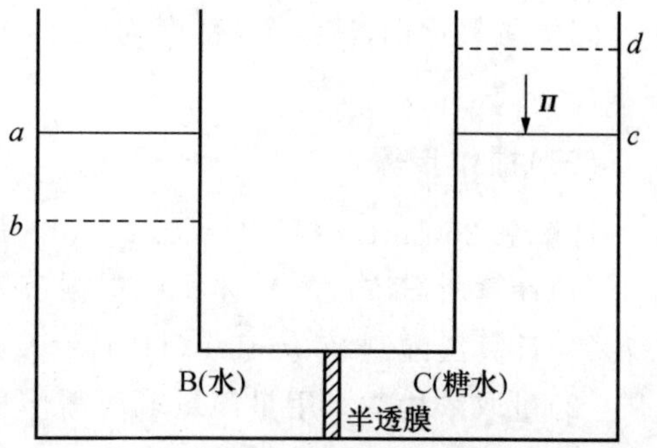

图 1-1 渗透压示意图

渗透作用不仅发生在有半透膜隔开的纯溶剂和溶液之间，也可以发生在有半透膜隔开的两种不同浓度的溶液之间，所以渗透作用必须具备两个条件：一是有半透膜存在；二是半透膜两侧溶液浓度不同。如果半透膜两侧溶液的渗透压相等，称为等渗溶液。如果渗透压不相等，则渗透压高的称为高渗溶液，渗透压低的称为低渗溶液。

(二)渗透压的计算

稀溶液的渗透压与浓度、温度的关系可以用下式表示：

$$\Pi = c_B RT$$

式中：Π 为溶液的渗透压，单位为 Pa；c_B 为溶液的浓度，单位为 $mol \cdot L^{-1}$；R 为摩尔气体常数，8.314 $J \cdot mol^{-1} \cdot K^{-1}$；$T$ 为体系的热力学温度，单位为 K。

(三)渗透压的应用

人体和高等动物体内有许多薄膜，如细胞膜、毛细血管壁等，它们都具有半透膜的性质，并不停地进行渗透，从而使血液、细胞液、组织液等具有一定的渗透压。如人体血液的平均渗透压为 780.2 kPa，在进行静脉注射或静脉输液时，要根据不同情况选用不同渗透压的溶液，尤其要注意使用等渗溶液。例如 0.9%的生理盐水及 5%的葡萄糖溶液即为人体血液的等渗溶液。

人和动物血浆渗透压的 70%～80%是由白蛋白形成的。当白蛋白缺乏，血浆渗透压降低时，会导致血浆中水分向组织液中渗透，组织间隙水分滞留过多，造成水肿。长期营养缺乏，慢性疾病、胃肠疾病、肾病等都会影响白蛋白摄入量，因此造成水肿。

★ 实验操作

一、近似浓度溶液的配制

(一)实验仪器

电子天平(0.1 g)，250 mL 细口瓶，250 mL 烧杯，5 mL 量筒，100 mL 量筒，玻璃棒，牛角匙，胶头滴管，硫酸纸。

(二)药品与试剂

固体氢氧化钠，浓盐酸(密度为 1.19 $g \cdot cm^{-3}$，溶质的质量分数为 37%)，95%乙醇，蒸馏水。

(三)操作步骤

1. 配制 250 mL $c(HCl) = 0.1\ mol \cdot L^{-1}$ 的盐酸溶液

(1)计算所需浓盐酸的体积　根据市售浓盐酸的密度(1.19 $g \cdot cm^{-3}$)、溶质的质量分数(37%)，计算出配制 250 mL $c(HCl) = 0.1\ mol \cdot L^{-1}$ 的盐酸溶液所需浓盐酸的体积(mL)。

(2)量取浓盐酸　用量筒量取所需体积的浓盐酸于 250 mL 烧杯中。

(3)配制溶液　向烧杯中加水至 250 mL，用玻璃棒慢慢搅动，使浓盐酸与水混合均匀。

(4)贮存溶液　将配好的溶液转移到细口瓶中，贴好标签备用。

2. 配制250 mL c(NaOH)=0.1 mol·L^{-1}的氢氧化钠溶液

(1)计算溶质的质量　计算出配制250 mL c(NaOH)=0.1 mol·L^{-1}的氢氧化钠溶液所需氢氧化钠的质量。

(2)称量氢氧化钠　用电子天平称量所需质量的NaOH(注意操作尽量迅速,以免氢氧化钠过多吸水和CO_2)。

(3)配制溶液　将所称得的氢氧化钠小心地倒入烧杯中,先加入适量的水,用玻璃棒搅拌使其溶解,冷却到室温后,继续加水至250 mL,用玻璃棒搅拌使溶液混合均匀。

(4)贮存溶液　将配好的溶液转移到细口瓶中,贴好标签备用。

3. 配制250 mL 70%的乙醇溶液

(1)计算所需95%乙醇的体积　根据所配乙醇的浓度和体积,计算出所需95%乙醇的体积(mL)。

(2)量取95%乙醇　用量筒量取所需体积的95%乙醇于250 mL烧杯中。

(3)配制溶液　向烧杯中加蒸馏水至250 mL,用玻璃棒慢慢搅动,使溶液混合均匀。

(4)贮存溶液　将配好的溶液转移到细口瓶中,贴好标签备用。

二、标准溶液的配制与稀释

(一)实验仪器

电子天平(0.1 mg),250 mL容量瓶,250 mL烧杯,25 mL移液管,玻璃棒,胶头滴管,洗瓶,称量瓶,干燥器。

(二)药品与试剂

固体碳酸钠(分析纯),蒸馏水。

(三)操作步骤

1. 配制250.0 mL $c(Na_2CO_3)$=0.02 mol·L^{-1}的碳酸钠溶液(要求:配制完成后标准溶液的浓度取4位有效数字)

(1)计算溶质的质量　计算出配制250.0 mL $c(Na_2CO_3)$=0.02 mol·L^{-1}的碳酸钠溶液所需碳酸钠的质量(小数点后保留2位小数)。

(2)称量碳酸钠　用差减称量法称取所需质量的碳酸钠于干净的烧杯中。

(3)溶解　向烧杯中加入适量的蒸馏水,用玻璃棒搅拌使其溶解。

(4)转移　用玻璃棒引流,将溶液转移至容量瓶。用蒸馏水洗涤玻璃棒及烧杯3次,并将洗涤液转移至容量瓶。

(5)定容　往容量瓶中小心地加蒸馏水至低于标线约1 cm处,改用胶头滴管逐滴加入蒸馏水,直到溶液的弯月面最低点恰好与标线相切为止。把容量瓶的瓶塞盖紧,反复倒置、混合均匀即可。

(6)计算溶液的浓度　根据所称溶质的质量和溶液的体积,计算出其准确浓度。

2. 将上述溶液稀释10倍

用25 mL的移液管准确量取25.00 mL的碳酸钠溶液至250 mL容量瓶中,往容量瓶中加蒸馏水定容到刻度,混合均匀即可。

知识扩展

一、玻璃仪器的洗涤

根据实验的要求以及污物的性质、污染的程度不同，玻璃仪器可以采用下列方法洗涤。

(1)用自来水洗涤　用自来水和毛刷刷洗，可以除去可溶性物质、尘土和其他不溶性物质。

(2)用去污粉或洗涤剂洗涤　用毛刷蘸少量去污粉或洗涤剂，刷洗用少量水润湿的仪器，可以除去一般的油污。

(3)用铬酸洗液洗涤　对于容积精确、形状特殊的仪器，不能用毛刷刷洗或用其他洗涤剂无法洗净时，可用铬酸洗液清洗。在使用铬酸洗液前，应先用水刷洗仪器，尽量除去其中的污物；尽量把仪器内残留的水倒掉，以免水把洗液冲稀，从而降低洗液的洗涤能力；洗液用后可倒回原瓶内，重复使用；洗液有很强的腐蚀性，使用时要注意安全；当洗液变成绿色时，说明已失去氧化作用。

用各种方法洗涤后的仪器，先用自来水冲洗数遍，再用蒸馏水清洗 2～3 遍。洗净的玻璃仪器内壁留下一层均匀的水膜，且不挂水珠。

二、移液管和吸量管的使用

移液管是用于准确移取一定体积液体的量器，为量出式量器。它是一根中部较粗、两端细长的玻璃管，其上端有一环形的标线(颈标线)，膨大部分标有它的容积和标定时的温度。常用的移液管有 5 mL、10 mL、20 mL、25 mL、50 mL 等规格。

(1)洗涤方法　先用自来水洗涤，如果有油污，可用洗液洗，吸取洗液的方法与移液时相同。用洗耳球吸取铬酸洗液至膨大部分约 1/3 处，用食指压紧管口，平端移液管并旋转，使洗液布满全管片刻，将洗液放回原瓶。然后先用自来水清洗，再用蒸馏水清洗 2～3 遍。

如果内壁油污较重，可将移液管放在盛有洗液的大量筒或高型玻璃缸内浸泡洗涤。

(2)移取溶液　当第一次用洗净的移液管移取溶液时，应先用滤纸将尖端内的水吸净，再用待移取的溶液将移液管润洗 2～3 遍，以保证移取的溶液浓度不变。

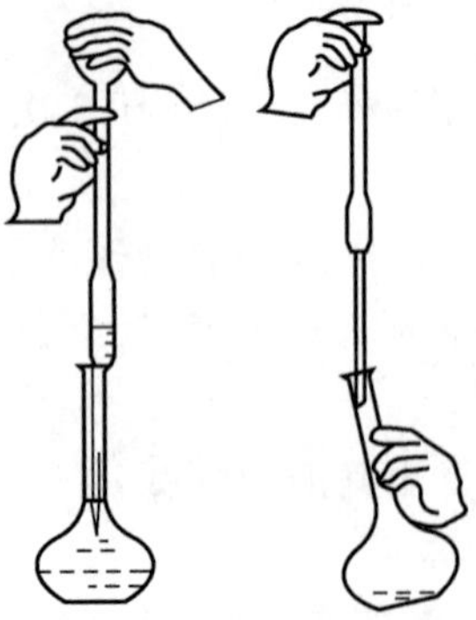

图 1-2　移液的操作

如图 1-2 所示，移取溶液时，左手拿洗耳球，右手大拇指和中指拿住移液管颈标线上方。管尖插入溶液不要太浅或太深(太浅容易吸空，太深在管外附着溶液太多，转移时流到接收器中，影响吸液量的准确度)，先将洗耳球中空气压出，再把洗耳球的尖端垂直插入移液管口，慢慢松开左手手指，使溶液吸入管内。当液面升高到刻度线以上时，快速移去洗耳球，立即用右手食指按住管口，将移液管提离液面，管尖接触容器内壁，管身垂直，颈标线与视线水平，略微放松食指，并用拇指和中指轻轻转动移液管，让溶液慢慢流出，直到溶液的弯月面最低点与颈标线恰好相切时，再次用食指压紧管口，使溶液不再流出。

将接受液体的容量瓶倾斜，移液管垂直，管尖接触接收器内壁，放开食指让溶液自由流下。待溶液流尽后，停留约 15 s，取出移液管（如果移液管颈部有“吹”字样的，需用洗耳球将移液管尖端残留液体全部吹入器皿内）。

吸量管也是准确移取一定体积液体的量器，常用的有 0.1 mL、0.5 mL、1 mL、2 mL、5 mL、10 mL 等规格，其准确度较移液管稍差些。吸量管是刻有分度的玻璃管，可以吸取不同体积的液体，比如将溶液吸入，读取与液面相切的刻度，然后将溶液放出至适当刻度，两刻度之差即为放出液体的体积。吸量管的洗涤和使用方法与移液管基本相同。

三、容量瓶的使用

容量瓶是细颈梨形的平底玻璃瓶，带有磨口玻璃塞或塑料塞，瓶颈上有一环形标线，瓶上一般标有它的容积和标定时的温度。

当容量瓶中液体的弯月面最低点与颈标线相切时，瓶内液体的体积和瓶上标示的体积相同。容量瓶是一种量入式容量仪器，主要用于配制标准溶液或稀释溶液。容量瓶有无色和棕色两种，常用的有 25 mL、50 mL、100 mL、250 mL、500 mL、1 000 mL 等规格。

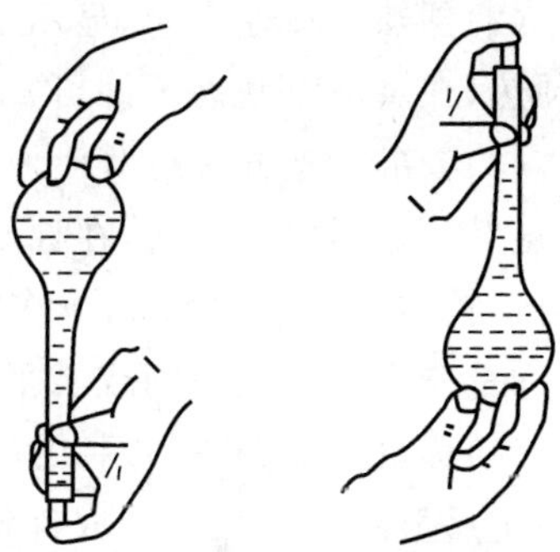
图 1-3　容量瓶的试漏与摇匀

（1）容量瓶的准备　在使用容量瓶前，必须检查其是否漏水。检漏时，在瓶中加水至标线附近，盖好瓶塞，用一手食指按住瓶塞，用另一手指尖顶住瓶底边缘，将瓶倒立 2 min，如图 1-3 所示，观察瓶塞周围是否渗水。如不渗水，将瓶直立，把瓶塞转动 180°后，再倒转试漏一次。经检查不漏水后，可进行洗涤。

容量瓶洗涤时，如有油污，可用洗涤剂溶液浸泡或用洗液浸洗。用洗液清洗时，先控出瓶内水分，倒入 10～20 mL 洗液，转动容量瓶使洗液布满全部内壁，放置数分钟后，将洗液倒回原瓶。再依次用自来水和蒸馏水清洗。

（2）容量瓶的使用方法　将准确称量的固体物质置于一小烧杯中，加少量蒸馏水（或适当的溶剂）使之溶解。待固体物质全部溶解并且溶液冷却后，将溶液沿玻璃棒转移至容量瓶中。转移时一手拿玻璃棒，一手拿烧杯，在瓶口上慢慢将玻璃棒从烧杯中取出，并将其插入瓶口，再让烧杯嘴紧贴玻璃棒，慢慢倾斜烧杯，使溶液沿着玻璃棒流下，如图 1-4 所示。当溶液流完后，在烧杯仍靠着玻璃棒的情况下慢慢地将烧杯直立，使烧杯和玻璃棒之间附着的液滴流回烧杯中，再将玻璃棒末端残留的液滴靠入瓶口内。在瓶口上方将玻璃棒放回烧杯内，注意不得将玻璃棒靠在烧杯嘴一边。用少量蒸馏水冲洗烧杯和玻璃棒 3～4 遍，洗出液按上面的方法全部转移入容量瓶中，然后用蒸馏水稀释。

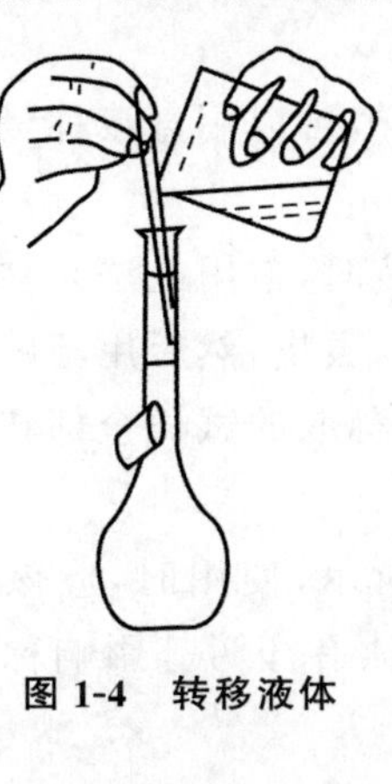
图 1-4　转移液体

稀释到容量瓶容积的 2/3 时，直立旋摇容量瓶，使溶液初步混合（此时不能倒立容量瓶），继续稀释至接近标线时，等待 1～

2 min 后，改用胶头滴管滴蒸馏水至弯月面最低点与标线相切，这一操作可称为定容。然后，盖上瓶塞，像试漏时一样，将瓶倒立，待气泡上升至顶部后，再倒转过来，如此反复多次，使溶液充分混匀。

用移液管准确吸取一定体积的浓溶液移入容量瓶，按上述方法稀释至标线，可将一定浓度的溶液准确稀释到一定的体积。

不要用容量瓶长期存放溶液，配好的溶液若需长期保存应转移到试剂瓶中。需避光保存的溶液应以棕色容量瓶配制。

四、电子天平的使用

电子天平是目前较为常用的分析天平。以 FA-N/JA-N 系列电子天平为例，其使用方法如下：

(1)调水平　调整地脚螺栓高度，使水平仪内空气气泡位于圆环中央。

(2)预热　接通电源，显示器即显示“OFF”。天平在初次接通电源或长时间断电后，需要预热(在“OFF”状态下即可)30 min。

(3)校准　按开关键“ON/OFF”，显示“0.000 0 g”。按“去皮”键，显示“0.000 0 g”后，按“校正”键，显示“C-200”。在秤盘中央加上 200 g 校正码，关上防风罩的玻璃门，等待天平内部自动校准。当显示“200.000 0 g”，同时蜂鸣器响了一下后校准结束。每天首次使用天平前、称重操作过一定时间或天平移位之后必须进行校准。

(4)称量　在天平显示“0.000 0 g”时，将待称量样品放于秤盘中央，同时关上玻璃门，天平稳定后显示单位“g”，读取称量结果。

若需去皮，在天平空盘时显示“0.000 0 g”时，将空容器放在秤盘上，待显示空容器质量后，按“去皮”键，显示“0.000 0 g”，将待测药品放入空容器中，天平即显示药品质量值。

(5)关机　按开关键“ON/OFF”，显示“OFF”，天平处于待机状态。不使用时，天平应一直保持待机状态，使其保持保温状态，可延长其使用寿命。

五、称量方法

根据试样的性质和分析要求的不同，可分别采用直接称量法、固定质量称量法和差减称量法。

(1)直接称量法　对某些在空气中没有吸湿性且性质稳定的试样，可以用直接称量法称样。把待称物放在秤盘的中央，关上边门，待示数稳定后读数。

(2)固定质量称量法　当需要用直接法配制指定浓度的标准溶液时，常用此法来称取基准物质。将干燥洁净的称量器皿(常用表面皿或硫酸纸)放在秤盘上，去皮，然后用药匙向器皿中逐渐加入试样，直至天平恰好显示所称的质量。称量完毕，将所称取的试样全部转移至已准备好的容器中。

(3)差减称量法　此法常用的称量器皿是称量瓶。如图 1-5 所示，使用时，应该用洁净的纸条将称量瓶套住，再用手捏住纸条尾部，防止手的温度高或沾有汗污等影响称量的准确度。

将装有试样的称量瓶放在秤盘上，称出称量瓶和试样的总质量，记为 m_1。取出称量瓶，如图 1-6 所示，打开瓶塞，在盛放试样的容器上方慢慢倾斜称量瓶，用瓶塞轻敲称量瓶口上缘，使试样逐渐落入容器中。当倾出的试样接近所需的质量时，继续用瓶塞轻敲瓶口，同时将瓶身逐渐竖起，使粘在称量瓶口的试样落入容器内或回到称量瓶中，盖好瓶塞，将称量瓶放在秤盘上称出其质量，记为 m_2。两次称量之差(m_1-m_2)即为容器中的试样的质量。继续倾倒、称量，可称取多份试样。

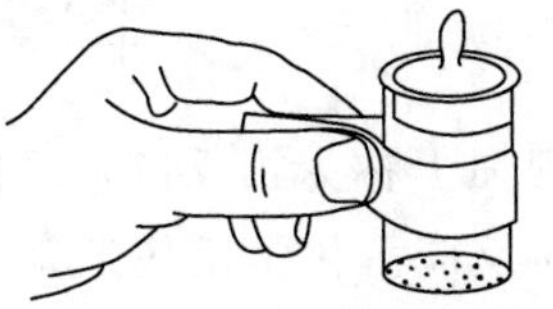

图 1-5　称量瓶的取用

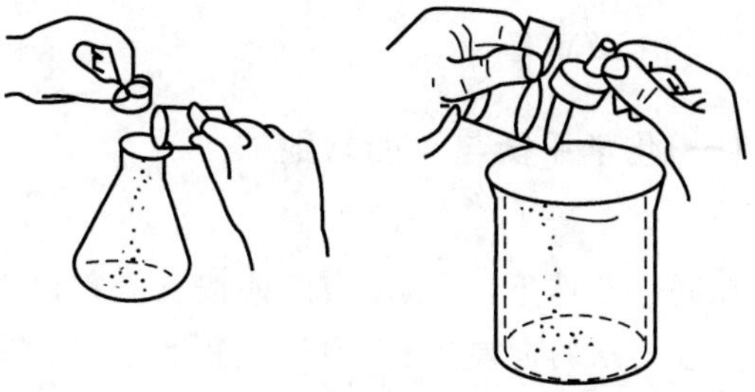

图 1-6　从称量瓶中敲出试样

★ 思考练习题

一、填空题

1. 配制 200 g 16%的 NaCl 溶液，需要 NaCl ________ g。

2. 已知 $M(NaOH)=40\ g\cdot mol^{-1}$，20 g NaOH 的物质的量为 ________ mol，0.2 mol NaOH 的质量是________ g。

3. 现将 4 g NaOH 溶解于水，配制成 2 L 溶液，则 $c(NaOH)=$________。

4. 将 250 mL 0.4 $mol\cdot L^{-1}$ 的 Na_2CO_3 溶液稀释至 500 mL，则稀释后 $c(Na_2CO_3)=$________。

5. 已知 $2NaOH+H_2SO_4=Na_2SO_4+2H_2O$。现有 20 mL 0.5 $mol\cdot L^{-1}$ 的 NaOH 溶液，欲使其完全反应，需要 0.2 $mol\cdot L^{-1}$ 的 H_2SO_4 溶液________ mL。

6. 250 mL 醋酸溶液中含有 12 g 醋酸，则该溶液中醋酸的质量浓度为________ $g\cdot L^{-1}$。

7. 产生渗透压的必备条件是______________和______________。

二、简答题

1. 为什么人和动物静脉输液时必须用等渗溶液？试用渗透压的知识加以回答。

2. 烧杯中的溶液转移到容量瓶中以后，为什么要用蒸馏水洗涤烧杯和玻璃棒 3～4 次，并将洗涤液也全部转移到容量瓶中？

3. 稀释溶液时，往容量瓶中加水要小心，当液面接近刻度线约 1 cm 时，为什么要改用胶头滴管逐滴加水？一旦将水加过了容量瓶的刻度线，应当怎样做？将溶液倒出一些是否合适？

4. 移液管移液完毕，残留在下端尖嘴部分的少量溶液应怎样处理？

三、计算题

1. 配制 250 mL 0.1 $mol\cdot L^{-1}$ 的 NaOH 溶液，需要 NaOH 多少克？

2. 配制 500 mL 0.5 $mol\cdot L^{-1}$ 的 HCl 溶液，需要溶质的质量分数为 37%、密度为 1.19 $g\cdot cm^{-3}$ 的浓盐酸多少毫升？

单元二　化学平衡与电解质溶液

★ 理论知识

课程 PPT

一、化学平衡

(一)化学平衡与平衡常数

1. 化学平衡

在同一条件下，一个反应既能按反应方程式从左向右进行(习惯上称为正反应)，又能按反应方程式从右向左进行(习惯上称为逆反应)的反应，称为可逆反应。化学反应通常都具有一定的可逆性，只是可逆的程度有所不同。例如 CO 与 H_2O 生成 CO_2 与 H_2 的反应，可逆程度十分显著。在 CO 与 H_2O 反应生成 CO_2 与 H_2 的同时，也进行着 CO_2 与 H_2 反应生成 CO 与 H_2O 的过程。

$$CO + H_2O(g) \rightleftharpoons CO_2 + H_2$$

有些反应的可逆性很小，例如在溶液中

$$Ag^+(aq) + Cl^-(aq) \rightleftharpoons AgCl(s)$$

又如，氯酸钾以二氧化锰作催化剂，受热分解放出氧气的反应：

$$2KClO_3 \xrightleftharpoons[\triangle]{MnO_2} 2KCl + 3O_2\uparrow$$

可逆反应中，反应物浓度越大，正反应速率越快；同理，生成物浓度越大，逆反应速率越快。一个可逆的化学反应不可能无休止地进行着单向反应，反应物不可能完全转化为生成物。在恒温条件下，定量的反应物在密闭容器内进行的可逆反应，随着反应物不断消耗、生成物不断增加，正反应速率将不断减小，而逆反应速率将不断增大。直至某时刻，可逆反应进行到一定程度，正逆反应速率相等时，体系此时所处的状态，称为化学平衡。化学平衡是一个动态平衡，是有条件的相对的平衡。当外界条件不变时，反应宏观停止。化学平衡可以从正逆反应的两个方向建立。在一定温度下，可逆反应无论从正反应开始，还是从逆反应开始，最后均能达到化学平衡状态。

2. 平衡常数

平衡常数是衡量平衡状态的数量标志。如实验测定 HI 分解反应：

$$2HI(g) \rightleftharpoons H_2(g) + I_2(g)$$

可以发现，不论以碘和氢气为起始物质进行反应，还是以碘化氢为起始物质进行反应，也不论它们的起始浓度如何，达到平衡时，只要温度一定，碘和氢浓度的乘积与碘化氢浓度平方之比是一个常数，称为浓度平衡常数，可表示为：

$$K_c=\frac{c(H_2)c(I_2)}{c^2(HI)}$$

对任何一个可逆反应

$$mA+nB \rightleftharpoons pC+qD$$

在一定温度下达到平衡状态时，反应物和生成物的平衡浓度之间保持如下关系：

$$K_c=\frac{c_C^p c_D^q}{c_A^m c_B^n}$$

式中：c_A、c_B、c_C、c_D 分别表示各相应物质在平衡状态时的浓度，即各物质的平衡浓度。K_c 是以平衡浓度表示的平衡常数，叫作该温度下反应的浓度平衡常数，简称平衡常数。上式称为平衡常数的数学表达式，它可叙述为：在一定温度下，可逆反应达到平衡时，产物浓度（以化学式的计量数为指数）的乘积与反应物浓度（以化学式的计量数为指数）的乘积之比值为一常数。平衡常数是某一可逆反应的特性常数，与反应温度有关，与浓度无关。同一反应在不同温度下，其平衡常数不同。根据平衡常数的大小可以估计反应的完成程度。平衡常数越大，表示正反应进行得越完全，平衡状态下，化学反应的限度最大。因此，利用平衡常数还可以判断反应的限度、估计反应的平衡转化率。某一反应的平衡转化率是指可逆反应达平衡后，指定反应物转化为生成物的量占反应前该反应物总量的百分数。转化率越大，表示正反应进行程度越大。转化率与平衡常数有所不同，转化率与反应体系的初始状态有关，而且必须指明是反应物中的哪种物质的转化率。

应用化学平衡常数表达式时要注意：同一可逆反应，方程式书写的方式不同，其平衡常数不同，但有一定关系；书写平衡常数表达式时，对有纯固体或纯液体参加的反应，它们的浓度不表示在平衡常数表达式内；在稀溶液中进行的反应，如反应有水参加，因稀溶液中水的浓度基本不变，故不必写在平衡常数表达式中。

（二）影响化学平衡移动的因素

化学平衡是相对的、有条件的、暂时的动态平衡。当外界条件改变时，旧的平衡会被打破，新的平衡会被重新建立，各组分的浓度会发生相应的变化。因外界条件变化使可逆反应从一种平衡状态向另一种平衡状态转变的过程，称为化学平衡的移动。研究化学平衡的目的，就是在外界条件变化时，会判断化学平衡移动的方向；会创造条件，使化学平衡向我们需要的方向移动。

影响化学平衡移动的因素有浓度、温度和压强。这里只探讨浓度及温度对化学平衡的影响。

1. 浓度对化学平衡的影响

以合成氨反应为例：

$$N_2+3H_2 \rightleftharpoons 2NH_3$$

$$Q_c=\frac{c^2(NH_3)}{c(N_2)c^3(H_2)}$$

式中：$c(NH_3)$、$c(N_2)$、$c(H_2)$分别表示可逆反应在任一状态下相应组分的浓度，Q_c 称为浓度商，与平衡常数不同，Q_c 不是常数，Q_c 的大小与浓度有关。

在一定温度下，可逆反应达平衡时，$Q_c=K_c$；当增大反应物（N_2或 H_2）浓度（或减小生成物浓度）时，分母增大，$Q_c<K_c$，反应自发地向右进行，平衡发生移动，直到 $Q_c=K_c$，建立新的平衡体系；反之，当增大生成物浓度（或减小反应物浓度）时，分子增大，$Q_c>K_c$，反应自发地向左进行，平衡也会发生移动。可见 $Q_c=K_c$是可逆反应达到平衡状态时的标志。在一定温度下，改变反应物的浓度，平衡常数虽然没有改变，但可逆反应的平衡点将发生改变，某种物质的转化率也会随之改变。

2.温度对化学平衡的影响

可逆反应的平衡常数与温度有关。对于吸热反应，平衡常数随温度升高而增大，因此，升高温度平衡向正反应方向移动；对于放热反应，平衡常数随温度升高而减小，升高温度平衡向逆反应方向移动。可见，温度对化学平衡的影响与反应热有关。升高温度，平衡向吸热方向移动；降低温度，平衡则向放热方向移动。

综合上述各种因素对化学平衡的影响，1884 年法国化学家吕·查德归纳总结出一条关于平衡移动的普遍规律：当体系达到平衡后，若改变平衡状态的任一条件，平衡则向着能减弱或消除这种改变的方向移动。这条规律称为吕·查德原理，即化学平衡移动原理。

二、弱电解质的电离平衡

(一)电离平衡和电离常数

各种电解质在水溶液中都能发生电离作用，所以电解质溶液能导电。根据电解质在水溶液中的电离情况，将电解质分为强电解质和弱电解质。强电解质不论是离子型晶体或是强极性分子，在溶液中都能完全电离，故溶液中只有离子而没有分子，例如：

$$NaCl \longrightarrow Na^+ + Cl^-$$

$$HCl \longrightarrow H^+ + Cl^-$$

“$\longrightarrow$”表示强电解质完全电离成离子。弱电解质在水溶液中只有一小部分电离成离子，溶液中大量存在的是未电离的电解质分子，例如：

$$HAc \rightleftharpoons H^+ + Ac^-$$

弱电解质水溶液中，离子和分子可以达到动态平衡，这也是一种化学平衡；另一类电离平衡是难溶电解质在溶液中的已溶离子和未溶固体分子之间建立的动态平衡，称为沉淀和溶解的多相平衡，也是化学平衡的一种。例如：

$$AgCl(s) \rightleftharpoons Ag^+(aq) + Cl^-(aq)$$

不同类型的电解质导电能力不同，主要是由于水溶液中电离程度不同。虽然电解质溶液的浓度相同，但强电解质在水中完全电离，离子浓度大，所以导电能力强，而弱电解质部分电离，离子浓度较小，故导电能力差。

(二)一元弱酸弱碱的电离平衡

设 HB 为一元弱酸的通式，其电离平衡式为(略去电荷)：

$$HB \rightleftharpoons H + B$$

电离平衡是化学平衡的一种，HB 的电离平衡常数表达式为：

$$K_a = \frac{c(H)c(B)}{c(HB)}$$

式中：K_a 为弱酸的电离常数。

设 MOH 为一元弱碱的通式，其电离平衡式为(略去电荷)：

$$MOH \rightleftharpoons M + OH$$

$$K_b = \frac{c(M)c(OH)}{c(MOH)}$$

式中：K_b 为弱碱的电离常数。

K_a、K_b统称为弱电解质的电离常数，它是化学平衡常数的一种，故与温度有关，与电解质的浓度无关。但由于弱电解质电离时反应热不大，故温度对 K_a、K_b 影响不大，一般不影响数量级。所以，室温范围内可忽略温度对 K_a、K_b的影响。同温时，使用同类型(HAc 与 HCN 等属于一元弱酸，H_2S 与 H_2CO_3 等属于二元弱酸)的两种弱电解质的 K_a 或 K_b值可以比较弱电解质的相对强弱。例如 25 ℃时，$K(HAc)=1.8\times10^{-5}$，$K(HCN)=6.2\times10^{-10}$，虽然 HAc 和 HCN 都是弱酸，但通过电离常数的比较，可知 HCN 是比 HAc 更弱的酸。常见弱电解质的电离常数可在书后附录 6 中查得。

根据 K_a 和 K_b可以计算一定浓度下弱电解质溶液中的 $c(H^+)$和 $c(OH^-)$，例如对一元弱酸 HB 而言(忽略水的电离)：

	HB	$\rightleftharpoons$	H^+	+	B^-
起始浓度	c		0		0
平衡浓度	$c-c(H^+)$		$c(H^+)$		$c(B^-)$

而 $c(H^+)=c(B^-)$，所以：

$$K_a = \frac{c^2(H^+)}{c-c(H^+)}$$

当 $c/K_a \geqslant 380$ 或 $c(H^+)\leqslant 5\% c$ 时可以近似计算，因与 c 相比，$c(H^+)$很小，可忽略，故$c-c(H^+)\approx c$，因此上式可写成：

$$K_a = \frac{c^2(H^+)}{c}$$

$$c(H^+) = \sqrt{K_a c}$$

这是常用的一元弱酸(HB)溶液中的 $c(H^+)$计算公式，同理可以推出一元弱碱(MOH)

溶液中 $c(OH^-)$ 的计算公式：

$$c(OH^-)=\sqrt{K_b c}$$

实验：在试管 1 及试管 2 中按标号顺序加入试剂。①10 mL 1 mol·L^{-1} HAc，②2 滴甲基橙（变色范围为：pH<3.1 为红色；pH 在 3.1～4.4 为橙色；pH>4.4 为黄色），溶液呈红色，证明 HAc 溶液的 pH<3.1。继续在试管 2 中加入少量固体 NH_4Ac。振荡试管 2 并与试管 1 比较，试管 2 中溶液的红色渐渐褪去，最后变成黄色，说明此时溶液的 pH>4.4，即在 HAc 溶液中加 NH_4Ac 后使其酸性降低。这种现象可以用化学平衡移动原理加以解释。

$$NH_4Ac \longrightarrow NH_4^+ + Ac^- \tag{a}$$

$$HAc \rightleftharpoons H^+ + Ac^- \tag{b}$$

$$NH_3 \cdot H_2O \rightleftharpoons NH_4^+ + OH^- \tag{c}$$

由于 NH_4Ac 完全电离为 NH_4^+ 和 Ac^-，使试管 2 中的 Ac^- 总浓度增加，根据化学平衡移动原理，式(b)向左移动，结果 H^+ 浓度减小，pH 升高。

同理，向 $NH_3 \cdot H_2O$ 溶液中加入少量的 NH_4Ac 固体后，因式(c)向左移动，因此 OH^- 浓度降低，pOH 升高，pH 降低。

在弱酸或弱碱溶液中加入一种含有相同离子的盐后，弱酸或弱碱溶液中 $c(H^+)$ 和 $c(OH^-)$ 的计算公式分别为：

$$c(H^+)=K_a \frac{c_a}{c_s} \qquad c(OH^-)=K_b \frac{c_b}{c_s}$$

式中：c_a、c_b、c_s 分别为混合体系中酸、碱、盐的浓度。

(三)多元弱酸弱碱的电离平衡

H_2CO_3、H_2S、H_3PO_4 等含有一个以上可置换的氢原子的酸叫多元酸。多元酸的电离是分步的，每一步电离都有一个电离常数 K_a，以 H_2CO_3 为例来说明二元弱酸在溶液中分步电离的情况：

$$H_2CO_3 \rightleftharpoons H^+ + HCO_3^- \qquad K_{a1}=\frac{c(HCO_3^-)c(H^+)}{c(H_2CO_3)}=4.2\times10^{-7}$$

$$HCO_3^- \rightleftharpoons H^+ + CO_3^{2-} \qquad K_{a2}=\frac{c(CO_3^{2-})c(H^+)}{c(HCO_3^-)}=5.6\times10^{-11}$$

K_{a1} 和 K_{a2} 分别表示 H_2CO_3 的一、二级电离常数，通常二元弱酸的 $K_{a1} \gg K_{a2}$，这是因为，从带负电荷的 HCO_3^- 中电离出带正电荷的 H^+ 比从中性分子 H_2CO_3 中电离更难。因 $K_{a1} \gg K_{a2}$，一级电离产生的 H^+ 大大超过二级电离产生的 H^+。因一级电离产生的 H^+ 对二级电离起抑制作用，故在近似计算多元弱酸水溶液的 pH 时，可以忽略二级电离，即认为 $c(HCO_3^-) \approx c(H^+)$，根据二级电离常数表达式，二元酸根的浓度近似等于 K_{a2}，如饱和 CO_2 水溶液中 $c(CO_3^{2-}) \approx 5.6\times10^{-11}$；可见多元酸的强弱主要取决于 K_{a1} 的大小，多元弱酸中的

$c(H^+)$主要由第一级电离决定，计算时可按一元弱酸处理。

$Fe(OH)_3$、$Cu(OH)_2$等多元弱碱的电离平衡与弱酸相似，也分步电离，如 $Fe(OH)_3$ 的电离。

$$Fe(OH)_3 \rightleftharpoons [Fe(OH)_2]^+ + OH^-$$
$$[Fe(OH)_2]^+ \rightleftharpoons [Fe(OH)]^{2+} + OH^-$$
$$[Fe(OH)]^{2+} \rightleftharpoons Fe^{3+} + OH^-$$

三、溶液的酸碱性

(一)水的电离和 pH 标度

纯水是极弱的电解质，这是因为有下列电离平衡：

$$H_2O \rightleftharpoons H^+ + OH^-$$
$$c(H^+)c(OH^-) = K_w$$

其平衡常数 K_w叫作水的离子积，在 25 ℃时，测得纯水中：

$$c(H^+) = c(OH^-) = 1.00 \times 10^{-7} (mol \cdot L^{-1})$$

故：

$$K_w = 1.00 \times 10^{-7} \times 1.00 \times 10^{-7} = 1.00 \times 10^{-14}$$

由于水的电离吸收大量的热，故加热时水的电离度增加，电离常数也增加，如 0 ℃和 100 ℃时水的电离常数分别为：1.14×10^{-15}和 1.00×10^{-12}。在普通温度下计算时，可认为 $K_w = 1.00 \times 10^{-14}$。

在纯水中，每电离出一个 H^+必然产生一个 OH^-；另外，任何溶液必须是电中性的，即溶液中正电荷总数等于负电荷总数，当只有 H^+和 OH^-两种离子存在时，必然有$c(H^+)=c(OH^-)$。

在酸性或碱性溶液中，与纯水不同，$c(H^+) \neq c(OH^-)$。但是，水的离子积 K_w 是不变的，故可利用 K_w 计算溶液中的 $c(H^+)$或 $c(OH^-)$。许多经常遇到的水溶液中的 $c(H^+)$或 $c(OH^-)$非常小，常采用一种简便的表示方法，用氢离子浓度的负对数，即 pH 来表示水溶液的酸碱性。

$$pH = -\lg c(H^+)$$

和 pH 的表示方法一样：

$$pOH = -\lg c(OH^-)$$

由于溶液中有：

$$c(H^+)c(OH^-) = 1.00 \times 10^{-14}$$

故：

$$pH + pOH = 14$$

同理，某一弱酸或弱碱的电离常数也可表示为：

$$pK_a = -\lg K_a \qquad pK_b = -\lg K_b$$

(二)盐类水溶液的酸碱性

盐是酸碱中和反应的产物，例如：

$$HCl + NaOH = NaCl + H_2O$$

此类反应或许给人一种错误的印象，即盐的溶液是中性的，事实上并非如此。盐类水溶液的酸碱性由盐的分子组成决定，表 1-2 列举了几种盐溶液的 pH。

表 1-2 几种盐溶液的 pH

盐的种类	典型示例	溶液的 pH
强酸强碱形成的盐	NaCl	7.0
强酸弱碱形成的盐	$0.1\ mol \cdot L^{-1}\ NH_4Cl$	5.2
弱酸强碱形成的盐	$0.1\ mol \cdot L^{-1}\ NaAc$	8.9
弱酸弱碱形成的盐	NH_4Ac	7.0
	NH_4F	6.4

1. 盐类的水解

盐分子中既不含 H^+ 也不含 OH^-，为什么不同盐的水溶液有不同的酸碱性呢？这是由于盐电离产生的离子与水电离产生的 H^+ 或 OH^- 作用，生成了弱酸或弱碱，引起了水的电离平衡移动，从而改变了溶液中的 H^+ 或 OH^- 的浓度。盐的离子与溶液中水电离出的 H^+ 或 OH^- 作用，生成弱电解质的反应，叫盐的水解反应。由于形成盐的酸和碱的相对强弱不同，水解程度不同，所以盐类水溶液的酸碱性不同。

(1)强碱弱酸盐的水解　以 NaAc 为例：

$$\begin{array}{l} NaAc \longrightarrow Na^+ + Ac^- \\ \qquad\qquad\qquad\qquad\quad + \\ H_2O \xrightleftharpoons{①} OH^- + H^+ \\ \qquad\qquad\qquad\qquad\quad \Big\Downarrow ② \\ \qquad\qquad\qquad\qquad\quad HAc \end{array}$$

由于 Ac^- 与 H^+ 结合生成弱电解质 HAc，减少了 $c(H^+)$，使 H_2O 的电离平衡向右移动，当两个平衡重新建立时，$c(OH^-)$ 增大，故溶液显碱性。

由此可见，NaAc 与水作用的实质是：

$$Ac^- + H_2O \xrightleftharpoons{③} HAc + OH^-$$

平衡时：

$$K_h = \frac{c(HAc)c(OH^-)}{c(Ac^-)} = \frac{K_w}{K_a}$$

一定温度下，K_a、K_w 为常数，故 K_h 也是常数，称为盐的水解平衡常数。水解平衡后，$c(OH^-)$可用下式计算：

$$c(OH^-)=\sqrt{K_h c}=\sqrt{\frac{K_w}{K_a}c}$$

根据公式可知，形成盐的酸越弱，K_a越小，则 K_h 越大，溶液的碱性越强；盐的浓度越大，其溶液的碱性越强。

(2)强酸弱碱盐的水解　以 NH_4Cl 为例：

$$\begin{array}{rcl} NH_4Cl \longrightarrow Cl^- + & NH_4^+ & \\ & + & \\ H_2O \overset{①}{\rightleftharpoons} H^+ + & OH^- & \\ & \Big\Updownarrow ② & \\ & NH_3 \cdot H_2O & \end{array}$$

由于 NH_4^+ 与 OH^-结合生成弱电解质 $NH_3 \cdot H_2O$，减少了 $c(OH^-)$，使 H_2O 的电离平衡向右移动，当两个平衡重新建立时，溶液中 $c(H^+)>c(OH^-)$，溶液显酸性。

NH_4Cl 水解反应的实质是：

$$NH_4^+ + H_2O \overset{③}{\rightleftharpoons} NH_3 \cdot H_2O + H^+$$

与弱酸强碱盐水解情况类似，可得：

$$c(H^+)=\sqrt{K_h c}=\sqrt{\frac{K_w}{K_b}c}$$

上式表明，形成盐的碱越弱，K_b越小，K_h 越大，溶液的酸性越强；盐的浓度越大，其溶液的酸性越强。

(3)弱酸弱碱盐的水解　以 NH_4Ac 为例：

$$\begin{array}{rccc} NH_4Ac \longrightarrow & NH_4^+ & + & Ac^- \\ & + & & + \\ H_2O \rightleftharpoons & OH^- & + & H^+ \\ & \Big\Updownarrow ① & & \Big\Updownarrow ② \\ & NH_3 \cdot H_2O & & HAc \end{array}$$

所以 NH_4Ac 水解反应的实质和弱酸弱碱盐水溶液中 $c(H^+)$的计算公式是：

$$NH_4^+ + Ac^- + H_2O \overset{③}{\rightleftharpoons} NH_3 \cdot H_2O + HAc$$

$$c(H^+)=\sqrt{\frac{K_a}{K_b}K_w}$$

对于强酸强碱形成的盐，如 NaCl，Na^+ 和 Cl^- 都不能和水电离产生的 OH^- 和 H^+ 作用，故这类盐不发生水解，水溶液呈中性。

(4)多元弱酸强碱盐的水解　与多元弱酸的电离相对应，多元弱酸强碱盐是分级水解的，例如 Na_2CO_3（H_2CO_3 的 $K_{a1}=4.2\times10^{-7}$，$K_{a2}=5.6\times10^{-11}$）：

$$CO_3^{2-}+H_2O \rightleftharpoons HCO_3^-+OH^-$$
$$HCO_3^-+H_2O \rightleftharpoons H_2CO_3+OH^-$$

水解常数为：

$$K_{h1}=\frac{K_w}{K_{a2}}=1.8\times10^{-4}$$

$$K_{h2}=\frac{K_w}{K_{a1}}=2.4\times10^{-8}$$

可见，$K_{h1}\gg K_{h2}$，所以多元弱酸强碱盐的水解只考虑第一级水解，可根据第一级水解计算溶液的 $c(OH^-)$：

$$c(OH^-)=\sqrt{K_{h1}c}=\sqrt{\frac{K_w}{K_{a2}}c}$$

例如，0.10 $mol\cdot L^{-1}$ Na_2CO_3 水溶液的 $c(OH^-)=4.2\times10^{-3}$ $mol\cdot L^{-1}$。

2.盐类水解在畜牧兽医实践中的应用

(1)pH 与动物的生长发育　动物的生长发育与 pH 有密切的关系。猪、马、乳牛血液的 pH 分别为 7.85～7.95，7.20～7.60，7.36～7.50。家畜患病时，血液的 pH 常发生改变，例如患脓毒症和肺炎时，血液的 pH 增大。血液的 pH 对酶的活性和激素的作用有一定的影响。静脉注射液的 pH 必须与血液的 pH 相似，否则会引起酸中毒或碱中毒现象。在人工授精时，牛精液稀释液的 pH 需控制在 6.20～6.40。因此在动物生理和病理的研究工作中都经常需要测定 pH。

(2)盐类水解与药效　兽医使用 NH_4Cl 和 $NaHCO_3$ 分别治疗碱中毒、酸中毒，原因是：

$$NH_4^++H_2O \rightleftharpoons NH_3\cdot H_2O+H^+$$
$$HCO_3^-+H_2O \rightleftharpoons H_2CO_3+OH^-$$

NH_4^+ 水解后产生的 H^+ 可以中和碱，生成的 $NH_3\cdot H_2O$ 合成尿素由肾排出。HCO_3^- 水解后产生的 OH^- 可以中和酸，生成的 H_2CO_3 在肺部以 CO_2 形式呼出，Cl^-、Na^+ 是动物体内含量较多的两种离子，可以通过代谢排出。

四、缓冲溶液

(一)缓冲溶液

在化学实验中，常需要控制溶液的 pH，使之在外加少量酸、碱或其他试剂时，溶液的 pH 基本不变。在许多天然体系中，也需要保持其环境在一定的 pH 下，才能使各种反应和活动正常进行。如大多数植物在 pH＞9 和 pH＜3.5 的土壤中都不能生长；动物血液 pH 也必须维持在一个相对恒定的范围才能保证正常的生理活动。一个健康人血液 pH 通常是 7.35～7.45，如果 pH 低于 7.30 或高于 7.50 就会发生酸碱中毒，而 pH 降到 7.00 以下或升至 7.80 以上，人就有死亡的可能。那么，人吃了含酸或碱的食物后，pH 为什么能保持基本不变呢？关键在于，血液中有一种酸性物质能与加入的碱反应，同时又有一种碱性物质能与加入的酸反应。然而，同时存在于血液中的两类物质一定不会彼此中和，这说明二者必定是一种弱酸及其盐或弱碱及其盐所形成的体系，如 NH_4^+ 和 $NH_3 \cdot H_2O$，$H_2PO_4^-$ 和 HPO_4^{2-}，HAc 和 Ac^- 等。溶液的这种能对抗外来少量强酸、强碱或稍加稀释，而使其 pH 基本不变的作用叫缓冲作用。具有缓冲作用的溶液叫缓冲溶液，其中的弱酸及其盐或弱碱及其盐称缓冲对（缓冲体系）。

（二）缓冲溶液 pH 的计算

根据缓冲溶液的概念，可在弱酸或弱碱溶液中加入一种含有相同离子的盐后，计算缓冲溶液的 $c(H^+)$ 和 $c(OH^-)$。溶液 $c(H^+)$ 和 $c(OH^-)$ 的计算公式为：

$$c(H^+)=K_a\frac{c_a}{c_s} \qquad c(OH^-)=K_b\frac{c_b}{c_s}$$

式中：c_a、c_b、c_s 分别为形成缓冲溶液的弱酸、弱碱、弱酸盐或弱碱盐的浓度。由上式可得，缓冲溶液 pH 和 pOH 的计算公式为：

$$pH=pK_a+\lg\frac{c_s}{c_a} \qquad pOH=pK_b+\lg\frac{c_s}{c_b}$$

根据计算可知，在 90 mL 纯水中加入 10 mL 0.010 mol·L^{-1} HCl 后，加酸前后 pH 分别为 7.00 和 3.00，改变 4 个 pH 单位；而在 90 mL HAc-NaAc 缓冲溶液（HAc 和 NaAc 的浓度都为 0.10 mol·L^{-1}）中加入 10 mL 0.010 mol·L^{-1} HCl 后，加酸前后 pH 分别为 4.74 和 4.73，仅仅改变了 0.01 个 pH 单位。这再次证明，缓冲溶液能够对抗外界少量强酸。

影响缓冲溶液 pH 的主要因素是构成缓冲对的弱酸的 pK_a 或弱碱的 pK_b，即取决于缓冲对的种类，次要因素是缓冲对的浓度或体积比（所使用缓冲对的原始浓度相同时，缓冲对的浓度比等于体积比）。理论和实验都证明，某缓冲溶液有效的 pH 范围是：$pH=pK_a\pm1$，即缓冲对的浓度比的范围为 10～1/10。因此配制一定 pH 的缓冲溶液，应选择 $pK_a=pH\pm1$ 的弱酸及其盐以及 $pK_b=pOH\pm1$ 的弱碱及其盐。

【例 1-9】　如何配制 1 L pH＝5.00 的缓冲溶液？

解：查附录 6 可知 HAc(CH_3COOH) 的 $pK_a=4.74$，在 $pH=pK_a\pm1$ 范围内，为了计算方便，取原始浓度相同的 HAc 和 NaAc 溶液。

若使用缓冲对的原始浓度相同，缓冲对的浓度比等于体积比，所以根据

$$pH=pK_a+\lg\frac{V_{盐}}{V_{酸}}$$

有：

$$5.00=4.74+\lg\frac{V_{盐}}{V_{酸}}$$

$$\lg\frac{V_{盐}}{V_{酸}}=0.26$$

$$\frac{V_{盐}}{V_{酸}}=1.8$$

根据题意知 $V_{酸}+V_{盐}=1\ 000\ mL$，经过计算可得：

$$V_{酸}=360\ mL \qquad V_{盐}=1\ 000\ mL-360\ mL=640\ mL$$

答：将相同浓度的 HAc 溶液 360 mL 和 NaAc 溶液 640 mL 混合在一起即可配制成 1 L pH=5.00 的缓冲溶液。

【例 1-10】 如何配制 1 L pH=9.00 的缓冲溶液？

解：查附录 6 可知 HCN 的 $pK_a=9.21$，符合 $pK_a=pH\pm1$ 的条件，但 HCN 有剧毒，避免使用，可考虑选用 $pH=14-pK_b$，满足缓冲液有效的 pH 范围。查附录 6 可知 $NH_3\cdot H_2O$ 的 $pK_b=4.74$，则 $pH=14-pK(NH_3\cdot H_2O)=14-4.74=9.26$。所以可选用同浓度的 $NH_3\cdot H_2O$ 和 NH_4Cl 溶液。

$$pH=14.00-\left(4.74+\lg\frac{V_{盐}}{V_{碱}}\right)=9.00$$

$$\lg\frac{V_{盐}}{V_{碱}}=0.26$$

其余解法同【例 1-9】。

答：将相同浓度的 $NH_3\cdot H_2O$ 360 mL 和 NH_4Cl 溶液 640 mL 混合在一起即可配制成 1 L pH=9.00 的缓冲溶液。

使用缓冲溶液时要注意：缓冲溶液的缓冲能力与缓冲对的总浓度（$c_{酸}+c_{盐}$ 或 $c_{碱}+c_{盐}$）有关，总浓度越大，缓冲能力越强。但在实际工作中，使用的缓冲溶液在缓冲能力允许的情况下，稀一点好，这样，不但可以节省药品，还可避免因过多的试剂产生杂质，影响后面的操作。当缓冲对的总浓度一定时，缓冲溶液的缓冲能力在缓冲对的浓度比（$c_{盐}/c_{酸}$ 或 $c_{盐}/c_{碱}$）为 1 的时候，缓冲能力最大。

（三）缓冲溶液的应用

1. 血液的缓冲作用

动物、植物体液都有最适宜生存、生长的 pH 环境。人体血液 pH 为 7.35～7.45，最适合细胞代谢和机体生存，其中有许多缓冲对（H_2CO_3-$NaHCO_3$、Na_2HPO_4-NaH_2PO_4、血红蛋白-血红蛋白盐、血浆蛋白-血浆蛋白盐），以 H_2CO_3-$NaHCO_3$ 含量最多，最重要。当食用的酸性食物进入人体血液时：

$$H^+ + HCO_3^- \rightleftharpoons H_2CO_3$$

H_2CO_3 经碳酸酐酶的作用分解为 CO_2 和 H_2O，CO_2 分压升高，可刺激呼吸中枢，使肺的呼吸作用增加，呼出更多的 CO_2。当食用的碱性食物进入人体血液时，HCO_3^- 增多，并由肾脏排出体外。

每人每天耗 O_2 约 600 L，产生的 CO_2 形成的酸量相当于 2 L 浓盐酸，除由肺呼出 CO_2 及肾排酸的渠道排出体外以外，均应归功于血液的缓冲作用。

2. 利用缓冲溶液控制反应条件

在水的总硬度的测定及邻二氮菲光度法测定铁等实验中，要用缓冲溶液来控制反应条件。

★ 实验操作——溶液 pH 的测定

(一)实验仪器

pH S-3C 型数字酸度计，200 mL 烧杯，50 mL 小烧杯，滤纸。

(二)药品与试剂

pH 为 4.00 和 6.86 的缓冲溶液，蒸馏水，0.010 $mol \cdot L^{-1}$ NH_4Cl 溶液，统一鲜橙多果汁。

(三)操作步骤

1. 仪器使用前的准备

在电极未连接到仪器之前，输入端必须连接短路插头(白色金属小螺帽)，使仪器输入端短路，以保护前置转化器。首先把电极杆(白色细长的杆)插入仪器右侧电极杆孔(酸度计右侧的一个小孔)内旋紧，然后把塑料电极夹(黑色塑料的长形夹子)二孔对准装在电极杆上，拔去电极保护套(电极下方套的塑料帽)，把电极固定在电极夹上，然后旋去输入端短路插头，旋上电极插头(和电极导线另一端相连的白色带螺扣的金属扣)。短路插头在不用时应妥善保管，仪器使用完毕再旋上。把电极下端的玻璃球泡浸泡在蒸馏水中 24 h，待用。玻璃球泡较薄，操作中当心碰坏。

2. 仪器定位和校准

接通电源开关，置选择旋钮于“pH”挡，将温度调节器调节至室温。使仪器预热 20 min，然后采用二点标定法，用两种已知 pH 的缓冲溶液(如 pH 6.86，pH 4.00，或 pH 6.86，pH 9.18)进行定位和校准。

(1)仪器定位　将斜率调节器逆时针旋转到底(即将斜率调至最大)。把电极插入已知 pH=6.86 的缓冲溶液(缓冲溶液用 50 mL 小烧杯盛装，下同)，旋转“定位”调节器，使仪器的指示值为该缓冲溶液所在温度相应的 pH(pH 6.86)。此步操作关系整个测量的准确与否，必须反复进行，要保证 pH 6.86 保持较长时间的稳定。仪器一旦定位完毕，在整个操作过程中都不可以变动，直到测定完毕。

(2)斜率校准　如果所测的样品呈酸性，用 pH 6.86 和 pH 4.00 的缓冲溶液进行校准；如果所测的样品呈碱性，用 pH 6.86 和 pH 9.18 的缓冲溶液进行校准。现以所测的样品呈酸性为例来说明校准仪器的步骤。

①用蒸馏水清洗电极，并用滤纸吸干，把电极插入另一已知 pH(pH 为 4.00)缓冲溶液

中并摇动烧杯使溶液均匀。

②如果所测 pH 不为 4.00，旋转“斜率”调节器，使仪器的指示值为溶液所在温度相应的 pH(pH=4.00)。

③用蒸馏水清洗电极，并用滤纸吸干，把电极插入另一已知 pH(pH=6.86)缓冲溶液中并摇动烧杯使溶液均匀。

④如果所测 pH 不为 6.86，旋转“斜率”调节器，使仪器的指示值为溶液所在温度相应的 pH(pH=6.86)。

重复上述①～④步骤，直至达到要求为止(放入 pH=4.00 的缓冲溶液中，pH 显示 4.00，放入 pH=6.86 的缓冲溶液中，pH 显示 6.86，不用再调节斜率调节器)。仪器两点标定已告完成，经定位和校准的仪器的定位调节器与斜率调节器不应再有变动。

3. 测量 pH

经校准过的仪器可用来测量被测溶液。

(1)被测溶液与定位溶液温度相同时，“定位”调节器保持不变；用蒸馏水清洗电极球泡，并用滤纸吸干；把电极插入被测溶液内，摇动烧杯使溶液均匀后读出该溶液的 pH。

(2)被测溶液与定位溶液温度不同时，“定位”调节器保持不变；用蒸馏水清洗电极球泡，并用滤纸吸干；用温度计测出被测溶液温度，旋转“温度”调节器，使指示在被测溶液的温度值上；把电极插入被测溶液内，摇动烧杯使溶液均匀后读出该溶液的 pH。

分别测量 0.010 $mol \cdot L^{-1}$ NH_4Cl 溶液、蒸馏水、统一鲜橙多果汁等溶液的 pH。

(四)数据记录

被测溶液	0.010 $mol \cdot L^{-1}$ NH_4Cl 溶液	蒸馏水	统一鲜橙多果汁
pH			

知识扩展

一、仪器在使用过程中应注意的问题

(1)仪器校准时，如果所测的样品呈酸性，用 pH 6.86 和 pH 4.00 的缓冲溶液进行校准，如果所测的样品呈碱性，用 pH 6.86 和 pH 9.18 的缓冲溶液进行校准。

(2)仪器经校准定位后，定位调节旋钮及斜率调节旋钮不应再有变动。

(3)仪器每进行一次测定前(无论是缓冲溶液还是待测定溶液)都应先用蒸馏水充分清洗电极，然后用滤纸将电极头部擦干，再进行测量。

(4)在读数之前，应摇动烧杯使溶液混匀后再读数。

(5)一般情况下，仪器标定好后，在 24 h 后仪器不需再标定。

二、酸度计的日常维护

(1)取下电极套后，应避免电极的敏感玻璃球泡与硬物接触，因为任何破损都将使电极

失效。

(2)测量后，及时将电极保护套套上，套内不应有残留的水。

(3)电极应避免长期浸在蒸馏水、蛋白质溶液和酸性氟化物溶液中。

(4)清洗电极不能用四氯化碳、三氯乙烯、四氢呋喃等。因为它们能溶解用聚碳酸树脂制成的电极外壳，其溶解后极易污染敏感玻璃球泡，从而使电极失效。

三、不同污染物质应选择的清洗剂

污染物	清洗剂
无机金属氧化物	低于 1 mol·L^{-1}稀酸
有机油脂类物质	稀洗涤剂(弱碱)
高分子树脂	酒精、丙酮、乙醚
蛋白质沉淀物	酸性酶溶液(如食母生片)
颜料类物质	稀漂白液、过氧化氢

★ 思考练习题

一、填空题

1. K_a、K_b 统称为弱电解质的电离常数，是化学平衡常数的一种，与________有关，与________无关。

2. 某溶液中 $c(H^+)=1\times10^{-5}$ mol·L^{-1}，则该溶液的 pH 为________；某溶液中 $c(OH^-)=1\times10^{-3}$ mol·L^{-1}，则该溶液的 pH 为________。

3. 在 HAc-NaAc 溶液中，________是抗酸成分，________是抗碱成分。

4. 血液中含有许多缓冲对，其中含量比较多的是________________。

二、选择题

1. 下列一元弱酸中酸性最弱的是(　　)。已知：$K(HAc)=1.8\times10^{-5}$，$K(HCN)=6.2\times10^{-10}$，$K(HF)=6.6\times10^{-4}$

A. HAc　　B. HCN　　C. HF

2. 向 $NH_3\cdot H_2O$ 溶液中加入少量的 NH_4Ac 固体，其溶液的 pH(　　)。

A. 升高　　B. 降低　　C. 基本不变

3. 向 HAc 溶液中加入少量的 NH_4Ac 固体，其溶液的 pH(　　)。

A. 升高　　B. 降低　　C. 基本不变

4. 下列缓冲对中，(　　)可用于配制 pH 为 10 的缓冲溶液；(　　)可用于配制 pH 为 5 的缓冲溶液。

A. HAc-NaAc　　B. $NH_3\cdot H_2O$-NH_4Cl　　C. NaH_2PO_4-Na_2HPO_4

5. 下列盐溶液，呈酸性的是(　　)，呈碱性的是(　　)，呈中性的是(　　)。

A. Na_2CO_3 溶液　　B. $(NH_4)_2SO_4$ 溶液　　C. KCl 溶液

6. 比较 pH：0.1 mol·L^{-1} 的 HCl 溶液(　　)0.1 mol·L^{-1} 的 HAc 溶液。

A. 大于　　B. 等于　　C. 小于

三、简答题

1. 试举出两个缓冲对的实例，并指出抗酸成分和抗碱成分。

2. 为什么兽医上可用 NH_4Cl、$NaHCO_3$ 治疗碱中毒和酸中毒？试用盐水解的知识加以回答。

3. 健康人血液的 pH 范围恒定在 7.35～7.45，不因食入碱性食物或酸性食物而改变，为什么？

四、计算题

1. 计算下列溶液的 pH：

(1)0.10 $mol \cdot L^{-1}$ $NH_3 \cdot H_2O$ 溶液；　(2)0.10 $mol \cdot L^{-1}$ HAc 溶液；

(3)0.20 $mol \cdot L^{-1}$ NaAc 溶液；　(4)0.20 $mol \cdot L^{-1}$ NH_4Cl 溶液。

2. 欲配制 250 mL 的 pH＝5.0 的缓冲溶液，问应在 125 mL 1.0 $mol \cdot L^{-1}$ NaAc 溶液中加 6.0 $mol \cdot L^{-1}$ HAc 和水各多少毫升？

课程导入练习　　自测练习

模块二
定量分析基础

学习目标

1. 熟悉定量分析的任务及方法。
2. 理解误差和偏差的概念、意义，能通过计算判断分析数据的精密度。
3. 具有分析误差的来源及减少误差的能力。
4. 熟知滴定分析法的相关概念、对化学反应的要求和滴定的方式。
5. 熟知滴定分析的误差及减小误差的方法。
6. 理解有效数字的意义，会记录实验数据并对数据进行正确处理。
7. 会标定标准溶液。
8. 会使用滴定管，能够运用指示剂准确判断滴定终点。

单元一　定量分析概述

★ 理论知识

课程 PPT

一、定量分析的任务和方法

(一)定量分析的任务

分析化学是研究物质化学组成、含量和结构的分析方法及有关原理的一门科学。它包括定性分析和定量分析两部分。定性分析的任务是鉴定物质由哪些组分(元素、离子、基团或化合物)组成，解决“是什么”的问题；定量分析的任务是测定物质中有关组分的含量，解决“有多少”的问题。在进行物质分析时，一般是在定性分析的基础上进行定量分析。本单元主要讨论定量分析。

定量分析在医药卫生、工农业生产及国防建设中有着重要的作用。饲料分析、兽药质量检测、畜禽环境监控、畜禽健康状况评价、畜产品质量检验等都离不开定量分析。

(二)定量分析的方法

1.根据测定原理分为化学分析法和仪器分析法

(1)化学分析法　化学分析法是以物质的化学反应为基础的分析方法,主要有滴定分析法和质量分析法。滴定分析法是通过滴定操作,根据所需滴定剂的体积和浓度,以确定试样中待测组分含量的一种方法。质量分析法是通过化学反应及一系列操作,使试样中的待测组分转化为一种纯净的、化学组成固定的难溶化合物,再通过称量该化合物的质量,计算出待测组分含量的一种分析方法。质量分析法分为沉淀质量法、电解质量法和汽化法等。

(2)仪器分析法　仪器分析法是以物质的物理性质或物理化学性质为分析基础的分析方法。由于这类分析都要使用特殊的仪器设备,所以一般称为仪器分析法。常用的仪器分析法有光学分析法、电化学分析法、色谱分析法等。在仪器分析法中,我们只重点学习光学分析法中的吸光光度分析法。

2.根据分析对象不同分为无机分析和有机分析

无机分析的对象是无机化合物;有机分析的对象是有机化合物。

3.根据试样用量分为常量分析、半微量分析、微量分析和超微量分析

按所取试样的量可分为常量(固体试样的质量>0.1 g,液体试样的体积>10 mL)分析、半微量(固体试样的质量在0.01～0.1 g,液体试样的体积为1～10 mL)分析、微量(固体试样的质量<0.01 g,液体试样的体积<1 mL)分析和超微量(固体试样的质量<0.1 mg,液体试样的体积<0.01 mL)分析。

4.根据被测组分的含量分为常量组分分析、微量组分分析、痕量组分分析

按被测组分的含量,分析方法可分为常量组分(含量>1%)分析、微量组分(含量为0.01%～1%)分析、痕量组分(含量<0.01%)分析。

(三)定量分析过程

定量分析一般要经过取样、试样制备、测定、数据处理与结果评价几个步骤。

1.取样

样品或试样是指在分析工作中被用来进行分析的物质体系,它可以是固体、液体或气体。分析化学要求被分析试样在组成和含量上具有一定的代表性,能代表被分析的总体。否则分析工作将毫无意义,甚至可能导致错误结论,给生产或科研带来很大的损失。

取样方法通常是从大批物料中的不同部分、不同深度选取多个取样点采样,然后将各点取得的样品粉碎之后混合均匀,再从混合均匀的样品中取少量物质作为分析试样进行分析。

2.试样制备

定量分析中,大多数分析方法需要将干燥好的试样分解后转入溶液中,然后进行测定。制备试样的方法主要有溶解法和熔融法。实际工作中,应根据试样性质和分析要求选用适当的制备方法。例如,测定饲料原料中钙含量,试样需要先高温灰化后用酸溶解转变成溶液再进行测定;测定沙子中硅的含量,试样则需要先进行碱熔,然后将其转变成可溶解产物,再进行测定。

制备试样阶段还有一项重要的内容是消除干扰。复杂物质中常含有多种组分,在测定

其中某一组分时，若共存的其他组分对待测组分的测定有干扰，则应先设法消除。采用加入试剂（称掩蔽剂）来消除干扰，在操作上简便易行。但在多数情况下合适的掩蔽方法不易寻找，此时需要将被测组分与干扰组分进行分离。目前常用的分离方法有沉淀分离、萃取分离、离子交换和色谱分离法等。

3. 方法的选择及测定

各种测定方法在灵敏度、选择性和适用范围等方面有较大的差别，因此应根据被测组分的性质、含量和对分析结果准确度的要求，选择合适的分析方法进行测定。例如，常量组分通常采用化学分析方法，而微量组分需要使用分析仪器进行测定。

4. 数据处理及分析结果的评价

根据分析过程中有关反应的计量关系及分析测量所得数据，计算试样中有关组分的含量。应用统计学方法对测定结果及其误差分布情况进行评价。

二、定量分析的误差

定量分析的结果应该具有一定的准确度，能客观地反映出试样中被测组分的含量。但在实际分析过程中，误差是客观存在的，只是程度不同而已。在分析过程中，必须了解误差产生的原因及规律，采取有效措施，把误差减小到最低程度，从而使分析结果达到较高的准确度。

（一）误差和偏差

1. 误差

误差是指分析结果与真实值的差值。误差分为绝对误差和相对误差。绝对误差（E）是指测量值（X）与真实值（T）之差。

$$E=X-T$$

相对误差（E_r）是指绝对误差占真实值的百分数。

$$E_r=\frac{E}{T}\times 100\%$$

2. 偏差

偏差是指某一测量值与平均值之间的差值。

（1）绝对偏差（d）　是指单次测量值（X_i）与平均值（$\overline{X}$）之差。

$$d=X_i-\overline{X}$$

平均值表示多次测量结果的算术平均值。

$$\overline{X}=\frac{X_1+X_2+\cdots+X_n}{n}=\frac{1}{n}\sum_{i=1}^{n}X_i$$

式中：n 为测量次数。

（2）相对偏差（d_r）　是指单次测量值的绝对偏差在平均值中所占的百分数。

$$d_r = \frac{d}{\overline{X}} \times 100\%$$

绝对偏差和相对偏差只能表示相应的单次测量值与平均值的接近程度。在实际工作中,为了表示一组数据的精密度,常使用平均偏差和相对平均偏差。

(3)平均偏差($\bar{d}$) 是指各单次测量绝对偏差的绝对值的平均值。

$$\bar{d} = \frac{|d_1| + |d_2| + \cdots + |d_n|}{n} = \frac{\sum_{i=1}^{n} |d_i|}{n}$$

(4)相对平均偏差($\bar{d}_r$) 是指平均偏差占平均值的百分数。

$$\bar{d}_r = \frac{\bar{d}}{\overline{X}} \times 100\%$$

(5)标准偏差(S) 标准偏差(也称标准离差或均方根差)是反映一组测量数据离散程度的统计指标,能更好地反映大的偏差存在的影响。

$$S = \sqrt{\frac{d_1^2 + d_2^2 + \cdots + d_n^2}{n-1}} = \sqrt{\frac{\sum_{i=1}^{n} d_i^2}{n-1}}$$

(二)准确度和误差

准确度是指分析结果与真实值相接近的程度,用误差表示。误差越小,则分析结果的准确度越高;反之则越低。

【例 2-1】 用万分之一分析天平称量某试样两份,分别为 3.124 3 g 和 0.312 3 g。设两份试样的真实值分别为 3.124 2 g 和 0.312 2 g,比较两个数据的准确度。

解:由绝对误差的计算公式得:

$$E_1 = 3.124\ 3\ \text{g} - 3.124\ 2\ \text{g} = +0.000\ 1\ \text{g}$$
$$E_2 = 0.312\ 3\ \text{g} - 0.312\ 2\ \text{g} = +0.000\ 1\ \text{g}$$

由相对误差的计算公式得:

$$E_{r1} = \frac{+0.000\ 1\ \text{g}}{3.124\ 2\ \text{g}} \times 100\% = +0.003\%$$
$$E_{r2} = \frac{+0.000\ 1\ \text{g}}{0.312\ 2\ \text{g}} \times 100\% = +0.03\%$$

答:数据 3.124 3 g 称量的准确度较高。

由例 2-1 可知,两份试样的绝对误差相等,但相对误差不同。当被测定的真实值较大时,相对误差较小,测定的准确度较高;反之,当被测定的真实值较小时,相对误差较大,测定的准确度较低。所以,常采用相对误差来表示测定结果的准确度。

误差有“＋”和“－”之分，“＋”值表示分析结果偏高，“－”值表示分析结果偏低。

(三)精密度和偏差

在实际工作中，真实值往往是不知道的，因此，无法测定分析结果的准确度。对分析结果的评价常用精密度表示。精密度是指同一样品在相同的条件下多次平行分析结果相互接近的程度。它表明测定数据的重现性，一般用偏差来表示。偏差小，则分析结果的精密度高，也就是测定数据的重现性好，反之则不好。

【例 2-2】 某标准溶液的 5 次标定结果为：0.101 3 $mol \cdot L^{-1}$、0.101 8 $mol \cdot L^{-1}$、0.101 4 $mol \cdot L^{-1}$、0.101 1 $mol \cdot L^{-1}$、0.101 7 $mol \cdot L^{-1}$。计算平均值、平均偏差和相对平均偏差。

解：$$\overline{X}=\frac{0.1013+0.1018+0.1014+0.1011+0.1017}{5}=0.1015(mol \cdot L^{-1})$$

$$\overline{d}=\frac{0.0002+0.0003+0.0001+0.0004+0.0002}{5}=0.00024(mol \cdot L^{-1})$$

$$\overline{d}_r=\frac{\overline{d}}{\overline{X}}\times 100\%=\frac{0.00024\ mol \cdot L^{-1}}{0.1015\ mol \cdot L^{-1}}\times 100\%=0.24\%$$

答：某标准溶液的 5 次标定结果的平均值为 0.101 5 $mol \cdot L^{-1}$，平均偏差为 0.000 24 $mol \cdot L^{-1}$，相对平均偏差为 0.24%。

在一般化学分析中，如果对同一试样只做两次测定，精密度也可用相对相差来表示，即两次测定值之差的绝对值与平均值的比值的百分数。

$$相对相差=\frac{|X_1-X_2|}{\overline{X}}\times 100\%$$

(四)准确度和精密度的关系

准确度表示分析结果与真实值相接近的程度，它说明测定的可靠性。精密度是指在相同条件下，多次平行分析结果相互接近的程度。如果几次测定的数据比较接近，表示分析结果的精密度高。准确度与精密度之间的关系可以通过下例说明。

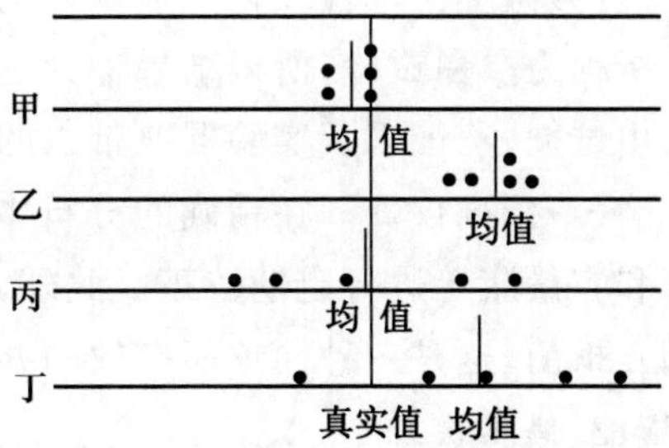

图 2-1　准确度与精密度关系示意图

甲、乙、丙、丁 4 人同时测定一试样某成分的质量分数，各分析 5 次，如图 2-1 所示。由图中可看出 4 人的分析结果，甲的准确度与精密度都比较高，结果可靠；乙的精密度高，准确度低；丙的平均值接近于真实值，但精密度不好，结果也不可靠；丁的准确度与精密度都不高。所以，准确度高一定需要精密度高，但精密度高不一定准确度高。精密度差的可靠性差。精密度是确保准确度的先决条件。

(五)误差的来源和减小误差的方法

根据误差的性质和产生的原因，可分为系统误差和偶然误差。

1. 系统误差

系统误差是由于某些比较确定的经常性的原因造成的误差。在同一条件下重复测定时，它会重复出现，其误差的大小和正负是恒定的或相差很小，使分析结果偏高或偏低，即具有“单向性”。在相同的条件下增加测定次数不能消除系统误差。若找出产生原因并加以测定，就可以进行校正、消除误差，因此，系统误差又称可测误差。

根据系统误差的来源，可分为方法误差、仪器误差、试剂误差和操作误差4种。

(1)方法误差　由分析方法本身不完善或选用不当所造成的。例如，滴定分析中的反应不能定量完成或有副反应，指示剂不合适，干扰物质的影响，滴定终点和化学计量点相差较远等所引起的误差。

(2)仪器误差　由于仪器本身不够精确所造成的。例如，天平的灵敏度低、指示值与真实值不符，容量仪器未经校正、标示量与其真实体积不符等所引起的误差。

(3)试剂误差　由于试剂或蒸馏水不纯所引起的误差。

(4)操作误差　是指在正常操作情况下，由于分析人员主观原因造成的误差。例如，滴定管读数偏高或偏低，对滴定终点颜色观察的敏锐程度不同等所造成的误差。

针对系统误差产生的原因，采取相应的措施加以减免。

(1)选择合适的分析方法　在选择分析方法时，必须根据分析对象、样品情况及对分析结果的要求来选择合适的分析方法。

(2)做对照试验　采用已知准确含量的标准试样，用与被测试样相同的方法和条件进行平行测定，根据标准试样的分析结果与已知含量的差值，检验分析方法系统误差的大小，同时求出校正系数，用它来校正分析结果。

$$\text{校正系数}=\frac{\text{标准试样含量}}{\text{标准试样测得含量}}$$

(3)做空白试验　在不加试样的情况下，按与试样完全相同的条件、方法和步骤进行的分析称为空白试验，所得结果称为空白值。从样品的分析结果中扣除空白值，可以消除或减小由试剂、蒸馏水及实验器皿带入的杂质引起的误差。

(4)校准仪器　在精确的分析中，必须对仪器进行校正。如对天平、砝码、移液管、滴定管和容量瓶等进行定期校正。此外，在同一个操作过程中使用同一种仪器，可以使仪器误差相互抵消，这是一种简单而有效的办法。

2. 偶然误差

偶然误差是由某些难以预料的偶然和意外的因素引起的。例如，测量过程中温度、湿度、气压、灰尘、电压、电流的微小变化，天平零点的改变，仪器性能的微小变化等所引起的误差。偶然误差是可变的，在重复测定中时大时小，时正时负，是非“单向性”的。偶然误差也称随机误差或不可测误差。

引起偶然误差的因素难以确定，也难以控制。但消除系统误差后发现其有一定的规律性，即在多次重复测定中，正负误差出现的次数相等，小误差出现的次数多，大误差出现的次数少。因此，可通过增加平行测定次数，取平均值的方法，减少偶然误差。

此外，还有一类属于过失误差，是指由于分析工作者操作不细心，人为错误造成的误差。例如，称量时读错数据、滴定时溶液溅失、加错试剂、记录和计算错误等。过失误差无规律可循，一经发现必须舍去，必要时须重做。

三、有效数字

(一)有效数字的概念

有效数字是指分析工作中所能测得的具有实际意义的数字，而在测得的数据中只有最后一位是可疑数字。有效数字不但给出数值，而且还能反映量度的方法、仪器的精度及数据的可靠程度等。记录测量数据的位数，确定几位数字为有效数字，必须与测量方法及所用仪器的精密程度相匹配，不可以任意增加或减少有效数字。例如，用万分之一的分析天平称量样品 0.130 6 g，反映了分析天平能准确至 0.000 1 g，它可能有±0.000 1 g 的误差，样品的实际质量是在(0.130 6±0.000 1) g 范围内的某一值。又如，常量滴定管体积的刻度可以读到小数点后第二位，第一位小数是准确的，第二位小数则是可疑的，其绝对误差为±0.01 mL，如 15.80 mL 不能记为 15.8 mL。

(二)有效数字的位数确定

有效数字的位数确定是指确定可疑数字的位置。这个位置确定后，其后面的数字均为无效数字。有以下几点需注意。

(1)数字中的“0”具有双重作用。“0”可以是有效数字，也可以是非有效数字。

当“0”在数据中间时，是有效数字，如 1.001 5 g，共 5 位有效数字，“0”是有效数字。

在数据的前面“0”是非有效数字，起定位作用，只与所取单位有关，与测量的精确度无关。0.021 7 g 为 3 位有效数字，也可写成 21.7 mg，仍是 3 位有效数字。

“0”在数字后面要依具体情况而定。例如，2 400 mL 中的“0”，就不好确定，这个数可能是 2 位、3 位或 4 位有效数字。为表示清楚它的有效数字，常采用科学计数法，即用一位整数、若干位小数和 10 的幂次表示有效数字，如 2.4×10^3 mL(2 位有效数字)，2.40×10^3 mL(3 位有效数字)，2.400×10^3 mL(4 位有效数字)。

(2)在变换单位时，有效数字位数不变。例如：10.00 mL 可写成 0.010 00 L 或 1.000×10^{-2} L；9.45 L 可写成 9.45×10^3 mL。

(3)不是测量得到的数字，如倍数、分数关系等，可看作无误差数字或无限多位的有效数字。例如，2 mol 氯化钠的 2 是非测量所得数，是自然数，就可以看作是无限多位的有效数字。

(4)在分析化学中还常遇到 pH、pK_a、lg$K$ 等对数数据，其有效数字位数仅是小数部分数字的位数，因为整数部分只能说明该数据的方次。如 pH＝11.02，表示 $c(H^+)=9.6\times10^{-12}$ mol·L^{-1}，有效数字是 2 位，而不是 4 位。

(三)有效数字的修约规则

在记录测量数据时，应根据仪器的精密程度，保留一位估计值，按一定的规则确定有效数字的位数后，弃去多余的尾数，称为数字的修约。其规则如下：

1.四舍、六入、五成双

四舍是指被修约数字≤4时，则舍弃。六入是指被修约数字≥6时，则进位。五成双（或尾留双）是指被修约数字等于5，且5后面没有其他数字或是0时，若5前面为偶数（0以偶数计），则舍弃，若5前面为奇数，则进1，即"奇进、偶不进"。被修约数字等于5，且5后面还有不为0的任何数时，无论5前面是偶数还是奇数一律进1。

例如，将下列数字修约，只留一位小数。

8.15→8.2　　121.05→121.0　　12.65→12.6

又如，将下列数字修约为两位有效数字。

8.0521→8.1　　2.752→2.8　　3.654→3.7　　5.050→5.0

2.一次修约到所需位数

只允许对原测量值一次修约到所需位数，不能分次修约。例如，8.554 6修约为三位有效数字只能修约为8.55，不能先修约为8.555，再修约为8.56。

3.参加运算的数据可多保留一位有效数字

在大量的数据运算过程中，为了减少舍入误差，防止误差迅速累积，对参加运算的所有数据可先多保留一位有效数字，运算后，再按运算法则将结果修约至应有的有效数字的位数。

4.修约结果

在修约标准偏差值或其他表示准确度和精密度的数值时，修约的结果应使准确度和精密度的估计值变得更差一些。例如：$S=0.125$，如果取两位有效数字，宜修约为0.13；如取一位，宜修约为0.2。

（四）有效数字的运算规则

有效数字的运算规则为：①先修约，后计算。②计算结果的精密度由测量精密度最差的原始数据决定。有以下几种情况。

（1）加减法　当几个数据相加或相减时，计算结果的绝对误差应以相加减的各数中绝对误差最大（小数点后位数最少）者为依据。先把各数据修约至小数点后位数最少的位数再加减。

例如，12.016 4、0.37和0.032相加。由有效数字的含义可知，这3个数中的最后一位都是不准确的，是可疑数字，以0.37的绝对误差最大，为±0.01。计算时以它为准，保留两位小数已足够：

$$12.02+0.37+0.03=12.42$$

（2）乘除法　当几个数据相乘除时，计算结果的相对误差应以参加运算的各数中有效数字位数最少（相对误差最大的）者为依据，先修约再乘除。

例如，0.013 2、0.373 5和17.852 3相乘。这3个数中0.013 2的有效数字位数最少，相对误差最大。因此，应以此数为依据将其余两数修约成三位有效数字后再相乘，即

$$0.0132 \times 0.374 \times 17.9 = 0.0884$$

首位为 8、9 的数字在运算中，有效数字可多保留一位，最后结果还以实际位数为准。例如，9.78 是三位有效数字，在运算中，可当作四位有效数字，最后结果仍为三位有效数字。

$$9.78 \times 7.3622 = 9.78 \times 7.362 = 72.0$$

(3)对数运算　所取对数位数(对数首数除外)应与真数的有效数字相同。真数有几位有效数字，则其对数的尾数也应有几位有效数字。

例如，$c(H^+) = 1.3 \times 10^{-3}\ mol \cdot L^{-1}$，则：

$$pH = -\lg c(H^+) = -\lg 1.3 \times 10^{-3} = 2.89$$

★ 思考练习题

一、简答题

1. 下列情况引起的误差属于哪种误差？若为系统误差，如何减免或消除？

(1)秤盘被腐蚀；

(2)天平零点有微小波动；

(3)试剂中含有微量杂质干扰主反应；

(4)在称量时样品吸收了少量水分；

(5)滴定管刻度均匀性差；

(6)待测试液未充分混合均匀；

(7)以含量约为 98% 的 Na_2CO_3 为基准试剂来标定盐酸的浓度。

2. 用基准 Na_2CO_3 标定 H_2SO_4 溶液时，出现了以下情况，对 H_2SO_4 溶液的浓度有何影响(偏高、偏低、无影响)？

(1)滴定管中 H_2SO_4 溶液的初读数应为 1.00 mL，误记为 0.10 mL；

(2)称取 Na_2CO_3 时间太长，Na_2CO_3 吸潮，含有少量水分；

(3)称量 Na_2CO_3 的质量应为 0.157 2 g，误记为 0.158 2 g；

(4)装 H_2SO_4 标准溶液的滴定管未干燥；

(5)滴定管未用 H_2SO_4 标准溶液润洗；

(6)滴定速度过快，终点读数时未等滴定管壁上的溶液流下就读数；

(7)滴定过程中有溶液溅出。

3. 滴定管的读数误差为±0.01 mL，如果滴定时用去标准溶液 2.50 mL，相对误差是多少？如果滴定时用去标准溶液 25.00 mL，相对误差又是多少？这些数值说明什么问题？

4. 甲、乙二人同时分析一样品中的蛋白质含量，每次称取 2.68 g，进行两次平行测定，分析结果分别报告为：

甲：5.654%　　乙：5.7%

甲：5.646%　　乙：5.6%

试问哪一份报告合理？为什么？

5. 下列数据各包括几位有效数字？

(1)4.035　(2)0.003 4　(3)0.020　(4)69.045　(5)1.3×10^{-6}

(6)pH=6.0　(7)312.00　(8)49.3%　(9)0.01%

6. 根据有效数字修约规则，将下列数据修约到小数点后第三位。

(1)6.341 582 5　(2)10.519 49　(3)11.232 046　(4)0.456 502　(5)23.691 488　(6)2.722 591

二、计算题

1. 使用 TG-328 型万分之一分析天平的称量误差为±0.000 1 g，用差减称量法称量药品时，两次称量的最大误差可达±0.000 2 g，欲使称量的相对误差小于 0.1%，求至少应称取药品是多少克。

2. 用 $K_2Cr_2O_7$ 法测某铁矿石中 Fe_2O_3 的质量分数，5 次测定结果分别为 65.48%、65.37%、65.47%、65.45%、65.42%。试求平均值、平均偏差和相对平均偏差。

3. 根据有效数字运算规则，计算下列各式：

(1)$8.231\times0.012+8.6\times10^{-2}-0.071\,2\times0.003\,97\div4.2\times10^{-2}$

(2)$0.085+6.174\,5-1.73$

(3)$0.030\,84\times12.40\div25.00$

单元二　滴定分析概述

★ 理论知识

课程 PPT

一、滴定分析法

滴定分析法是化学分析法中重要的分析方法之一，是一种以化学反应为基础的分析方法。滴定分析法是将一种已知准确浓度的试剂溶液，通过滴定管滴加到被测物质的溶液中，或将被测物质的溶液滴加到已知准确浓度的溶液中，直到所加的试剂溶液与被测物质按化学计量关系完全反应为止，然后根据所用试剂的浓度和消耗的体积，计算出被测物质含量的方法。

已知准确浓度的试剂溶液称为标准溶液，又称滴定剂。将标准溶液滴加到被测物质溶液中的过程称为滴定。加入的标准溶液与被测组分正好反应完全时，反应达到了化学计量点。化学计量点一般借助外加试剂的颜色改变来判断，这种借助颜色改变来指示化学计量点的试剂称为指示剂。在滴定过程中，指示剂正好发生颜色变化的转变点称为滴定终点。滴定终点与化学计量点不一定恰好符合，由此而造成的分析误差称为终点误差。

根据所用标准溶液和被测物质反应类型的不同，滴定分析法可分为酸碱滴定法、沉淀滴定法、配位滴定法和氧化还原滴定法。

滴定分析法一般多用于测定含量在 1%以上的常量组分，准确度高，相对误差在 0.2%以下，并具有简便、快速的优点，在临床化验、医药分析、工农业生产和科学研究中应用非常广泛。

二、滴定分析对化学反应的要求

滴定分析法是以化学反应为基础的分析方法，各种类型的化学反应，并不都能用于滴定分析，适用于滴定分析法的化学反应，必须具备以下 4 个条件。

1. 反应必须定量完成

标准溶液与被测物质之间的反应要按一定的化学反应方程式进行，而且反应要进行完全(要求达到99.9%以上)，无副反应发生，这是定量计算的基础。

2. 反应能迅速完成

对于速度较慢的反应，有时可通过加热或加入催化剂等方法来加快反应速率，以保证滴定反应迅速完成。

3. 反应选择性要高

标准溶液只能与被测物质反应，被测物质中不得有干扰主反应的杂质存在，否则必须用适当的方法分离或掩蔽。

4. 要有简便可靠的方法确定滴定终点

大多数的滴定分析法是选用适当的指示剂来判断滴定终点的，有的也可以用仪器测试。

三、常用的滴定方式

滴定分析法中常用的滴定方式有以下 4 种。

1. 直接滴定法

如果滴定反应符合上述滴定分析对化学反应的要求就可用直接滴定法。用标准溶液直接滴定被测物质，利用指示剂或仪器测试指示化学计量点，通过标准溶液的浓度及所消耗的体积，计算被测物质的含量。例如，用 NaOH 标准溶液滴定未知含量的 HCl 溶液、用 $K_2Cr_2O_7$ 标准溶液滴定未知的硫酸亚铁溶液等都属于直接滴定法。

当标准溶液与被测物质的反应不完全符合上述要求时，则应考虑采用其他的滴定方式。

2. 返滴定法

当被测物是固体、与标准溶液反应较慢或没有适当的指示剂时，可用返滴定法。该方法通常是先在被测物质的溶液中加入过量的标准溶液，待反应完成后，再用另一种标准溶液返滴定剩余的标准溶液，根据两种标准溶液的浓度和用量，从而测得被测物质的含量，这种滴定方式称为返滴定法或剩余滴定法。例如，氧化锌难溶于水，可先加入过量的盐酸标准溶液使之溶解，然后再用 NaOH 标准溶液返滴定剩余的盐酸即可测定氧化锌。反应如下：

$$ZnO+2HCl=ZnCl_2+H_2O$$
$$HCl_{(过量)}+NaOH=NaCl+H_2O$$

3. 置换滴定法

有些物质不能直接滴定时，可以通过它与另一种物质起反应，置换出一定量能被滴定的物质来，再用适当的标准溶液滴定此物质，这种滴定方法称为置换滴定法。例如，用 $K_2Cr_2O_7$ 标定 $Na_2S_2O_3$ 的浓度时，不能用 $Na_2S_2O_3$ 直接滴定 $K_2Cr_2O_7$，因 $Na_2S_2O_3$ 与 $K_2Cr_2O_7$ 之间发生反应时，$Na_2S_2O_3$ 可被部分氧化生成 SO_4^{2-} 或 $S_4O_6^{2-}$，反应没有一定的计量关系。但是 $K_2Cr_2O_7$ 在酸性条件下与过量的 KI 作用，析出一定量的 I_2，可用淀粉作指示剂，用 $Na_2S_2O_3$ 溶液滴定生成的 I_2，进而求出 $Na_2S_2O_3$ 溶液的浓度。反应如下：

$$Cr_2O_7^{2-}+14H^++6I^-=2Cr^{3+}+3I_2+7H_2O$$

$$I_2+2S_2O_3^{2-}=2I^-+S_4O_6^{2-}$$

4. 间接滴定法

对于不能与标准溶液直接反应的被测物质，有时可将被测物质转换成另一种能和标准溶液作用的物质，再用标准溶液滴定反应产物，这种滴定方式称为间接滴定。例如，Ca^{2+}不能被氧化，不能直接用氧化还原法滴定。但利用 Ca^{2+} 与 $C_2O_4^{2-}$ 反应生成 CaC_2O_4 沉淀，经过滤洗净后加入 H_2SO_4 溶液使沉淀物溶解，再用 $KMnO_4$ 标准溶液滴定生成的 $C_2O_4^{2-}$，从而间接测定 Ca^{2+} 的含量。

由于采用了返滴定、置换滴定、间接滴定等滴定方法，扩展了滴定分析的应用范围。

四、标准溶液的配制与标定

(一)基准物质

能用于直接配制或标定标准溶液的物质，称为基准物质。在实际应用中大多数标准溶液是先配成近似浓度，然后再用基准物质标定其准确浓度。基准物质必须具备下列条件。

1. 纯度高

一般要求基准物质纯度在 99.9%以上，而杂质含量应少到可以忽略不计。通常用基准试剂或优级纯物质。

2. 物质组成恒定

物质的组成(包括其结晶水含量)应与化学式相符合。例如，硼砂($Na_2B_4O_7 \cdot 10H_2O$)、草酸($H_2C_2O_4 \cdot 2H_2O$)等。

3. 试剂性质稳定

试剂的性质在配制、保存或称量中不易发生变化。例如，称量时不吸收空气中的 CO_2 和 H_2O，不被空气中的 O_2 所氧化，在加热干燥时不分解，配成的溶液不变质等。

4. 摩尔质量尽可能大

摩尔质量越大，称取的质量越多，这样称量的相对误差就较小。

滴定分析中常用来标定酸的基准物质有无水碳酸钠(Na_2CO_3)、硼砂($Na_2B_4O_7 \cdot 10H_2O$)等。常用来标定碱的基准物质有邻苯二甲酸氢钾($KHC_8H_4O_4$)、草酸($H_2C_2O_4 \cdot 2H_2O$)等。

(二)标准溶液的配制和标定

1. 标准溶液的配制

标准溶液的配制通常有两种方法，即直接配制法和间接配制法。

(1)直接配制法　用分析天平准确称取一定量的基准物质，用蒸馏水溶解后，定量转移至容量瓶中，加水稀释至刻度线，根据称取物质的质量和容量瓶的体积，即可计算出标准溶液的准确浓度，这种方法称为直接配制法。

(2)间接配制法(标定法)　凡不符合基准物质条件的试剂，都不能用直接配制法配制标准溶液。只能先配制成近似于所需浓度的溶液，再用基准物质或另一种标准溶液来精确地测定它的准确浓度，这种方法称为间接配制法。

2. 标准溶液的标定

标定是指利用基准物质或已知准确浓度的溶液来测定用间接配制法配制好的标准溶液浓度的操作过程，包括基准物质标定法和标准溶液比较法两种。

(1)基准物质标定法　基准物质标定法又分为多次称量法和移液管法。

①多次称量法　用分析天平同时精密称取若干份同样的基准物质，分别溶解于适量的纯化水中，再用待标定的溶液滴定，根据所称量的基准物质的质量和所消耗的待标定溶液的体积，即可计算出该溶液的准确浓度，最后取其平均值作为该标准溶液的浓度。制药行业实际生产中常用多次称量法。

②移液管法　称取较大的一份基准物质，溶解后，定量转移到容量瓶中，稀释至一定体积后摇匀。用移液管取出若干份该溶液，用待标定的标准溶液滴定，最后取其平均值作为该标准溶液的浓度。病检时多用移液管法。

(2)标准溶液比较法　准确移取一定量的待标定溶液，用已知准确浓度的标准溶液滴定，或者用待标定溶液滴定准确移取的标准溶液，根据两种溶液所消耗的体积及标准溶液的浓度可计算出待标定溶液的浓度。这种用标准溶液来测定待标定溶液准确浓度的方法称为标准溶液比较法。这种方法不如基准物质标定法准确，因为标准溶液的浓度不准确，就会直接影响待标定溶液浓度的准确性。

五、滴定分析的误差

根据滴定分析法的操作过程及定量方式，建议滴定分析时重视以下 3 个方面：

1. 标准(待测试样)溶液的浓度带来系统误差

标准溶液或待测试样的制备过程，包括准确称量、溶解、定量转移、定容，并运用有效数字进行准确浓度(含量)的计算，过程涉及分析天平的校准与使用、容量瓶使用、有效数字取舍等规范、有序的操作及理论支撑。例如，分析天平使用前忘记校准或调平、减量法称量药品有洒落、容量瓶没有试漏及定容刻度不准确、计算时代入的基准物质的摩尔质量有效数字位数不够(如邻苯二甲酸氢钾的摩尔质量习惯性使用 204 g·mol ，而不是 204.22 g·mol)等，都会造成标准溶液浓度的不准确，使滴定分析产生系统误差。

2. 滴定管的使用引起系统误差或偶然误差

滴定管是滴定分析中必备量器，其准确度及使用正确与否直接影响分析数据。例如，滴定管使用前没用待装的标准溶液或样液润洗、碱式滴定管用前没排除气泡、酸式滴定管使用中漏液等都会导致测定的体积偏大，产生偶然误差；白底有蓝线的滴定管与透明滴定管读数方式也会影响读数，产生系统误差。另外，控制近终点时的滴加速度，注意滴定终点后要稍等片刻，使管内壁液体全部稳定后再进行读数。

3. 指示剂的选择及终点判断因人而异

指示剂的应用是滴定分析判断终点的一种手段，从理论上讲，指示剂应该恰好在滴定反应的化学计量点时变色，而实际分析中，符合这一要求的指示剂几乎没有，我们选择的指示剂多是在一定范围内且逐渐变色，指示剂的浓度大小、加入量、加入时间都会对终点判断产生影响。因此，即便是熟练或资深检验人员，也会存在偶然误差。

当然，滴定分析中还有移液管使用、终点时半滴试剂的加入等都要求正确与熟练。滴定分析在应用于常量分析时，允许的相对偏差通常是小于等于0.2%；在实际工作中，则要依据国家标准或行业标准，对分析结果进行判断和评价。

知识扩展　酸碱滴定法

酸碱滴定法是以酸碱中和(质子转移)反应为基础的滴定分析方法，又称中和法。

酸、碱以及能与酸、碱直接或间接发生质子转移反应的物质，几乎都可以用酸碱滴定法测定。在酸碱滴定法中，一般用强酸或强碱作标准溶液，如盐酸、硫酸、氢氧化钠、氢氧化钾等。可直接滴定碱性或酸性物质，也可以间接测定反应中定量生成的酸、碱物质，因此，酸碱滴定法应用十分广泛。

一、酸碱指示剂

(一)酸碱指示剂的变色原理

借助于颜色的改变来指示溶液pH的物质称为酸碱指示剂。酸碱指示剂是一类结构复杂的有机弱酸或有机弱碱，其共轭酸碱对具有不同的颜色。当溶液pH改变时，共轭酸碱对相互发生改变，从而引起溶液的颜色发生变化。以弱酸型指示剂(用HIn表示)为例，它在溶液中有如下电离平衡：

$$\underset{\text{酸式色}}{HIn} \rightleftharpoons H^+ + \underset{\text{碱式色}}{In^-}$$

由于指示剂在溶液中能部分电离，电离后产生与指示剂本身具有不同结构的复杂离子，且其离子与指示剂分子颜色不同，当改变溶液的 H^+ 浓度时，指示剂结构发生变化，导致溶液的颜色也随之变化。

(二)酸碱指示剂的变色范围

指示剂颜色变化与溶液pH有关，现以弱酸型指示剂HIn为例，进一步说明指示剂变色与溶液pH的关系。弱酸型指示剂HIn在溶液中电离达到平衡时：

$$K(HIn)=\frac{c(H^+)c(In^-)}{c(HIn)}$$

$$c(H^+)=K(HIn)\frac{c(HIn)}{c(In^-)}$$

$$pH=pK(HIn)-\lg\frac{c(HIn)}{c(In^-)}$$

式中 $K(HIn)$ 为指示剂的离解常数，在一定温度下是一个常数，所以指示剂的颜色取决于 $c(HIn)/c(In^-)$ 的比值，该比值随 $c(H^+)$ 的变化而变化。由于人眼对颜色分辨能力的限制，只能在一定浓度比范围内看到指示剂的颜色变化：当 $c(HIn)/c(In^-)\geqslant 10$ 时，$pH\leqslant pK(HIn)-1$，看到酸式色；当 $c(HIn)/c(In^-)\leqslant 0.1$ 时，$pH\geqslant pK(HIn)+1$，看到碱式色。

当溶液的 pH 由 $pK(HIn)-1$ 变化到 $pK(HIn)+1$ 时，能观察到指示剂从酸式色变到碱式色。将观察到指示剂颜色发生变化的 pH 范围称为指示剂的变色范围，指示剂的理论变色范围为：

$$pH=pK(HIn)\pm 1$$

当 $c(HIn)/c(In^-)=1$ 时，溶液呈混合色，此时 $pH=pK(HIn)$，称此 pH 为指示剂的理论变色点。

指示剂的理论变色范围一般约为 2 个 pH 单位[从 $pH=pK(HIn)-1$ 变化到 $pH=pK(HIn)+1$]，实际的变色范围根据实验测得，并不都是 2 个 pH 单位，而是略有上下，这是由于人的眼睛对混合色中两种颜色的敏感程度不同造成的。例如，甲基红 $pK(HIn)=5.1$，理论变色范围应为 4.1～6.1，实际测得为 4.4～6.2，这是由于人的肉眼辨别红色比黄色更敏感的缘故。常用酸碱指示剂及变色范围见表 2-1。

表 2-1　常用酸碱指示剂及变色范围

指示剂	变色范围(pH)	颜色		pK(HIn)	浓度	用量/(滴/10 mL 试液)
		酸式色	碱式色			
百里酚蓝	1.2～2.8	红	黄	1.65	0.1%的 20%乙醇溶液	1～2
甲基黄	2.9～4.0	红	黄	3.25	0.1%的 90%乙醇溶液	1
甲基橙	3.1～4.4	红	黄	3.45	0.1%或 0.05%的水溶液	1
溴酚蓝	3.0～4.6	黄	紫	4.1	0.1%的 20%乙醇溶液或其钠盐的水溶液	1
甲基红	4.4～6.2	红	黄	5.1	0.1%的 60%乙醇溶液或其钠盐的水溶液	1
溴百里酚蓝	6.2～7.6	黄	蓝	7.3	0.1%的 20%乙醇溶液或其钠盐的水溶液	1
中性红	6.0～8.0	红	橙黄	7.4	0.1%的 60%乙醇溶液	1
酚酞	8.0～10.0	无	红	9.1	0.5%的 90%乙醇溶液	1～3
百里酚酞	9.4～10.6	无	蓝	10.0	0.1%的 90%乙醇溶液	1～2

(三)影响指示剂变色范围的因素

1. 指示剂本身的性质

因为指示剂的变色范围与指示剂离解常数 K 有关，不同的指示剂 K 不同，所以变色范围不同。

2. 温度

温度的变化会引起指示剂离解常数 K 的变化，因此指示剂的变色范围也会随温度的变化而改变。例如，18 ℃时，甲基橙的变色范围为 3.1～4.4，而 100 ℃时，则为 2.5～3.7。因此，一般滴定应在室温条件下进行。

3. 指示剂的用量

指示剂的用量不宜过多，因浓度大时，溶液颜色较深，变色不敏锐；此外，指示剂本身是弱酸或弱碱，如果用量多，消耗滴定液多，带来较大误差。但指示剂用量也不能太少，因为如果浓度过小，则颜色太浅，不易观察到颜色的变化。一般 25 mL 被测溶液中加 1～2 滴指示剂较为适宜。

4. 滴定的顺序

由于浅颜色转化为深颜色变化明显，容易观察，所以选用指示剂最好是颜色变化由浅到深。如用 NaOH 滴定 HCl 时，常用酚酞作指示剂，酚酞由酸式色(无色)变为碱式色(红色)，颜色变化明显，容易观察；反之，用 HCl 滴定 NaOH 时，一般用甲基橙作指试剂，终点由碱式色(黄色)变为酸式色(红色)，颜色变化明显，便于观察。否则，容易引起误差。

(四)混合指示剂

在酸碱滴定中，有时需要将滴定终点限制在很窄的 pH 范围内，这时就可采用混合指示剂。混合指示剂的配制方法有两种：一种是由两种或两种以上的指示剂按一定比例混合而成，利用颜色之间的互补作用，使变色更加敏锐；另一种是由某种指示剂和一种惰性染料按一定比例混合而成的，其作用也是利用颜色的互补，借以提高颜色变化的敏锐性。配制混合指示剂时，应严格控制两种组分的比例，否则颜色变化不明显。

混合指示剂具有变色敏锐、变色范围窄和终点易于观察的特点。广泛 pH 试纸就是用混合指示剂制成的。几种常用的酸碱混合指示剂见表 2-2。

表 2-2 几种常用的酸碱混合指示剂

指示剂的组成	变色点(pH)	颜色		备注
		酸式色	碱式色	
一份 0.1%甲基黄乙醇溶液，一份 0.1%亚甲基蓝乙醇溶液	3.3	蓝紫	绿	pH 3.4 绿，pH 3.2 蓝紫
一份 0.1%甲基橙水溶液，一份 0.1%靛蓝二磺酸钠水溶液	4.1	紫	绿	
三份 0.1%溴甲酚绿乙醇溶液，一份 0.2%甲基红乙醇溶液	5.1	酒红	绿	
一份 0.1%溴甲酚绿钠盐水溶液，一份 0.1%氯酚红钠盐水溶液	6.1	黄绿	蓝紫	pH 6.2 蓝紫
一份 0.1%中性红乙醇溶液，一份 0.1%亚甲基蓝乙醇溶液	7.0	蓝紫	绿	pH 7.0 蓝紫
一份 0.1%甲酚红钠盐水溶液，三份 0.1%百里酚蓝钠盐水溶液	8.3	黄	紫	pH 8.2 玫瑰红，pH 8.4 紫
一份 0.1%百里酚蓝 50%乙醇溶液，三份 0.1% 酚酞 50%乙醇溶液	9.0	黄	紫	黄→绿→紫

二、酸碱标准溶液的标定

碱标准溶液有 $Ba(OH)_2$、KOH、NaOH，常用 NaOH。酸标准溶液常用盐酸和硫酸来配制，其中应用较多的是盐酸。酸碱标准溶液的浓度一般近似配成 0.01～1 $mol \cdot L^{-1}$，常用的是 0.1 $mol \cdot L^{-1}$。

市售的盐酸和硫酸浓度都不准确，而固体 NaOH 易吸收空气中的 CO_2 和水，所以只能先将它们配制成近似浓度的溶液，通过基准物质标定法或标准溶液比较法来确定它们的准确浓度。

（一）盐酸标准溶液的标定

标定盐酸的基准物质常用无水碳酸钠和硼砂等，也可用已知准确浓度的 NaOH 溶液与盐酸进行比较滴定。

1. 用基准物质无水碳酸钠（Na_2CO_3）进行标定

将无水 Na_2CO_3 置电烘箱内，在 180 ℃干燥 2～3 h 后，置于干燥器内冷却备用。用 Na_2CO_3 标定 HCl 反应如下：

$$Na_2CO_3 + HCl = NaHCO_3 + NaCl$$
$$NaHCO_3 + HCl = NaCl + H_2O + CO_2\uparrow$$

计量点时溶液 pH 约为 3.9，可用甲基橙或甲基红作指示剂，滴定时应注意 CO_2 的影响，临近终点时应将溶液煮沸，以减小 CO_2 的影响。

根据标定反应中反应物之间的化学计量关系，计算盐酸标准溶液浓度的公式为：

$$c(HCl) = \frac{2m(Na_2CO_3)}{M(Na_2CO_3)V(HCl)}$$

2. 用基准物质硼砂（$Na_2B_4O_7 \cdot 10H_2O$）进行标定

硼砂在水中重结晶两次，析出的晶体在室温下暴露在 60%～70%相对湿度的空气中，干燥一天一夜，干燥的硼砂结晶须保存在密闭的瓶中，以免其失水改变组成。用硼砂标定 HCl 的反应如下：

$$Na_2B_4O_7 + 5H_2O + 2HCl = 4H_3BO_3 + 2NaCl$$

计量点时溶液 pH 约为 5.1，可用甲基红作指示剂。根据标定反应，计算盐酸标准溶液浓度的公式为：

$$c(HCl) = \frac{2m(Na_2B_4O_7 \cdot 10H_2O)}{M(Na_2B_4O_7 \cdot 10H_2O)V(HCl)}$$

（二）氢氧化钠标准溶液的标定

标定 NaOH 常用的基准物质有邻苯二甲酸氢钾和草酸，也可用已知准确浓度的盐酸溶液与 NaOH 进行比较滴定。

1. 用基准物质邻苯二甲酸氢钾（$KHC_8H_4O_4$）进行标定

邻苯二甲酸氢钾容易制得纯品，在空气中不吸水，容易保存，它与 NaOH 的反应为：

$$KHC_8H_4O_4 + NaOH = KNaC_8H_4O_4 + H_2O$$

若浓度为 0.100 0 $mol \cdot L^{-1}$，化学计量点时溶液 pH 约为 9.1，可用酚酞作指示剂。

NaOH 标准溶液浓度的计算公式如下：

$$c(\mathrm{NaOH})=\frac{m(\mathrm{KHC_8H_4O_4})}{M(\mathrm{KHC_8H_4O_4})V(\mathrm{NaOH})}$$

2. 用基准物质草酸($H_2C_2O_4 \cdot 2H_2O$)进行标定

草酸相当稳定，相对湿度在 5%～95%时不会风化失水，因此，可保存在密闭容器内备用。

$$\mathrm{H_2C_2O_4+2NaOH=Na_2C_2O_4+2H_2O}$$

化学计量点时溶液偏碱性，pH 约为 8.4，可用酚酞作指示剂。计算 NaOH 标准溶液浓度的公式为：

$$c(\mathrm{NaOH})=\frac{2m(\mathrm{H_2C_2O_4 \cdot 2H_2O})}{M(\mathrm{H_2C_2O_4 \cdot 2H_2O})V(\mathrm{NaOH})}$$

三、酸碱滴定法的应用

1. 水杨酸($C_7H_6O_3$)含量的测定(《中国药典》，2010 版)

操作方法：取本品约 0.3 g，精密称定，加中性稀乙醇(对酚酞指示液显中性)25 mL 溶解后，加酚酞指示剂 3 滴，用氢氧化钠滴定液(0.1 $mol \cdot L^{-1}$)滴定。每 1 mL 氢氧化钠滴定液(0.1 $mol \cdot L^{-1}$)相当于 13.81 mg 的水杨酸($C_7H_6O_3$)。

2. 乙酰水杨酸($C_9H_8O_4$)含量的测定

乙酰水杨酸(阿司匹林)是常用的解热镇痛药，其分子中含一个羧基，在水溶液中离解出 H^+，故可用 NaOH 作标准溶液直接滴定，以酚酞为指示剂，滴定反应如下：

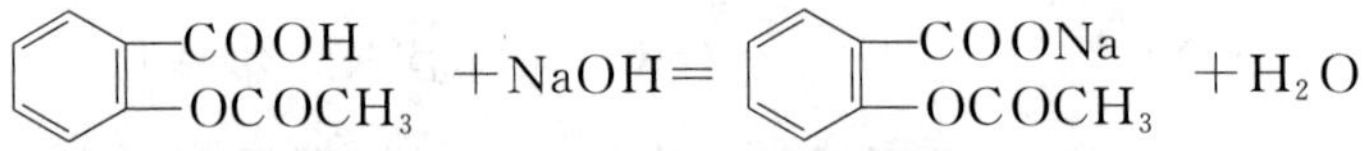

准确称取一定量的乙酰水杨酸试样，用 95%的乙醇溶解后，加入 2 滴酚酞指示剂，用 NaOH 作标准溶液进行滴定。当溶液由无色至粉红色且 30 s 不褪色时，即达终点。根据试样的质量和消耗的 NaOH 的物质的量，即可计算出乙酰水杨酸的含量。

$$w(\mathrm{C_9H_8O_4})=\frac{c(\mathrm{NaOH})V(\mathrm{NaOH})M(\mathrm{C_9H_8O_4})}{m_{样}}\times 100\%$$

因乙酰水杨酸分子中含有酯键，易发生水解而产生可与 NaOH 反应的游离酚羟基，故为了防止乙酰水杨酸水解而使测定结果偏高，滴定应在乙醇溶液中进行，而且溶液温度应控制在 10 ℃以下。

【例 2-3】 称取 0.437 2 g 乙酰水杨酸($C_9H_8O_4$)试样，用 95%的乙醇溶解后，加 2 滴酚酞指示剂，控制溶液的温度在 10 ℃以下，用 0.100 4 $mol \cdot L^{-1}$ NaOH 标准溶液进行滴定。滴定至终点时消耗 23.32 mL NaOH 溶液，计算该试样中乙酰水杨酸的质量分数。

解：

$$w(C_9H_8O_4)=\frac{c(NaOH)V(NaOH)M(C_9H_8O_4)}{m_{样}}\times100\%$$
$$=\frac{0.1004\ mol\cdot L^{-1}\times23.32\times10^{-3}\ L\times180.15\ g\cdot mol^{-1}}{0.4372\ g}\times100\%$$
$$=96.48\%$$

答：该试样中乙酰水杨酸的质量分数为96.48%。

3.试样中氮含量的测定

饲料原料和有机化合物中氮含量的测定，一般采用凯氏定氮法。其原理是将试样用浓硫酸、硫酸钾和适量催化剂（如 $CuSO_4$、HgO 和 Se 粉等）加热消解，使各种氮化合物转变成铵盐后，加入过量的浓 NaOH 溶液，加热把生成的 NH_3 蒸馏出来。

$$NH_4^+ + OH^- \xlongequal{\triangle} NH_3\uparrow + H_2O$$

将蒸馏出的 NH_3 吸收于 H_3BO_3 溶液中，然后用酸标准溶液滴定 H_3BO_3 吸收液：

$$NH_3 + H_3BO_3 \rightleftharpoons NH_3\cdot H_3BO_3$$
$$NH_3\cdot H_3BO_3 + HCl \rightleftharpoons NH_4Cl + H_3BO_3$$

H_3BO_3 是极弱的酸，它可以吸收 NH_3，但不影响滴定，故不需要定量加入。化学计量点时溶液中有 H_3BO_3 和 NH_4^+ 存在，pH 约为5，可用甲基红和溴甲酚绿混合指示剂，终点为粉红色。根据 HCl 的浓度和消耗的体积，按下式计算氮的质量分数：

$$w(N)=\frac{c(HCl)V(HCl)M(N)}{m_{样}}$$

★ 实验操作

一、滴定分析操作练习

（一）实验仪器

酸式滴定管（50 mL），碱式滴定管（50 mL），锥形瓶（250 mL），移液管（25 mL），洗耳球。

（二）药品与试剂

氢氧化钠溶液（$0.1\ mol\cdot L^{-1}$），盐酸溶液（$0.1\ mol\cdot L^{-1}$），酚酞指示剂（$10\ g\cdot L^{-1}$），甲基橙指示剂（0.1%）。

（三）操作步骤

1.氢氧化钠滴定盐酸

将碱式滴定管按操作规程准备好，装入 NaOH 溶液，调整液面至0.00刻度。

取洗净的移液管（25 mL）1支，用 HCl 溶液润洗3次后，准确移取25.00 mL 的 HCl 溶液入洁净的锥形瓶中，滴入酚酞指示剂2滴，用 NaOH 溶液滴定，至溶液显微红色（30 s 内不褪色)即为终点,记下 NaOH 消耗的体积。再重复滴定 2 次。

2. 盐酸滴定氢氧化钠

将按操作规程准备好的酸式滴定管和碱式滴定管,分别装入 HCl 溶液和 NaOH 溶液,调整液面至 0.00 刻度。

由碱式滴定管放出 25.00 mL 的 NaOH 溶液入洁净的锥形瓶中,加入甲基橙指示剂 2 滴,摇匀,溶液呈黄色。用 HCl 溶液滴定至溶液恰由黄色变为红色时即为终点,记下 HCl 消耗的体积。再重复滴定 2 次。

(四)数据记录

1. 氢氧化钠滴定盐酸

滴定次数	1	2	3
V(HCl)/mL			
NaOH 溶液终读数/mL			
NaOH 溶液初读数/mL			
V(NaOH)/mL			
V(NaOH)/V(HCl)			
V(NaOH)/V(HCl)的平均值			
$\bar{d}_r$			

2. 盐酸滴定氢氧化钠

滴定次数	1	2	3
V(NaOH)/mL			
HCl 溶液终读数/mL			
HCl 溶液初读数/mL			
V(HCl)/mL			
V(NaOH)/V(HCl)			
V(NaOH)/V(HCl)的平均值			
$\bar{d}_r$			

二、酸碱标准溶液的标定

(一)实验仪器

电子分析天平(0.1 mg),称量瓶,干燥器,酸式滴定管(50 mL),碱式滴定管(50 mL),锥形瓶(250 mL)。

(二)药品与试剂

邻苯二甲酸氢钾($KHC_8H_4O_4$)(基准物质),无水碳酸钠(分析纯,基准物质),0.1 $mol \cdot L^{-1}$的NaOH溶液,0.1 $mol \cdot L^{-1}$的HCl溶液,酚酞指示剂(10 $g \cdot L^{-1}$),甲基橙指示剂(0.1%)。

(三)操作步骤

1. 氢氧化钠标准溶液的标定

精密称取105～110 ℃电烘箱中干燥至恒重的基准物质邻苯二甲酸氢钾0.4～0.5 g(精确至小数点后4位)3份,分别置于250 mL锥形瓶中,加适量无CO_2的水溶解,再滴入酚酞指示剂2滴,用待标定的NaOH标准溶液滴定至溶液呈浅红色,在30 s内不褪色即为终点,记录读数,即为消耗的NaOH溶液的体积。

2. 盐酸标准溶液的标定

精密称取在270～300 ℃高温炉中灼烧至恒重的基准物质无水碳酸钠3份,每份在0.10～0.12 g(精确至小数点后4位)之间,分别置于250 mL锥形瓶中,加50 mL蒸馏水溶解后,加甲基橙指示剂2滴,用待标定的盐酸溶液滴定至溶液由绿色变为暗红色,煮沸约2 min(因反应本身产生H_2CO_3使指示剂颜色变化不够敏锐,所以加热煮沸以赶走CO_2),冷却至室温(或旋摇2 min),继续滴定至溶液由绿色变为暗红色即为终点,记下所消耗HCl标准溶液的体积。

(四)数据记录

1. 氢氧化钠标准溶液的标定

测定次数	1	2	3
邻苯二甲酸氢钾＋称量瓶质量/g			
倾倒后邻苯二甲酸氢钾＋称量瓶质量/g			
$m(KHC_8H_4O_4)$/g			
NaOH溶液终读数/mL			
NaOH溶液初读数/mL			
$V(NaOH)$/mL			
$c(NaOH)/(mol \cdot L^{-1})$			
$\bar{c}(NaOH)/(mol \cdot L^{-1})$			
$\bar{d}_r$			

计算公式为:

$$c(NaOH)=\frac{1\,000\,m(KHC_8H_4O_4)}{M(KHC_8H_4O_4)V(NaOH)}$$

$M(KHC_8H_4O_4)=204.22\ g \cdot mol^{-1}$

2. 盐酸标准溶液的标定

测定次数	1	2	3
碳酸钠＋称量瓶质量/g			
倾倒后碳酸钠＋称量瓶质量/g			
$m(Na_2CO_3)$/g			
HCl 溶液终读数/mL			
HCl 溶液初读数/mL			
V(HCl)/mL			
$c(HCl)/(mol\cdot L^{-1})$			
$\overline{c}(HCl)/(mol\cdot L^{-1})$			
$\overline{d}_r$			

计算公式为：

$$c(HCl)=\frac{2\ 000\ m(Na_2CO_3)}{M(Na_2CO_3)V(HCl)}$$

$M(Na_2CO_3)=105.99\ g\cdot mol^{-1}$

知识扩展　滴定管的使用

滴定管是滴定时准确测量溶液体积的量器，它是具有精确刻度而内径均匀的细长的玻璃管。常量分析的滴定管容积有 50 mL 和 25 mL，最小刻度为 0.1 mL，读数可估计到 0.01 mL。另外，还有容积为 10 mL、5 mL、2 mL、1 mL 的半微量或微量滴定管。

滴定管一般分为酸式滴定管和碱式滴定管两种(图 2-2)。

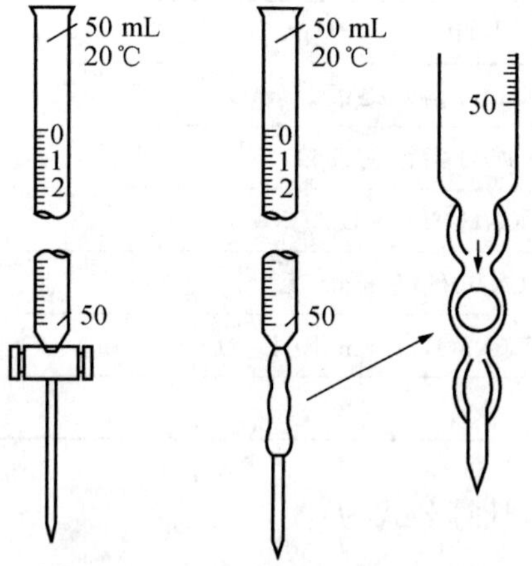

(a)酸式滴定管　(b)碱式滴定管

图 2-2　酸式滴定管和碱式滴定管

酸式滴定管下端有玻璃活塞开关，用来装酸性溶液和氧化性溶液，不宜装碱性溶液，因为碱性溶液能腐蚀玻璃，使玻璃活塞难于转动。

碱式滴定管的下端连接一橡皮管，管内有玻璃珠以控制溶液的流出，橡皮管下端连一尖嘴玻璃管。凡是能与橡皮管起反应的氧化性溶液，如 $KMnO_4$、I_2 等，不能装在碱式滴定管中。

1. 滴定管使用前的准备

酸式滴定管使用前应检查活塞转动是否灵活，然后检查是否漏水。试漏的方法是将活塞关闭，在滴定管内充满水，将滴定管夹在滴定台上，放置 2 min，看是否有水渗出；将活塞转动 180°，再放置 2 min ，看是否有水渗出。若前后两次均无水渗出，活塞转动也灵活，即可使用，否则应将活塞取出，重新涂凡士林后再使用。

涂凡士林的方法：将活塞取出，用滤纸或干净布将活塞及活塞槽内的水擦净。用手指蘸少许凡士林在活塞的两头涂上薄薄一层，在活塞孔的两旁不涂或少涂一些，以免凡士林堵住活塞孔；或者分别在活塞粗的一端和活塞槽细的一端内壁涂一薄层凡士林，将活塞直插入活塞槽中按紧，并向同一个方向转动活塞，直至活塞中油膜均匀透明(图 2-3)。如发现转动不灵活或活塞上出现纹路，表示凡士林涂得不够；若有凡士林从活塞缝内挤出，或活塞孔被堵，表示凡士林涂得太多。若活塞孔或玻璃尖嘴被凡士林堵塞，可将滴定管充满水后，将活塞打开，用洗耳球在滴定管上部挤压、鼓气，将凡士林排出；若通不开，可将滴定管放在热水浴中煮一下即可通开。然后把活塞槽和活塞擦干净，重新涂凡士林。涂好凡士林后，用橡皮圈将活塞缠好，以防活塞脱落打碎。最后经过试漏、洗净，即可使用。

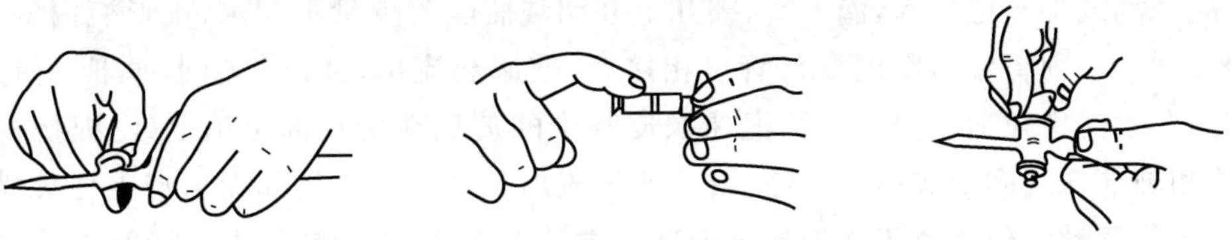

(a)擦干活塞槽　(b)活塞涂凡士林　(c)旋转活塞至油膜均匀透明

图 2-3　涂凡士林的方法

碱式滴定管应选择大小合适的玻璃珠和橡皮管，并检查滴定管是否漏水，液滴是否能够灵活控制。如不合要求，则应重新装配。

2. 滴定管的洗涤

酸式滴定管洗涤时，可倒入铬酸洗液 10 mL 左右，将滴定管逐渐向管口倾斜，以两手转动滴定管，使洗液布满全管，直立，打开活塞将洗液由管尖放回原瓶中。如果内壁沾污严重时，则需将洗液充满滴定管，浸泡 10 min 至数小时或用温热洗液浸泡 20～30 min，然后用自来水冲洗干净，再用蒸馏水洗涤几次。

碱式滴定管应卸下管下端的橡皮管，套上旧橡皮管，再倒入洗液与酸式滴定管同样方法洗涤。

3. 装溶液和赶气泡

为了避免装管后的标准溶液被稀释，应用待装的标准溶液 5～10 mL 润洗滴定管 2～3 次。操作时，两手平端滴定管，慢慢转动，使标准溶液流遍全管，并使溶液从滴定管下端放出，以除去管内残留水分。在装入标准溶液时，应直接倒入，不得借用任何别的器皿，以免标准溶液浓度改变或造成污染。装好标准溶液后，注意检查滴定管尖嘴内有无气泡，否则在滴定过程中，气泡逸出将影响溶液体积的准确测量。对于酸式滴定管可迅速转动活塞，使溶液

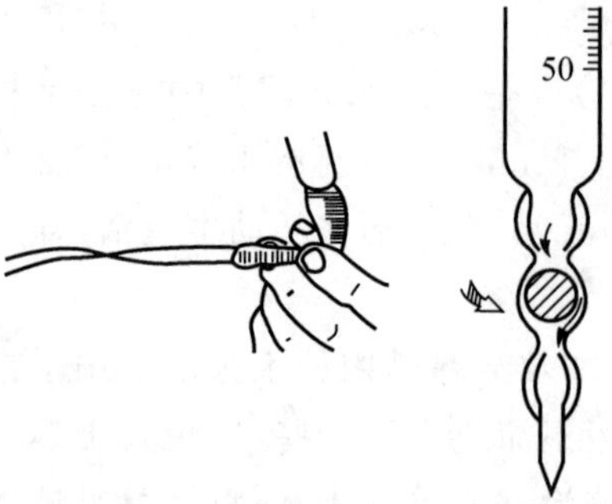

图 2-4 碱式滴定管排气泡操作及手势

很快冲出，将气泡带走；对于碱式滴定管可把橡皮管向上弯曲，并在稍高于玻璃珠处用两手指挤压玻璃珠，使溶液从尖嘴处喷出，即可排出气泡（图2-4）。排出气泡后，调整液面至 0.00 mL 刻度处，备用。如液面在 0.00 mL 以下处，则记下初读数。

4. 滴定操作

滴定反应最好在锥形瓶中进行，必要时也可以在烧杯中进行[图 2-5(a)]。使用酸式滴定管时，用左手控制滴定管的活塞，大拇指在前，食指和中指在后，手指略微弯曲，轻轻向内扣住活塞，手心空握[图 2-5(b)]，以防活塞被手顶出，造成漏液。滴定时右手握持锥形瓶，边滴边摇动，使瓶内溶液混合均匀，使反应及时进行完全[图 2-5(c)]。摇动时应做同一方向的圆周运动，而不能前后振动，以防溶液溅出。滴定前，用小烧杯内壁碰一下悬在滴定管尖端的液滴；滴定时，应使滴定管尖嘴部分插入锥形瓶口下 1～2 cm 处。刚开始滴定，溶液滴出的速度可以稍快些，但也不能使溶液成流水状放出；临近终点时，滴定速度要减慢，应一滴或半滴地加入，滴一滴，摇几下并用洗瓶吹入少量蒸馏水，锥形瓶内壁若有半滴溶液悬于管口，则将锥形瓶内壁与管口相接触，使液滴流出，并以蒸馏水冲下。使用碱式滴定管时，左手拇指在前，食指在后，捏住橡皮管中的玻璃珠所在部位稍上处，捏挤橡皮管，使橡皮管和玻璃珠之间形成一条缝隙，溶液即可流出。可用小拇指和无名指夹住尖嘴部位，防止尖嘴部位摆动。但注意不能捏挤玻璃珠下方的橡皮管，否则空气进入将形成气泡。

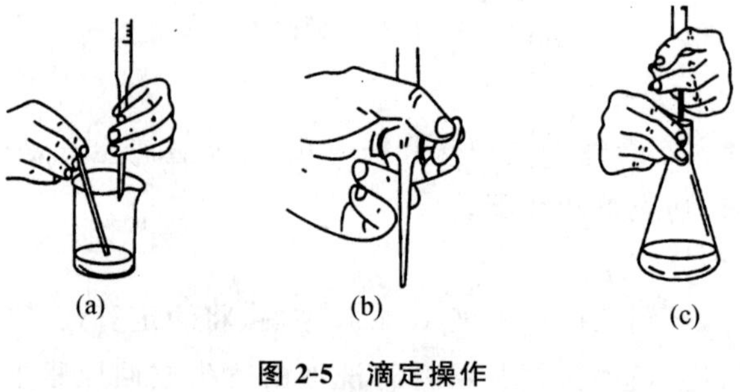

图 2-5 滴定操作

5. 滴定管的读数及数据记录

滴定管应垂直地夹在滴定管架上（若不能保证垂直，则应从滴定架上拿下，用拇指和食指捏住液面上部，让滴定管借重力自然下垂），由于表面张力的作用，滴定管内的液面呈弯月形。无色溶液的弯月面比较清晰，而有色溶液的弯月面清晰度较差。因此，两种情况的读数方法稍有不同，为了正确读数，应遵守下列原则：

(1)注入或放出溶液后，必须静置 1～2 min，使附在内壁上的溶液流下来以后才能读数。如果放出液体较慢（如接近计量点时就是这样），静置 30 s 或 1 min 即可读数。

(2)对于无色或浅色溶液，应读取弯月面下缘最低点。读数时，视线与弯月面下缘最低点处平齐[图 2-6(a)]；对于有色溶液，如 $KMnO_4$、I_2 溶液，弯月面不够清晰，可读液面两侧的最高点，此时，视线应与该点平齐。注意初读数与终读数采用同一标准。

(3)必须读到小数点后第二位，即要求估读到 0.01 mL。每次的初读数应为 0.00 mL，终读数应精确读至 0.01 mL(即小数点后两位)。估计读数时，应该考虑到刻度线本身的宽度。

(4)使用“蓝线”滴定管时，溶液体积的读数与上述方法不同，在这种滴定管中，液面呈现三角交叉点，应读取三角交叉点与刻度相切之处的读数。

(5)为了便于读数，可在滴定管后衬一黑白两色的读数卡。读数时，将读数卡衬在滴定管背后，使黑色部分在弯月面下 1 mm 左右，弯月面的反射层即全部成为黑色[图 2-6(b)]。读此黑色弯月面下缘的最低点。但对深色溶液而需读两侧最高点时，可以用白色卡为背景。

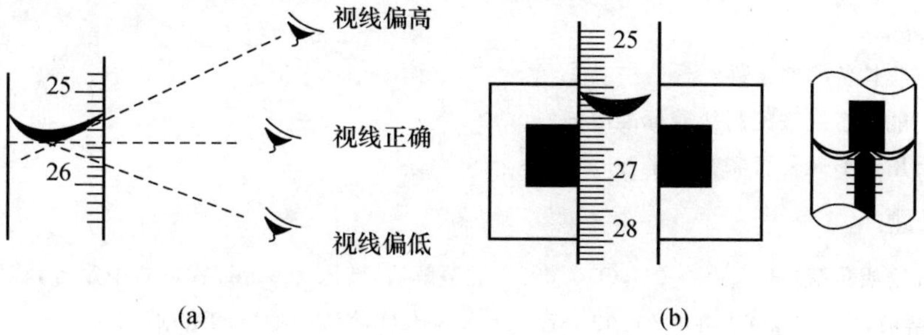

图 2-6 滴定管读数

(6)读取初读数前，应将管尖悬挂着的溶液除去。滴定至终点时应立即关闭活塞，并注意不要使滴定管中的溶液有稍许流出，否则终读数便包括流出的半滴液。因此，在读取终读数前，应注意检查出口管尖是否悬挂溶液，如有，则此次读数不能取用。

6. 滴定管使用后的处理

滴定管用毕，应倒去管内剩余溶液，用水洗净，装入蒸馏水至刻度以上，用大试管套在管口上。这样下次使用前可不必再用洗液清洗。

酸式滴定管长期不用时，活塞部分应垫上纸。否则时间一长，塞子不易打开。碱式滴定管不用时应拔下胶管，蘸些滑石粉保存。

★ 思考练习题

一、填空题

1. 酸碱指示剂变色的内因是________，外因是溶液________的改变。酸碱指示剂的变色范围一般为________个 pH 单位。

2. 影响指示剂变色范围的因素有________、________、________、________等。

3. 混合指示剂具有________、________、________等优点。

4. 标准溶液的配制方法有________法和________法。

二、选择题

1. 用 NaOH 标准溶液滴定醋酸溶液，化学计量点偏碱性，应选用(　　)为指示剂。

A. 溴酚蓝　　B. 酚酞　　C. 甲基橙　　D. 甲基红

2. 下列物质中，可直接配制标准溶液的有(　　)。

A. $K_2Cr_2O_7$　　B. NaOH　　C. 盐酸　　D. $KMnO_4$

3. 用草酸为基准物质标定氢氧化钠溶液的浓度时，消耗的氢氧化钠溶液体积记录正确的是(　　)。

A. 23.1 mL　　B. 23.12 mL　　C. 23.125 mL

三、简答题

1. 常量滴定分析方法的终点误差一般是多少？

2. 滴定分析方法按滴定反应类型的不同，可分为哪几种类型？

3. 滴定分析方法中常用的分析方式有哪几种？

4. 什么是标准溶液的标定？包括哪几种方法？

5. 配制 NaOH 标准溶液时，用托盘天平称取固体 NaOH 是否影响浓度的准确度？能否用称量纸称取固体 NaOH？为什么？

6. 基准物质应具备哪些条件？

7. 为什么不能用直接法配制盐酸标准溶液？

8. 实验中所用锥形瓶是否需要烘干？

四、计算题

1. 称取基准物质草酸($H_2C_2O_4 \cdot 2H_2O$)0.602 1 g 溶解后，转入 100 mL 容量瓶中定容，移取 25.00 mL 标定 NaOH 标准溶液，用去 NaOH 溶液 21.92 mL。计算 NaOH 溶液的物质的量浓度。

2. 标定 $0.1\ mol \cdot L^{-1}$ H_2SO_4 标准溶液，欲使标定消耗的 H_2SO_4 的体积在 20～30 mL 范围内，需称取基准无水 Na_2CO_3 的范围是多少？

3. 用邻苯二甲酸氢钾为基准物质标定 NaOH 溶液的浓度，若消耗的 NaOH 溶液($0.1\ mol \cdot L^{-1}$)约为 20 mL，问应称取邻苯二甲酸氢钾多少克？

4. 0.159 3 g $H_2C_2O_4 \cdot 2H_2O$ 恰好与 23.98 mL 浓度为 $0.104\ 5\ mol \cdot L^{-1}$ 的 NaOH 标准溶液反应，求 $H_2C_2O_4 \cdot 2H_2O$ 的纯度。

5. 蛋白质试样 0.231 8 g，经消解后加碱蒸馏，用 4% 硼酸溶液吸收蒸馏出的 NH_3，然后用 $0.120\ 0\ mol \cdot L^{-1}$ HCl 标准溶液 21.60 mL 滴定至终点，计算试样中氮的质量分数。

6. 准确移取 25.00 mL 醋酸溶液，以酚酞作指示剂，用 $0.095\ 24\ mol \cdot L^{-1}$ 的 NaOH 溶液滴定至终点时消耗 NaOH 溶液的体积为 24.72 mL，求醋酸溶液中醋酸的质量浓度($g \cdot L^{-1}$)。

自测练习

模块三

无机物含量的测定

学习目标

1. 掌握氧化还原反应的实质，能判断氧化还原反应中的氧化剂与还原剂。
2. 学会用高锰酸钾法和碘量法进行滴定分析。
3. 掌握配位化合物的组成和特点。
4. 学会用配位滴定法进行滴定分析。
5. 掌握吸光光度法的原理和测定条件的选择方法。
6. 能用吸光光度法进行定量分析。

单元一　钙含量的测定

★ 理论知识

课程 PPT

一、氧化还原反应的基本概念

(一)氧化数

氧化数是指某元素一个原子由于电子的转移而产生的形式电荷数或平均电荷数，该电荷数是假定把化学键中的电子指定给电负性更大的原子而求得的。

确定氧化数的规则如下：

(1)单质中，元素的氧化数为零。

(2)单原子离子中，元素的氧化数等于离子所带的电荷数。

(3)在中性分子中，各元素氧化数的代数和等于零。在多原子离子中，各元素氧化数的代数和等于该离子所带的电荷数。

(4)氢在化合物中的氧化数一般为＋1，只有在活泼金属的氢化物中，氢的氧化数为－1(如 NaH、CaH_2)。

(5)氧在化合物中的氧化数一般为－2，但在过氧化物中为－1(如 H_2O_2、Na_2O_2)，超氧化物中为$-1/2$（如KO_2），在OF_2中为$+2$。

（二）氧化和还原

凡有原子氧化数升降的化学反应就是氧化还原反应。在一个氧化还原反应中，一种物质被氧化，必然有另一种物质同时被还原。氧化还原反应的本质是，反应物之间发生了电子的转移。

在氧化还原反应中，失去电子、氧化数升高的过程称为氧化，失电子的物质在反应中被氧化，作还原剂；得到电子、氧化数降低的过程称为还原，得电子的物质在反应中被还原，作氧化剂。例如下列反应：

$$Zn+CuSO_4=Cu+ZnSO_4$$

其中单质Zn的氧化数为零，在反应中被Cu^{2+}氧化后变成Zn^{2+}，氧化数从0升高到$+2$，所以Zn为还原剂；$CuSO_4$里的Cu^{2+}在反应中被Zn还原后变成单质Cu，氧化数从$+2$降低到0，故$CuSO_4$为氧化剂。

（三）氧化还原电对

任何一个氧化还原反应均可拆为两个半反应，即一个氧化反应和一个还原反应，每个半反应中包含了同一种物质的两种氧化态，即一个氧化还原电对。氧化还原反应可表示为：

$$\text{氧化态(剂)}+ne^- \longrightarrow \text{还原态(剂)}$$

例如：

$$Zn+Cu^{2+}=Zn^{2+}+Cu$$

可表示为两个半反应：

$$Zn-2e^- \longrightarrow Zn^{2+} \qquad \text{氧化反应}$$

$$Cu^{2+}+2e^- \longrightarrow Cu \qquad \text{还原反应}$$

电对中氧化数高的为氧化态（如Zn^{2+}、Cu^{2+}），氧化数低的为还原态（如Zn、Cu）。

二、氧化还原滴定法

（一）氧化还原滴定法的特点及分类

以氧化还原反应为基础的滴定分析方法称为氧化还原滴定法。氧化还原反应是基于电子转移的反应，反应比较复杂，往往分步进行，需要一定时间才能完成，而且常常伴有各种副反应。因此，不是所有的氧化还原反应都能用于滴定分析。有时，必须创造适当的反应条件，使之符合滴定分析的基本要求。

氧化还原滴定法是应用很广的一种滴定分析法。选用适当的氧化剂（还原剂）作为标准溶液，可以测定某些还原性物质（氧化性物质）。有些不能发生氧化还原反应的物质可以用间接法进行滴定。根据标准溶液所用氧化剂的不同，将氧化还原滴定法分为高锰酸钾法、重铬酸钾法、碘量法、溴酸钾法等。

（二）氧化还原指示剂

氧化还原滴定法中，通常用指示剂来指示滴定终点，根据指示剂显色原理不同，可将常用的氧化还原指示剂分为以下 3 类。

1. 自身指示剂

在氧化还原滴定中，有些标准溶液或被滴定的物质本身有很深的颜色，而滴定产物为无色或颜色很淡，在这种情况下，滴定时无须另加指示剂，利用滴定剂或待测溶液自身的颜色变化来指示滴定的终点，称为自身指示剂。例如，在高锰酸钾法中，$KMnO_4$ 溶液本身显紫红色，在酸性条件下，被还原成几乎无色的 Mn^{2+}，当滴定到化学计量点后，$KMnO_4$ 稍微再过量一点，使溶液显可观察到的淡粉红色(此时 $KMnO_4$ 浓度约为 2×10^{-6} mol·L^{-1})，从而指示到达滴定终点。

2. 特殊指示剂

此类指示剂本身不具有氧化还原性，但能与滴定剂或被测定物质作用产生特殊的颜色，从而指示滴定终点。这类指示剂最常用的是淀粉，如可溶性淀粉与碘溶液作用生成深蓝色的化合物，当 I_2 被还原为 I^- 时，蓝色就突然褪去。因此，在碘量法中，多用淀粉溶液作指示剂。用淀粉指示剂可以检出约 10^{-5} mol·L^{-1} 的碘溶液，但淀粉指示剂与 I_2 的显色灵敏度与淀粉的性质和加入时间、温度及反应介质等条件有关(详见碘量法)，如温度升高，显色灵敏度下降。

3. 氧化还原指示剂

氧化还原指示剂是一类本身具有氧化还原性的有机化合物，在滴定过程中能发生氧化还原反应，而它的氧化态和还原态具有不同的颜色，因而可指示氧化还原滴定终点。例如用 $K_2Cr_2O_7$ 滴定 Fe^{2+} 时，常用二苯胺磺酸钠为指示剂。二苯胺磺酸钠的还原态无色，当滴定至化学计量点时，稍过量的 $K_2Cr_2O_7$ 使二苯胺磺酸钠由还原态转变为氧化态，溶液显紫红色，因而指示滴定终点的到达。常用的氧化还原指示剂见表 3-1。

表 3-1　常用的氧化还原指示剂

指示剂	颜色变化		配制方法
	还原态	氧化态	
次甲基蓝	无	蓝	0.5 g·L^{-1} 水溶液
二苯胺磺酸钠	无	紫红	0.5 g 指示剂，2 g Na_2CO_3，加水稀释至 100 mL
邻苯氨基苯甲酸	无	紫红	0.11 g 指示剂溶于 20 mL 50 g·L^{-1} Na_2CO_3 溶液中，用水稀释至 100 mL
邻二氮菲亚铁	红	浅蓝	1.485 g 邻二氮菲，0.695 g $FeSO_4\cdot7H_2O$，用水稀释至 100 mL

应该指出，指示剂本身会消耗滴定剂。例如，0.1 mL 0.2% 二苯胺磺酸钠会消耗 0.1 mL 0.017 mol·L^{-1} 的 $K_2Cr_2O_7$ 溶液，因此若 $K_2Cr_2O_7$ 溶液的浓度是 0.01 mol·L^{-1} 或更稀，则应进行指示剂的空白校正。

(三)高锰酸钾法

1. 原理

以高锰酸钾为标准溶液的氧化还原滴定法称为高锰酸钾法。高锰酸钾是一种强氧化剂，在不同酸度的溶液中，它的氧化能力和还原产物不同。

在强酸性溶液中，$KMnO_4$ 与还原剂作用被还原为 Mn^{2+}：

$$MnO_4^- + 8H^+ + 5e^- \rightleftharpoons Mn^{2+} + 4H_2O$$

在弱酸性、中性或弱碱性溶液中，$KMnO_4$ 被还原为 MnO_2：

$$MnO_4^- + 2H_2O + 3e^- \rightleftharpoons MnO_2 \downarrow + 4OH^-$$

在强碱性溶液中，$KMnO_4$ 被还原为 MnO_4^{2-}：

$$MnO_4^- + e^- \rightleftharpoons MnO_4^{2-}$$

由于高锰酸钾在强酸性溶液中氧化能力强，且终点生成的 Mn^{2+} 无色，有利于滴定终点的观察，因此一般都在强酸性条件下使用。但在碱性条件下测定某些有机物如甘油、甲醇、甲酸、酒石酸、葡萄糖等，其反应速率更快，更适于滴定。由于不需要另外加指示剂，$KMnO_4$ 自身可做指示剂，减小了滴定误差。高锰酸钾法的缺点是 $KMnO_4$ 标准溶液不够稳定，需避光在暗处保存；$KMnO_4$ 具有强氧化性，易与空气和水中的还原性物质发生反应，因此干扰较严重，易发生副反应，滴定的选择性差。

2. $KMnO_4$ 标准溶液的配制和标定

（1）配制　市售高锰酸钾试剂中常含有少量的 MnO_2 及其他杂质，使用的蒸馏水中也含有少量如尘埃、有机物等还原性物质。这些物质都能使 $KMnO_4$ 还原，因此 $KMnO_4$ 标准溶液不能直接配制，通常先配成近似浓度的溶液，然后再进行标定。配制方法如下：

①称取略多于理论计算量的 $KMnO_4$，溶解于一定体积的蒸馏水中。

②将溶液加热煮沸，并保持微沸约 1 h，然后放置 2～3 d，使溶液中存在的还原性物质完全被氧化。

③用微孔玻璃砂芯漏斗过滤除去 MnO_2 沉淀。

④将过滤后的 $KMnO_4$ 溶液贮存于棕色试剂瓶中，放在暗处，使用前再进行标定。

（2）标定　标定 $KMnO_4$ 溶液的基准物质有很多，如 $Na_2C_2O_4$、$H_2C_2O_4 \cdot 2H_2O$ 和纯铁丝等。其中常用的是 $Na_2C_2O_4$，这是因为它易提纯且性质稳定，不含结晶水，在 105～110 ℃ 烘干约 2 h，置于干燥器中冷却后即可使用。

MnO_4^- 与 $C_2O_4^{2-}$ 的标定反应在 H_2SO_4 介质中进行，其反应如下：

$$2MnO_4^- + 5C_2O_4^{2-} + 16H^+ = 2Mn^{2+} + 10CO_2 \uparrow + 8H_2O$$

为了使标定反应能定量快速进行，标定时应注意以下滴定条件：

①温度　在室温下，该反应进行得较为缓慢，需加热至 70～85 ℃再进行滴定。但温度不能超过 90 ℃，否则引起 $H_2C_2O_4$ 分解，导致标定结果偏高。

$$H_2C_2O_4 = H_2O + CO_2 \uparrow + CO \uparrow$$

②酸度　为了保证滴定反应能正常进行，溶液应保持足够的酸度。一般控制酸度为 0.5～1 $mol \cdot L^{-1}$。如果酸度不足，易生成 MnO_2 沉淀，酸度过高则又会使 $H_2C_2O_4$ 分解。

③滴定速度　MnO_4^- 与 $C_2O_4^{2-}$ 的反应开始时速率很慢，当有 Mn^{2+} 生成之后，反应速率逐渐加快。因此，开始滴定时，应该等第一滴 $KMnO_4$ 溶液褪色后，再加第二滴。此后，因反应生成的 Mn^{2+} 有自动催化作用而加快了反应速率，随之可加快滴定速度，但不能过快，否则加入的 $KMnO_4$ 溶液会因来不及与 $C_2O_4^{2-}$ 反应，就在热的酸性溶液中分解，导致标定结果偏低。

$$4MnO_4^- + 12H^+ = 4Mn^{2+} + 6H_2O + 5O_2\uparrow$$

若在滴定前加入几滴 $MnSO_4$ 溶液，则滴定一开始就以较快的速度进行。

④滴定终点　用 $KMnO_4$ 溶液滴定至溶液呈淡粉红色 30 s 不褪色即为终点。放置时间过长，空气中还原性物质能使 $KMnO_4$ 还原而褪色。

标定好的 $KMnO_4$ 溶液不宜长时间存放，因存放时会产生 $MnO(OH)_2$ 沉淀。故使用放置时间较长的 $KMnO_4$ 溶液时，应过滤并重新标定。

当用 $Na_2C_2O_4$ 作为基准物质标定 $KMnO_4$ 溶液时，滴定结果按下式计算：

$$c(KMnO_4) = \frac{2}{5} \times \frac{m(Na_2C_2O_4)}{(V - V_0) \times M(Na_2C_2O_4)}$$

式中：V 为滴定时消耗 $KMnO_4$ 标准滴定溶液的体积；V_0 为空白试验时消耗 $KMnO_4$ 标准滴定溶液的体积。

3. 应用

许多还原性物质，如 H_2O_2、Fe^{2+}、$H_2C_2O_4$、Sn^{2+}、NO_2^- 等均可采用 $KMnO_4$ 标准溶液直接滴定。高锰酸钾法还可以测定过氧化物酶的活性，血液、饲料、组织及水中钙含量的测定也采用高锰酸钾法。

(四)碘量法

1. 原理

碘量法是利用 I_2 的氧化性和 I^- 的还原性来进行滴定分析的方法，分为直接碘量法和间接碘量法。

(1)直接碘量法　直接碘量法又称碘滴定法，是利用 I_2 的氧化性，用 I_2 标准溶液直接测定还原性物质含量的滴定分析方法。利用直接碘量法可以测定 SO_2、S^{2-}、SO_3^{2-}、$S_2O_3^{2-}$、维生素 C 等具有较强还原性的物质。

直接碘量法不能在碱性溶液中进行，当溶液的 pH>8 时，会发生歧化反应：

$$3I_2 + 6OH^- = IO_3^- + 5I^- + 3H_2O$$

由于 I_2 是一种较弱的氧化剂，能被 I_2 氧化的物质不多，所以直接碘量法在应用上不如间接碘量法广泛。

(2)间接碘量法　间接碘量法又称为滴定碘法，是利用 I^- 的还原性，在一定条件下使被测氧化性物质与过量的 KI 反应，I^- 被氧化为 I_2，然后用 $Na_2S_2O_3$ 标准溶液滴定析出的 I_2，从而间接测定氧化性物质含量的滴定分析方法。其基本反应为：

$$2I^- - 2e^- = I_2$$

$$I_2 + 2S_2O_3^{2-} = S_4O_6^{2-} + 2I^-$$

间接碘量法应用范围相当广泛，可用于测定 $Cr_2O_7^{2-}$、ClO_3^-、ClO^-、IO_3^-、BrO_3^-、NO_2^-、H_2O_2、MnO_4^-、MnO_2、Cu^{2+} 等氧化性物质以及甲醛、丙酮、葡萄糖等有机物。

2. 标准溶液的配制和标定

(1)$Na_2S_2O_3$ 标准溶液的配制与标定　市售硫代硫酸钠($Na_2S_2O_3 \cdot 5H_2O$)一般都含有

少量杂质，易风化、潮解，因此 $Na_2S_2O_3$ 标准溶液不能采用直接配制法。$Na_2S_2O_3$ 溶液不稳定，易与水中的微生物、水中溶解的 CO_2、空气中的 O_2 作用。

$$Na_2S_2O_3 \xrightarrow{\text{微生物}} Na_2SO_3 + S\downarrow$$

$$Na_2S_2O_3 + CO_2 + H_2O = NaHSO_3 + NaHCO_3 + S\downarrow$$

$$2Na_2S_2O_3 + O_2 = 2Na_2SO_4 + 2S\downarrow$$

因此，配制 $Na_2S_2O_3$ 溶液时，应将 $Na_2S_2O_3$ 溶于新煮沸并已冷却的蒸馏水中，以除去 O_2、CO_2 和杀死细菌，并加入少量的 Na_2CO_3，使溶液呈弱碱性，以抑制细菌的生长，防止 $Na_2S_2O_3$ 分解。配制好的 $Na_2S_2O_3$ 溶液应置于棕色瓶中，于暗处放置 1～2 周后，滤去沉淀，再进行标定。标定后的溶液在保存中若发现溶液变混浊或有沉淀析出，应重新标定或弃去重配。

常用来标定 $Na_2S_2O_3$ 溶液的基准物质有 $K_2Cr_2O_7$、KIO_3、$KBrO_3$ 等。以 $K_2Cr_2O_7$ 作基准物为例，准确称取一定量的 $K_2Cr_2O_7$，在酸性溶液中与过量 KI 作用，析出的 I_2 用 $Na_2S_2O_3$ 溶液滴定，接近终点时，再加入淀粉指示剂，继续滴定至蓝色变为亮绿色即为终点。反应如下：

$$Cr_2O_7^{2-} + 6I^- + 14H^+ = 2Cr^{3+} + 3I_2 + 7H_2O$$

$$I_2 + 2S_2O_3^{2-} = 2I^- + S_4O_6^{2-}$$

根据称取 $K_2Cr_2O_7$ 的质量和滴定时消耗 $Na_2S_2O_3$ 标准溶液的体积，可计算出 $Na_2S_2O_3$ 标准溶液的浓度。计算公式如下：

$$c(Na_2S_2O_3) = \frac{6m(K_2Cr_2O_7) \times 1\,000}{(V - V_0) \times M(K_2Cr_2O_7)}$$

式中：V 为滴定时消耗 $Na_2S_2O_3$ 标准溶液的体积，mL；V_0 为空白试验消耗 $Na_2S_2O_3$ 标准溶液的体积，mL。

用 $K_2Cr_2O_7$ 标定 $Na_2S_2O_3$ 溶液时应注意：$Cr_2O_7^{2-}$ 与 I^- 反应较慢，为了使反应顺利进行，同时 I^- 不被空气氧化，须加入过量的 KI，控制溶液酸度在 0.2～0.4 $mol \cdot L^{-1}$，并在暗处放置 3～5 min 后再进行滴定。

(2)I_2 标准溶液的配制与标定　用升华法制得的纯碘，可直接配制成标准溶液。但通常是用市售的碘先配成近似浓度的碘溶液，然后用基准物质或已知浓度的 $Na_2S_2O_3$ 标准溶液来标定。由于 I_2 难溶于水，易溶于 KI 溶液，故配制时应将 I_2、KI 与少量水一起研磨后再用水稀释，并保存在棕色试剂瓶中待标定。

3. 应用

(1)维生素 C 的测定——直接碘量法　维生素 C 又称抗坏血酸($C_6H_8O_6$，摩尔质量为 171.62 $g \cdot mol^{-1}$)，是生物体中不可缺少的维生素之一。维生素 C 与 I_2 的反应如下：

$$I_2 + C_6H_8O_6 = 2HI + C_6H_6O_6$$

由于维生素 C 的还原性较强，在空气中易被氧化，而在碱性介质中更容易被氧化，所以测定时应加入 HAc 使溶液呈现弱酸性，以减少维生素 C 的副反应。

维生素 C 含量的测定方法是：准确称取含维生素 C 试样，溶解在新煮沸且已冷却的蒸馏水中，以 HAc 酸化，加入淀粉指示剂，迅速用 I_2 标准溶液滴定至终点(呈现稳定的蓝色)。

(2)葡萄糖含量的测定——间接碘量法　I_2 与 NaOH 作用可生成次碘酸钠(NaIO),次碘酸钠可将葡萄糖($C_6H_{12}O_6$)分子中的醛基定量地氧化为羧基。未与葡萄糖作用的次碘酸钠在碱性溶液中歧化生成 NaI 和 $NaIO_3$,当酸化时 $NaIO_3$ 又恢复成 I_2 析出,用 $Na_2S_2O_3$ 标准溶液滴定析出的 I_2,从而可计算出葡萄糖的含量。反应如下:

$$I_2 + 2NaOH = NaIO + NaI + H_2O$$
$$C_6H_{12}O_6 + NaIO = C_6H_{12}O_7 + NaI$$
$$3NaIO = NaIO_3 + 2NaI$$
$$NaIO_3 + 5NaI + 6HCl = 3I_2 + 6NaCl + 3H_2O$$
$$I_2 + 2Na_2S_2O_3 = Na_2S_4O_6 + 2NaI$$

三、配位化合物

(一)配位化合物的基本概念

向 $CuSO_4$ 溶液中加入氨水,开始有浅蓝色沉淀出现,继续加入氨水时,沉淀消失变成深蓝色溶液。在深蓝色溶液中加入乙醇,可得到深蓝色晶体。经分析证明,蓝色晶体是 $[Cu(NH_3)_4]SO_4$[硫酸四氨合铜(Ⅱ)]。

$CuSO_4$ 是简单化合物,它在水中完全离解成 Cu^{2+} 和 SO_4^{2-},而 $[Cu(NH_3)_4]^{2+}$ 的性质与简单 Cu^{2+} 的性质不同,基本上不显 Cu^{2+} 和 NH_3 的性质。组成 $[Cu(NH_3)_4]^{2+}$ 时,既没有电子转移,也没有成键电子间相互提供单电子形成共用电子对,它们是通过配位键结合的。通常把由形成体(离子或原子)和一定数目的中性分子或离子以配位键结合,形成具有一定特征的离子叫作配离子(或配合分子)。带正电荷的称为配阳离子,如 $[Cu(NH_3)_4]^{2+}$ 和 $[Ag(NH_3)_2]^+$;带负电荷的为配阴离子,如 $[Fe(CN)_6]^{3-}$ 和 $[Ag(CN)_2]^-$。在配离子中与形成体结合的中性分子或离子,叫作配位体,如 $[Fe(CN)_6]^{3-}$ 中的 CN^-。中性配位体称为配位分子,如 $[Ni(CO)_4]$ 与 $[PtCl_2(NH_3)_2]$ 中的 CO 与 NH_3。配离子与带有相反电荷的离子组成的电中性化合物以及电中性的配合分子统称为配位化合物,简称配合物,如 $K_4[Fe(CN)_6]$、$[Ag(NH_3)_2]Cl$、$[Ni(CO)_4]$ 等。

(二)配位化合物的组成

配位化合物一般分为内界和外界两部分,内界为配合物的特征部分,由形成体和配位体所组成,在配合物的化学式中,一般方括号内(包括配离子的电荷)表示内界,方括号以外的部分为外界。但在配合分子中,如 $[Ni(CO)_4]$ 没有外界只有内界。以 $[Cu(NH_3)_4]SO_4$ 为例:

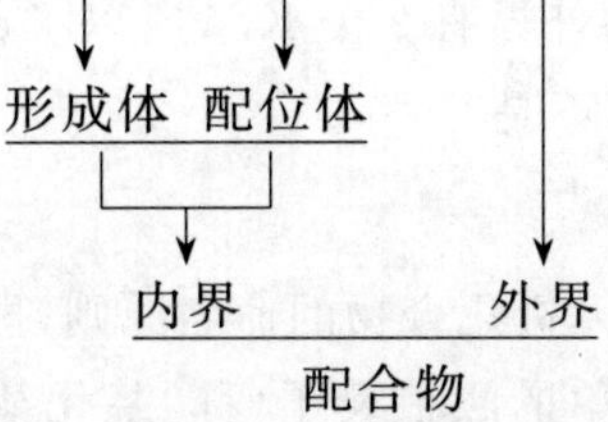

1. 形成体

形成体是配位化合物的核心部分，位于配离子(或分子)的中心，一般多是带正电荷的过渡金属离子，称为中心离子，如：Ag^{+}、Fe^{2+}、Fe^{3+}、Cu^{2+}、Co^{2+}、Ni^{2+}、Zn^{2+}、Cr^{3+} 等，少数称为中心原子，例如 $Ni(CO)_4$ 中的 Ni 就是中心原子。

2. 配位体和配位原子

配位体是配合物的特征部分，配位体中提供孤对电子的原子称为配位原子。例如在 $[Cu(NH_3)_4]^{2+}$ 中，NH_3 分子为配位体，而 NH_3 中 N 原子为配位原子。只含有一个配位原子的配位体为单齿配位体，如 NH_3、OH^-、X^-(X 表示卤素)等；含有两个或两个以上配位原子的配位体称为多齿配位体，例如乙二胺 $NH_2—CH_2—CH_2—NH_2$(简写 en)、乙二胺四乙酸(简称 EDTA)。

3. 配位数

与中心离子(或中心原子)以配位键结合的配位原子的总数称中心离子或原子的配位数。在 $[Cu(NH_3)_4]^{2+}$ 配离子中，配位体是 4 个氨分子，每个 NH_3 分子提供一个氮原子，配位体的数目就是中心离子的配位数，所以 Cu^{2+} 的配位数为 4。对于多齿配位体，配位体的数目显然不等于中心离子或原子的配位数，例如 $[Cu(en)_2]^{2+}$ 中，Cu^{2+} 的配位数是 $2\times2=4$ 而不是 2。配位体数的多少，与形成体的电荷、半径、结构等因素有关。表 3-2 列出了一些常见金属离子的配位数。

表 3-2 常见金属离子的配位数

一价金属离子		二价金属离子		三价金属离子	
Cu^{+}	2,4	Ca^{2+}	6	Al^{3+}	4,6
Ag^{+}	2	Fe^{2+}	6	Sc^{3+}	6
Au^{+}	2,4	Ni^{2+}	4,6	Cr^{3+}	6
		Cu^{2+}	4,6	Fe^{3+}	6
		Zn^{2+}	4,6	Co^{3+}	6
		Co^{2+}	4,6	Au^{3+}	4

4. 配离子的电荷

配离子的电荷等于形成体和配位体电荷的代数和。例如，$[Fe(CN)_6]^{3-}$ 中，配位体的电荷为-1，中心离子的氧化数为$+3$，所以配离子的电荷为：$(-1)\times6+(+3)=-3$；再如，$[Cu(NH_3)_4]^{2+}$ 的电荷是$(+2)+(0\times4)=+2$。有时，形成体和配位体电荷的代数和为零，其本身就是配合物(配合分子)，如$[Ni(H_2O)_4Cl_2]$的电荷总数为$(+2)+(0\times4)+2\times(-1)=0$。

由于整个配合物是电中性的，因此，也可以由外界离子的电荷来计算配离子的电荷。例如：$K_2[Co(SO_4)_2]$配合物中，它的外界有 2 个 K^+，所以$[Co(SO_4)_2]^{2-}$ 配离子的电荷是-2，从而可以推知中心离子是 Co^{2+} 而不是 Co^{3+}。

(三)配位化合物的命名

配位化合物的命名服从一般无机化合物的命名原则，即负离子名称在前，正离子名称在后。如果配合物的外界是一个简单的酸根离子，称“某化某”；若是一个复杂的酸根离子，称

"某酸某"。内界命名的顺序为:配位体数(以数字一、二、三表示)→配位体名称(不同配位体名称间用小圆点"·"分开)→合→形成体名称→形成体氧化数(加圆括号,用罗马数字表示)。例如$[Cu(NH_3)_4]^{2+}$配离子命名为四氨合铜(Ⅱ),即

四	氨	合	铜	(Ⅱ)
↓	↓		↓	↓
配位体数	配位体名称		形成体名称	形成体氧化数

如果内界有多种配位体,先命名配体离子,后中性分子。酸根离子顺序为:简单离子—复杂离子—有机酸根离子。中性分子的顺序为:NH_3→H_2O→有机分子。一些配合物的命名实例见表3-3。

表3-3　一些配合物的命名实例

配合物	命名	配合物	命名
$[Ag(NH_3)_2]Cl$	氯化二氨合银(Ⅰ)	$[PtCl_4(NH_3)_2]$	四氯·二氨合铂(Ⅳ)
$[PtCl_2(NH_3)_2]$	二氯·二氨合铂(Ⅱ)	$K_3[Fe(CN)_6]$	六氰合铁(Ⅲ)酸钾
$[Cu(en)_2]SO_4$	硫酸二乙二胺合铜(Ⅱ)	$K_4[Fe(CN)_6]$	六氰合铁(Ⅱ)酸钾
$[Fe(CO)_5]$	五羰基合铁(0)	$Na_2[Zn(OH)_4]$	四羟合锌(Ⅱ)酸钠
$[PtCl(NO_2)(NH_3)_4]CO_3$	碳酸一氯·一硝基·四氨合铂(Ⅳ)	$H_2[PtCl_6]$	六氯合铂(Ⅳ)酸
$[Co(NH_3)_5H_2O]Cl_3$	三氯化五氨·一水合钴(Ⅲ)	$[Ni(CO)_4]$	四羰基合镍(0)
$[CoCl(SCN)(en)_2]NO_2$	亚硝酸一氯·硫氰酸根·二乙二胺合钴(Ⅲ)	$K_2[SiF_6]$	六氟合硅(Ⅳ)酸钾

某些配位体具有相同的化学式,但由于配位原子的不同,须按配位原子不同分别命名。例如:—NO_2(硝基,氮原子为配位原子),—ONO(亚硝酸根,氧原子为配位原子),—SCN(硫氰酸根,硫原子为配位原子),—NCS(异硫氰根,氮原子为配位原子)。

除了系统命名外,有些配合物至今仍沿用习惯名称。如$K_3[Fe(CN)_6]$叫铁氰化钾(俗称赤血盐),$[Cu(NH_3)_4]^{2+}$叫铜氨配离子等。

四、配位滴定法

(一)EDTA的性质及其配合物

1. EDTA的性质

EDTA(EDTA酸)是乙二胺四乙酸的简称(以H_4Y表示),它同时含有羧基和氨基,其结构式如下:

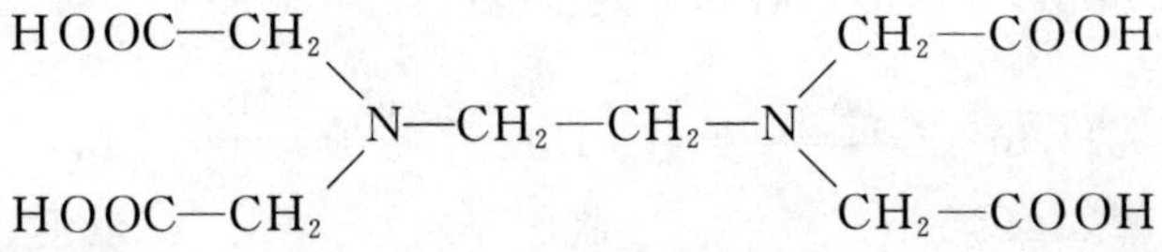

EDTA溶解度较小(在22 ℃时100 mL水能溶解0.2 g),难溶于酸和一般有机溶剂,易溶于氨水和氢氧化钠溶液,并生成相应的盐。通常用它的二钠盐(可用符号Na_2H_2Y·

$2H_2O$表示)，习惯上仍称为EDTA，它在水中溶解度较大，22 ℃时100 mL水中可溶11.1 g，此溶液浓度约为0.3 mol·L^{-1}，pH约为4.5。H_4Y的2个氨基氮可再接受H^+，形成H_6Y^{2+}，因此相当于六元酸。

EDTA在溶液中可以H_6Y^{2+}、H_5Y^+、H_4Y、H_3Y^-、H_2Y^{2-}、HY^{3-}、Y^{4-}等7种形式存在。在不同的pH条件下，7种形式所占的比例不同。例如，在pH<2的强酸性溶液中，主要以H_4Y形式存在；在pH=2.67～6.16的溶液中，主要以H_2Y^{2-}形式存在；在pH=6.2～10.2的溶液中，主要以HY^{3-}形式存在；在pH>10.2的碱性溶液中，主要以Y^{4-}形式存在。在这7种形式中，只有Y^{4-}能与金属离子直接配合。溶液的酸度越低，Y^{4-}的浓度越大。因此，EDTA在碱性溶液中配位能力较强。

2. EDTA与金属离子形成配合物的特点

在EDTA分子中，2个氨基氮和4个羧基氧均可给出电子对而与金属离子形成配位键。EDTA与金属离子形成的配合物有如下特点：

(1)普遍性　EDTA能与许多金属离子配位形成配合物。

(2)组成一定　除极少数的金属离子外，EDTA与任何价态的金属离子均生成1∶1的配合物，即1 mol金属离子总是作用1 mol EDTA。如：

$$M^{2+} + H_2Y^{2-} = MY^{2-} + 2H^+$$

$$M^{3+} + H_2Y^{2-} = MY^- + 2H^+$$

$$M^{4+} + H_2Y^{2-} = MY + 2H^+$$

(3)稳定性强　EDTA与金属离子形成的配合物中包含了多个五元环，因此具有高度的稳定性。

(4)易溶性　EDTA与金属离子形成的配合物大多易溶于水。由于这一特点才使配位滴定法可在水溶液中进行，不至于形成沉淀干扰滴定。

(5)颜色特征　若水合离子无色，则MY无色，如CaY^{2-}、PbY^{2-}、AgY^{3-}、AlY^-等；若水合离子有色，则MY在原来颜色的基础上加深，如$[NiY]^{2-}$呈蓝色，$[CuY]^{2-}$呈深蓝色，$[CoY]^{2-}$呈紫红色，$[MnY]^{2-}$呈紫红色，$[CrY]^-$呈深紫色，$[FeY]^-$呈黄色。

(二)常用的金属指示剂

1. 铬黑T(简称EBT)

铬黑T的化学名称为1-(1-羟基-2-萘-偶氮)-6-硝基-2-萘酚-4-磺酸钠，属偶氮染料，为黑褐色，具有金属光泽。溶于水后与磺酸根结合的Na^+可离解，其阴离子部分可用H_2In^-表示。H_2In^-可视为二元酸，在溶液中有如下两步电离：

$$\underset{\substack{\text{紫红色}\\ \text{pH}<7}}{H_2In^-} \xrightleftharpoons{pK_{a1}=6.3} \underset{\substack{\text{蓝色}\\ \text{pH}=7\sim11}}{HIn^{2-}} \xrightleftharpoons{pK_{a2}=11.6} \underset{\substack{\text{橙色}\\ \text{pH}>11}}{In^{3-}}$$

铬黑T与许多金属离子，如Ca^{2+}、Mg^{2+}、Zn^{2+}、Mn^{2+}、Cd^{2+}、Pb^{2+}等形成酒红色配合物。

显然，铬黑T只能在pH=7～11的范围内使用。因为在pH<7或pH>11的溶液中，指示剂本身接近于红色，与其金属配合物的颜色难于区分。实验表明最适宜的酸度为pH=9～11。在pH=10的缓冲溶液中，用EDTA滴定Mg^{2+}、Zn^{2+}、Cd^{2+}、Pb^{2+}和Hg^{2+}等时，铬黑T是良好的指示剂。

铬黑T的水溶液易发生分子聚合而变质，尤其当pH<6.3时最为严重，加入三乙醇胺可防止聚合。在碱性溶液中，铬黑T易被空气中的氧或氧化性离子氧化而褪色，可加入盐酸羟胺或抗坏血酸等防止氧化。铬黑T在水溶液或乙醇溶液中不稳定，只能保存数天。因此，常将铬黑T与干燥的NaCl按1∶100混合研细，密闭保存备用。

2. 钙指示剂(简称NN)

钙指示剂的化学名称是2-羟基-1-(2-羟基-4-磺基-1-萘偶氮)-3-萘甲酸，也属于偶氮染料，为黑紫色粉末。与磺酸根结合的Na^+和羧基(—COOH)上的H^+离解后，其阴离子部分可用H_2In^{2-}表示，H_2In^{2-}在水溶液中有如下离解：

$$\underset{\substack{\text{酒红色}\\ pH<8}}{H_2In^{2-}} \xrightleftharpoons{pK_{a1}=9.26} \underset{\substack{\text{蓝色}\\ pH=8\sim13}}{HIn^{3-}} \xrightleftharpoons{pK_{a2}=13.6} \underset{\substack{\text{酒红色}\\ pH>13}}{In^{4-}}$$

钙指示剂在pH=12～13时呈蓝色，而与Ca^{2+}形成酒红色配合物。常在大量Mg^{2+}存在下，调节pH>12，用EDTA滴定Ca^{2+}。此时Mg^{2+}转变成$Mg(OH)_2$沉淀而不干扰滴定。但$Mg(OH)_2$沉淀易吸附指示剂，故应用时，应在用NaOH溶液调节酸度后再加入指示剂。

指示剂水溶液或乙醇溶液均不稳定，常用干燥的NaCl、KNO_3或K_2SO_4(1∶100或1∶200)混合研细，作固体指示剂。

(三)配位滴定法的应用

1. EDTA标准溶液的配制和标定

由于EDTA酸不易溶于水，通常采用EDTA二钠盐配制标准溶液，通常采用间接配制法。先配成近似浓度的溶液，然后用金属锌、ZnO、$MgSO_4 \cdot 7H_2O$等基准物质进行标定，求出准确浓度。

准确称取金属锌(纯度在99.9%以上，清除表面氧化物)0.15～0.20 g，置于250 mL烧杯中，加1∶1 HCl 5 mL，使锌完全溶解，将溶液移入250 mL容量瓶中定容。准确移取此溶液25 mL置于250 mL锥形瓶中，滴加1∶1氨水至开始出现$Zn(OH)_2$白色沉淀，再加入pH=10的NH_3-NH_4Cl缓冲溶液10 mL，加水稀释至100 mL，加少许(约0.1 g)铬黑T固体混合指示剂，用待标定的EDTA溶液滴定，溶液由酒红色变为蓝色即为终点。

EDTA标准溶液浓度的计算：

$$c(\text{EDTA})=\frac{m(\text{Zn})}{M(\text{Zn})V(\text{EDTA})}\times\frac{25.00}{250.0}$$

2. 应用实例

水的总硬度的测定、饲料及组织液中钙含量的测定、饲料添加剂*D*-泛酸钙含量的测定等均可用 EDTA 滴定法。

(1)水的总硬度的测定　水分为硬水和软水。凡不含或含少量钙、镁离子的水称为软水，反之称为硬水。碳酸氢盐含量多的硬水为暂时性硬水，因碳酸氢盐在煮沸时分解为碳酸盐而沉淀；含钙和镁的硫酸盐及氯化物多的硬水为永久性硬水，经煮沸后不能去除。由以上两种盐引起的水的硬度合称总硬度。水的总硬度的计算是将水中的 Ca^{2+}、Mg^{2+} 均折合为 CaO 或 $CaCO_3$ 来表示的。每升水中含 10 mg CaO 叫一个德国度。我国常用德国度表示水的总硬度，有时也用 $\rho(CaO)(mg \cdot L^{-1})$ 或 $\rho(CaCO_3)(mg \cdot L^{-1})$ 来表示。我国生活饮用水卫生标准规定以 $CaCO_3$ 计的硬度不得超过 450 $mg \cdot L^{-1}$。高品质的饮用水不超过 25 $mg \cdot L^{-1}$，高品质的软水总硬度在 10 $mg \cdot L^{-1}$ 以下。

①钙、镁总量的测定　用 NH_3-NH_4Cl 缓冲溶液调节溶液 pH=10，加入铬黑 T 指示剂，然后用 EDTA 滴定。铬黑 T 和 EDTA 都能与 Ca^{2+}、Mg^{2+} 生成配合物，其稳定次序为：$CaY^{2-} > MgY^{2-} > MgIn^{-} > CaIn^{-}$。因此，加入铬黑 T 后，它首先与 Mg^{2+} 结合生成稳定的酒红色配合物。当滴入 EDTA 时，EDTA 先与游离的 Ca^{2+} 配位，然后与游离的 Mg^{2+} 作用，最后夺取铬黑 T 结合的 Mg^{2+}，使铬黑 T 的阴离子 HIn^{2-} 游离出来，这时溶液由酒红色变为蓝色，即为终点。记下消耗的 EDTA 的体积 V_1(mL)。

②钙的测定　以 NaOH 溶液调节水样使 pH>12，此时 Mg^{2+} 转变为 $Mg(OH)_2$ 沉淀，不干扰 Ca^{2+} 滴定。加入少量钙指示剂，然后用 EDTA 滴定。钙指示剂与溶液中的 Ca^{2+} 生成红色配合物，终点时 EDTA 夺取钙指示剂结合的 Ca^{2+}，使溶液由红色变为蓝色。记下消耗的 EDTA 的体积 V_2(mL)。

Ca^{2+}、Mg^{2+} 含量的计算，分别以 $\rho(CaCO_3)(mg \cdot L^{-1})$ 和 $\rho(Mg)(mg \cdot L^{-1})$ 来表示：

$$\rho(CaCO_3) = \frac{m(CaCO_3)}{V_{水样}} \times 1\,000 = \frac{c(EDTA) \times V_2(EDTA) \times M(CaCO_3)}{V_{水样}} \times 1\,000$$

$$\rho(Mg) = \frac{m(Mg)}{V_{水样}} \times 1\,000 = \frac{c(EDTA) \times [V_1(EDTA) - V_2(EDTA)] \times M(Mg)}{V_{水样}} \times 1\,000$$

③以德国度表示时，水的总硬度的计算　因为硬度是以 1 L 水中含 10 mg CaO 为 1 个德国度，在计算中可直接用 CaO 的物质的量代替 Ca、Mg 的物质的量，即

$$水的总硬度(德国度) = \frac{m(CaO)/10}{V_{水样}} \times 1\,000 = \frac{c(EDTA) \times V_1(EDTA) \times M(CaO)/10}{V_{水样}} \times 1\,000$$

(2)SO_4^{2-} 的测定　SO_4^{2-} 不与 EDTA 发生配位反应，故用间接法测定。在酸性试液中加入 $BaCl_2$ 与 $MgCl_2$ 标准混合溶液(由于 Ba^{2+} 与铬黑 T 指示剂生成的配合物不稳定，所以

不单单用 $BaCl_2$ 标准溶液，而用 $BaCl_2+MgCl_2$ 混合标准溶液），Ba^{2+} 即与 SO_4^{2-} 作用生成 $BaSO_4$ 沉淀。调节溶液 pH＝10，以铬黑 T 为指示剂，用 EDTA 标准溶液滴定剩余的 Ba^{2+}、Mg^{2+}，至溶液由红色变为蓝色为终点。由 $BaCl_2+MgCl_2$ 总量减去剩余量，即为与 SO_4^{2-} 作用的量。

★ 实验操作

一、高锰酸钾滴定法测定饲料中钙含量

(一)实验仪器

实验室用样品粉碎机或研钵，分析筛(40 目)，高温电炉，可调温电炉，坩埚，容量瓶，滴定管，玻璃漏斗，定量滤纸，移液管，烧杯。

(二)药品与试剂

盐酸溶液(1∶3)，硫酸溶液(1∶3)，高氯酸，氨水溶液(1∶1)，42 g·L^{-1} 草酸铵溶液，甲基红指示剂，浓硝酸，氨水溶液(1∶50)，0.01 mol·L^{-1} 高锰酸钾标准溶液。

(三)操作步骤

1. 试样分解液的制备

(1)干法　称取试样 2～5 g 于坩埚中(精确至 0.000 2 g)，在电炉上小心炭化，再放入高温电炉中于 550 ℃下燃烧 3 h(或在测定饲料中粗灰分的含量后连续进行)。在测定灰分的坩埚内加入 1∶3 盐酸 10 mL 和浓硝酸数滴，小心煮沸。将此溶液无损转入 100 mL 容量瓶中，并以热蒸馏水洗涤坩埚及漏斗中滤纸，洗液亦收集入容量瓶中，将此液冷却至室温，定容，摇匀，为试样分解液。

(2)湿法　称取试样 2～5 g 于凯氏烧瓶中(精确至 0.000 2 g)，加入浓硝酸 10 mL，加热煮沸，至二氧化氮黄烟逸尽，冷却后加入高氯酸 10 mL，小心煮沸至溶液无烟，不得蒸干(危险)，冷却后加蒸馏水 50 mL，且煮沸驱逐二氧化氮，冷却后移入 100 mL 容量瓶中，用蒸馏水稀释至刻度，摇匀，为试样分解液。

2. 试样的测定

(1)草酸钙的沉淀　用移液管准确吸取试样分解液 10～20 mL(含钙量为 20 mg 左右)于烧杯中，加水 100 mL，甲基红指示剂 2 滴，滴加 1∶1 氨水溶液至溶液由红变橙黄色，再滴加 1∶3 盐酸溶液至溶液又恰呈红色(pH＝2.5～3.0)为止。小心煮沸，慢慢滴加草酸铵溶液 10 mL，且不断搅拌。若溶液由红变无色，应补滴 1∶3 盐酸溶液至红色，煮沸数分钟，使沉淀颗粒增大后，放置过夜使沉淀陈化(或水溶加热 2 h)。

(2)沉淀的洗涤　将上述溶液用滤纸过滤，用 1∶50 氨水溶液洗涤沉淀 6～8 次，洗涤沉淀时，应自滤纸的边向中心冲洗，使沉淀集中在滤纸的中心，避免损失。在每次洗涤时必须等上一次的洗液全部滤净后才能再加，每次所用的氨水溶液均不应超过滤纸容积的 2/3，直洗至无草酸根离子为止。检测草酸根洗净的方法：用试管接取滤液 2～3 mL，加 1∶3 硫酸溶液数滴，加热至 80 ℃，加高锰酸钾溶液 1 滴，溶液呈微红色，且 30 s 不褪色。

(3)沉淀的溶解与滴定　将沉淀和滤纸转移入原烧杯中，用玻璃棒将滤纸捣碎，加 1∶3 硫酸溶液 10 mL，蒸馏水 50 mL，加热至 75～85 ℃后，立即用高锰酸钾标准溶液滴定至微红色且 30 s 不褪色即可。

(4)空白　在干净烧杯中加滤纸 1 张，加 1∶3 硫酸溶液 10 mL，蒸馏水 50 mL，加热至 75～85 ℃后，用高锰酸钾标准溶液滴定至微红色且 30 s 不褪色即可。

(四)数据记录

试样编号	1	2	3
试样质量 m/g			
测定移取分解液体积 V_1/mL			
空白滴定时消耗高锰酸钾标准溶液体积 V_0/mL			
样品滴定时消耗高锰酸钾标准溶液体积 V_2/mL			
高锰酸钾标准溶液浓度 c/(mol·L^{-1})			
钙含量/%			
钙含量平均值/%			
相对平均偏差/%			
结论			

以质量分数表示的钙含量，按下式计算：

$$w(\mathrm{Ca})=\frac{5}{2}\times\frac{(V_2-V_0)\times c\times M(\mathrm{Ca})}{m\times V_1/1\,000}\times 100\%$$

每个试样取 3 个平行样进行测定，如测定结果的相对偏差在以下范围内，以其算术平均值为结果，所得结果应表示至小数点后 2 位。

含钙量 10%以上，允许相对偏差 2%；含钙量 5%～10%，允许相对偏差 3%；含钙量 1%～5%，允许相对偏差 5%；含钙量 1%以下，允许相对偏差 10%。

二、EDTA 滴定法测定饲料中钙含量

将试样中有机物破坏，钙变成溶于水的离子，用三乙醇胺、乙二胺、盐酸羟胺和淀粉溶液消除干扰离子的影响，在碱性溶液中以钙黄绿素-甲基百里香草酚蓝为指示剂，用 EDTA 标准溶液滴定，可快速测定钙的含量。

(一)实验仪器

实验室用样品粉碎机或研钵，分析筛(40 目)，高温电炉，可调温电炉，坩埚，容量瓶，滴定管，玻璃漏斗，定量滤纸，移液管，烧杯。

(二)药品与试剂

盐酸羟胺，三乙醇胺，乙二胺，盐酸溶液(1∶3)，200 g·L^{-1} 氢氧化钾溶液，10 g·L^{-1}

淀粉溶液，1 g · L^{-1} 孔雀石绿溶液，钙黄绿素-甲基百里香草酚蓝指示剂，0.001 0 g · mL^{-1} 钙标准溶液，0.01 mol · L^{-1} EDTA 标准溶液。

0.001 0 g · mL^{-1} 钙标准溶液：称取 2.497 4 g 于 105～110 ℃干燥 3 h 的基准物质碳酸钙，溶于 40 mL 盐酸溶液(1 ∶ 3)中，加热赶除二氧化碳，冷却后转移至 1 000 mL 容量瓶中，定容。

0.01 mol · L^{-1} EDTA 标准溶液：称取 3.8 g 乙二胺四乙酸二钠于 200 mL 烧杯中，加 200 mL 水，加热溶解，冷却后转移至 1 000 mL 容量瓶中，定容。

EDTA 标准溶液对钙的滴定度：准确吸取钙标准溶液 10.0 mL 按试样测定法进行滴定，按下式计算滴定度：

$$T=\frac{\rho \times V}{V_0}$$

式中：T 为 EDTA 标准滴定溶液对钙的滴定度，g · mL^{-1}；ρ 为钙标准溶液的质量浓度，g · mL^{-1}；V 为所取钙标准溶液的体积，mL；V_0 为乙二胺四乙酸二钠标准滴定溶液的消耗体积，mL。所得结果应表示至 0.000 1 g · mL^{-1}。

(三)操作步骤

1. 试样分解液的制备

同高锰酸钾滴定法。

2. 试样的测定

准确移取试样分解液 5～25 mL(含钙量 2～25 mg)，加水 50 mL，依次加淀粉溶液 10 mL，三乙醇胺 2 mL，乙二胺 1 mL，滴加 1 滴孔雀石绿溶液，滴加氢氧化钾溶液至无色，再过量 10 mL，然后加 0.1 g 盐酸羟胺(每加一种试剂都须摇匀)。加钙黄绿素-甲基百里香草酚蓝指示剂少许，在黑色背景下，立即用 EDTA 标准滴定溶液滴定，至绿色荧光消失呈现紫红色为滴定终点。同时做空白试验。

(四)数据记录

试样编号	1	2	3
试样质量 m/g			
测定移取分解液体积 V_1/mL			
分解液总体积 V_0/mL			
样品滴定时消耗 EDTA 标准溶液体积 V_2/mL			
EDTA 标准溶液浓度 c/(mol · L^{-1})			
钙含量/%			
钙含量平均值/%			
相对平均偏差/%			
结论			

以质量分数表示的钙含量按下式计算：

$$w(\text{Ca})=\frac{T\times V_2}{m\times V_1/V_0}\times 100\%=\frac{T\times V_2\times V_0}{m\times V_1}\times 100\%$$

结果表示及重复性要求同高锰酸钾滴定法。

三、水中 Ca^{2+}、Mg^{2+} 含量及水总硬度的测定

（一）实验仪器

酸式滴定管，50 mL 移液管，250 mL 锥形瓶，10 mL 量筒。

（二）药品与试剂

10% NaOH 溶液，pH=10 的缓冲溶液，铬黑 T 指示剂（将 1 g 铬黑 T 指示剂与 100 g 分析纯 NaCl 混合磨细，装瓶备用），EDTA 标准溶液，钙指示剂（1 g 钙指示剂与 100 g 分析纯 NaCl 混合磨细，装瓶备用）。

（三）操作步骤

用移液管吸取水样 50.00 mL 于 250 mL 锥形瓶中，加 5 mL pH=10 的缓冲溶液，再加少许（约 0.1 g）铬黑 T 固体指示剂，用 EDTA 标准溶液滴定至酒红色变为蓝色。记录 EDTA 用量 V_1(mL)。重复 1～2 次。

另取水样 50.00 mL 于 250 mL 锥形瓶中，加 5 mL 10% NaOH 溶液摇匀，加少许（约 0.1 g）钙指示剂，用 EDTA 标准溶液滴定至酒红色变为蓝色。记录 EDTA 用量 V_2(mL)。重复 1～2 次。

（四）结果计算

$$\text{水的总硬度（德国度）}=\frac{m(\text{CaO})/10}{V_{\text{水样}}}\times 1\,000$$
$$=\frac{c(\text{EDTA})\times V_1(\text{EDTA})\times M(\text{CaO})/10}{V_{\text{水样}}}\times 1\,000$$

$$\rho(\text{Ca})=\frac{m(\text{Ca})}{V_{\text{水样}}}\times 1\,000$$
$$=\frac{c(\text{EDTA})\times V_2(\text{EDTA})\times M(\text{Ca})}{V_{\text{水样}}}\times 1\,000$$

$$\rho(\text{Mg})=\frac{m(\text{Mg})}{V_{\text{水样}}}\times 1\,000$$
$$=\frac{c(\text{EDTA})\times [V_1(\text{EDTA})-V_2(\text{EDTA})]\times M(\text{Mg})}{V_{\text{水样}}}\times 1\,000$$

★ 思考练习题

一、填空题

1. 填写下列物质里画线元素的氧化数。

(1)$\underline{Cr}_2O_7^{2-}$ ________ (2)$\underline{N}_2O$ ________ (3)$\underline{N}H_3$ ________ (4)$\underline{S}_2O_3^{2-}$

(5)$\underline{Mn}O_4^{2-}$ ________　(6)$\underline{Mn}O_4^-$ ________　(7)$\underline{C}_2O_4^{2-}$

2.配平下列各方程式。

(1)__ MnO_4^- + __ H_2O_2 + __ H^+ ⟶ __ Mn^{2+} + __ O_2 + __ H_2O

(2)__ $K_2Cr_2O_7$ + __ H_2S + __ H_2SO_4 ⟶ __ K_2SO_4 + __ $Cr_2(SO_4)_3$ + __ S↓ + __ H_2O

(3)__ Zn + __ HNO_3 ⟶ __ $Zn(NO_3)_2$ + __ NH_4NO_3 + __ H_2O

(4)__ K_2MnO_4 + __ H_2O ⟶ __ $KMnO_4$ + __ MnO_2 + __ OH^-

3.分别写出下列化合物的名称,中心离子及其氧化数,配离子的电荷数。

(1)$(NH_4)_2[FeCl_5(H_2O)]$ ________、________、________

(2)$K_2[PtCl_4]$ ________、________、________

(3)$Na_3[Ag(S_2O_3)_2]$ ________、________、________

(4)$[Zn(NH_3)_4](OH)_2$ ________、________、________

(5)$[AlF_6]^{3-}$ ________、________、________

(6)$[Cu(CN)_4]^{2-}$ ________、________、________

(7)$[Co(en)_3]Cl_3$ ________、________、________

(8)$[Fe(CN)_6]^{3-}$ ________、________、________

(9)$[CaY]^{2-}$ ________、________、________

(10)$[Fe(C_2O_4)_3]^{2-}$ ________、________、________

4.写出下列配合物的化学式。

(1)硫酸四氨合铜(Ⅱ)________

(2)四硫氰酸根·二氨合铂(Ⅲ)酸铵________

(3)六氯合铂(Ⅳ)酸钾________

(4)硫酸一氯·一氨·二(乙二胺)合铬(Ⅲ)________

二、计算题

1.用 KIO_3 标定 $Na_2S_2O_3$ 溶液的浓度,称取 KIO_3 0.356 7 g,溶于水并稀释至 100.0 mL。吸取所得溶液 25.00 mL,加 H_2SO_4 和 KI(过量)溶液后再用 $Na_2S_2O_3$ 溶液滴定析出的 I_2,用去 24.98 mL,求 $Na_2S_2O_3$ 标准溶液的物质的量浓度。

2.测定血液中的钙时,常常将它沉淀为草酸钙(CaC_2O_4),然后将沉淀溶于 H_2SO_4 中,并用 0.002 000 $mol \cdot L^{-1}$ $KMnO_4$ 标准溶液进行滴定。设将 1.00 mL 血液稀释至 50.00 mL,取此溶液 20.00 mL 滴定至终点时用去 $KMnO_4$ 溶液 21.50 mL,求每 100 mL 血液中钙的毫克数。

3.称取 0.200 0 g 饲料添加剂——维生素 C 待测样品,加新煮沸过的冷水 100 mL,用 6%冰醋酸 10 mL 溶解样品,加淀粉指示剂 1 mL,立即用 0.100 0 $mol \cdot L^{-1}$ I_2 标准液滴定,终点时消耗 I_2 标准溶液 11.10 mL,求样品中维生素 C 的质量分数。

4.取 50 mL 水样,用 0.010 00 $mol \cdot L^{-1}$ EDTA 标准溶液测定其总硬度,用去 EDTA 12.50 mL,求水的总硬度。

5.将 100 mL 水样调至 pH=10,以铬黑 T 为指示剂,用去 0.010 00 $mol \cdot L^{-1}$ EDTA 25.40 mL,另取一份 100 mL 水样调至 pH=12,加入钙指示剂,消耗 14.25 mL EDTA ,求每升水样中含 CaO、MgO 各多少毫克?

三、简答题

1.熟悉高锰酸钾滴定法,回答以下问题:

(1)高锰酸钾标准溶液应用什么方法配制?应注意哪些问题?

(2)高锰酸钾标准溶液为什么必须盛装在棕色试剂瓶和棕色滴定管中?

(3)标定高锰酸钾溶液时的滴定条件是什么？为何必须控制温度在 75～85 ℃，控制酸度在 0.5～1 $mol \cdot L^{-1}$？

2. EDTA 与金属离子形成的配合物具有哪些特点？

单元二　可溶性氯化物中氯含量的测定

★ 理论知识

课程 PPT

一、沉淀溶解平衡

与弱电解质的单相电离平衡不同，难溶电解质的沉淀溶解平衡是多相平衡，是固相和液相间的离子平衡，遵循化学平衡的规律。

(一)溶度积常数

把晶态 AgCl 投入水中，束缚在晶体表面上的 Ag^{+} 和 Cl^{-} 不断从固体表面溶入水中，这个过程叫溶解。而已溶的 Ag^{+} 和 Cl^{-} 也不断从液相回到固体表面上，这个过程叫作沉淀。当溶解的速率 v_1 与沉淀的速率 v_2 相等时，溶液便成为 AgCl 的饱和溶液，建立起多相电离平衡：

$$AgCl(s) \underset{\text{沉淀}}{\overset{\text{溶解}}{\rightleftharpoons}} Ag^{+}(aq) + Cl^{-}(aq)$$

其平衡常数表达式为：

$$K_{sp} = c(Ag^{+})c(Cl^{-})$$

对一般难溶电解质(M_mN_n)，其沉淀溶解平衡可写成通式：

$$M_mN_n \underset{\text{沉淀}}{\overset{\text{溶解}}{\rightleftharpoons}} mM^{n+} + nN^{m-}$$

沉淀溶解平衡常数表达式为：

$$K_{sp} = c^{m}(M^{n+})c^{n}(N^{m-})$$

式中：m、n 分别为 M^{n+}、N^{m-} 的系数；K_{sp} 为沉淀-溶解反应的平衡常数，称为溶度积常数，简称溶度积(见附录 7)。

溶度积的含义为：当温度一定时，难溶电解质溶液中，不论各离子的浓度变化如何，各组分离子浓度(以化学式的计量数为指数)的乘积为常数。与其他化学平衡常数一样，K_{sp} 只与温度有关，与浓度无关。

(二)沉淀溶解平衡的移动

1. 离子积与溶度积

在某难溶电解质溶液中，其离子浓度乘积称为离子积(Q_i)。例如，某 $PbCl_2$ 溶液，其离

子积 $Q_i=c(Pb^{2+})c^2(Cl^-)$，可见，Q_i 与 K_{sp} 表达式相同，但意义和数值是不同的。同样是对 $PbCl_2$ 来说，K_{sp} 是表示溶液中 $PbCl_2$ 固体和离子达到平衡（饱和溶液）时，离子浓度的乘积。在温度一定时，难溶电解质的 K_{sp} 是一常数，而 Q_i 表示任何环境中两离子浓度的乘积，其数值可以是任意数值。

因此，可根据 Q_i 和 K_{sp} 的关系判断任何给定溶液中，沉淀的生成和溶解。

(1)$Q_i<K_{sp}$　为不饱和溶液，无沉淀析出，若已有沉淀存在，沉淀将继续溶解。

(2)$Q_i=K_{sp}$　体系处于沉淀溶解的动态平衡。溶液恰好饱和，无沉淀析出；或饱和溶液与未溶固体建立平衡。

(3)$Q_i>K_{sp}$　为过饱和溶液，将有沉淀析出。

2. 沉淀的生成

根据 Q_i 和 K_{sp} 的关系可知，同离子效应会降低难溶盐的溶解度（如 PbI_2 在 KI 溶液中溶解度会降低）；另外，从溶液中沉淀出某一离子，必须加入一种沉淀剂，其加入量必须满足 $Q_i>K_{sp}$，即 $Q_i>K_{sp}$ 是沉淀生成的唯一条件。

沉淀物的溶解度，沉淀剂的浓度及用量，都能影响沉淀的生成。沉淀物的溶解度越小，沉淀越完全。如 Ca^{2+} 可沉淀为 $CaCO_3$、$CaSO_4$、CaC_2O_4，它们属于同种类型的难溶盐，K_{sp} 以 CaC_2O_4 最小，因此，溶解度也以 CaC_2O_4 最小，故以 CaC_2O_4 状态沉淀时，Ca^{2+} 沉淀得最完全。在分析化学上，一般溶液中残留离子浓度低于 10^{-5} mol·L^{-1}时，可以认为该离子已沉淀完全。

3. 分步沉淀

在某溶液中存在几种离子，它们能被同一种沉淀剂沉淀，由于 K_{sp} 不同，所以沉淀的次序不同，称为分步沉淀。如向含有 Cl^-、Br^-、I^- 的混合体系中滴加 $AgNO_3$ 溶液时，由于 AgI 的溶度积常数最小，最先满足沉淀生成的条件，所以 I^- 最先被沉淀，AgCl 的溶度积常数最大，故 Cl^- 最后被沉淀。利用沉淀溶解平衡可以进行计算，若第二种离子开始沉淀时，第一种离子的浓度小于 10^{-5} mol·L^{-1}时，认为该离子已沉淀完全。因而，可以通过分步沉淀的方法，进行离子的定性分离。

4. 沉淀的溶解

沉淀溶解平衡也是一种动态平衡，平衡时 $Q_i=K_{sp}$，若改变平衡条件，使 $Q_i<K_{sp}$，沉淀就会溶解。最常用的方法是向平衡体系中加入适当的试剂，使之与沉淀溶解平衡中的一种离子结合生成弱电解质配合物，或通过氧化还原反应使沉淀溶解。

5. 沉淀的转化

借助某种试剂，使一种难溶电解质转化为另一种难溶电解质的过程称为沉淀的转化。有些沉淀如 $BaSO_4$、$CaSO_4$ 等，既不溶于水也不溶于酸，也不能用配位溶解和氧化还原的方法将它们溶解。这时，可以先将此类难溶强酸盐转化为难溶弱酸盐，再用酸溶解。例如，锅炉中的锅垢不溶于酸，常先用 Na_2CO_3 处理，使锅垢中的 $CaSO_4$ 转化为疏松的 $CaCO_3$ 沉淀，这样就可以用酸将锅垢清除。

$$CaSO_4(s) \rightleftharpoons Ca^{2+}(aq) + SO_4^{2-}(aq)$$

$$+$$

$$Na_2CO_3 \longrightarrow CO_3^{2-} + 2Na^+$$

$$\Updownarrow$$

$$CaCO_3(s)$$

根据化学平衡移动原理，$CaSO_4$ 容易转变为 $CaCO_3$ 的根本原因在于 $K_{sp}(CaCO_3) < K_{sp}(CaSO_4)$。由于 Ca^{2+} 与加入的 CO_3^{2-} 结合成溶解度更小的 $CaCO_3$ 沉淀，导致 Ca^{2+} 的浓度降低，破坏了 $CaSO_4(s)$ 的沉淀溶解平衡，使之向右移动，使 $CaSO_4$ 不断转化为 $CaCO_3$。K_{sp} 大的盐更容易向 K_{sp} 小的盐转化。

【例 3-1】 1 L $c(Na_2CO_3)=0.1\ mol \cdot L^{-1}$ 的碳酸钠水溶液可使多少克 $CaSO_4$ 转化成 $CaCO_3$？

解：设反应达平衡时，$c(SO_4^{2-})=x\ mol \cdot L^{-1}$：

$$CaSO_4(s)+CO_3^{2-}(aq)=CaCO_3(s)+SO_4^{2-}(aq)$$

$c/(mol \cdot L^{-1})$：　　　$0.1-x$　　　　　x

$$K=\frac{c(SO_4^{2-})}{c(CO_3^{2-})}=\frac{K_{sp}(CaSO_4)}{K_{sp}(CaCO_3)}=\frac{9.1\times10^{-6}}{2.9\times10^{-9}}=\frac{x}{0.1-x}=3.14\times10^{3}$$

解得 $x=c(SO_4^{2-})=0.10(mol \cdot L^{-1})$，故转化掉的 $CaSO_4$ 的质量为 $136\times1\times0.1=13.6(g)$。

答：1 L $c(Na_2CO_3)=0.1\ mol \cdot L^{-1}$ 的碳酸钠水溶液可使 13.6 g $CaSO_4$ 转化成 $CaCO_3$。

如果用碳酸钠水溶液将 $BaSO_4$ 转化为 $BaCO_3$：

$$BaSO_4(s)+CO_3^{2-}(aq)=BaCO_3(s)+SO_4^{2-}(aq)$$

反应的标准平衡常数为：

$$K=\frac{c(SO_4^{2-})}{c(CO_3^{2-})}=\frac{K_{sp}(BaSO_4)}{K_{sp}(BaCO_3)}=\frac{1.1\times10^{-10}}{5.1\times10^{-9}}=2.2\times10^{-2}$$

标准平衡常数较小，需用饱和 Na_2CO_3 溶液多次处理，方可使反应彻底完成。

二、沉淀滴定法

以沉淀反应为基础的滴定分析方法称为沉淀滴定法。根据滴定分析法对化学反应的要求，能用于沉淀滴定的沉淀反应很少。应用最广泛的是生成难溶银盐的反应，这种利用生成难溶银盐反应的滴定方法称为银量法。银量法可测定 Cl^-、Br^-、I^-、SCN^- 和 Ag^+ 等，在化工、冶金、农业及工业“三废”等生产部门的检测工作中有广泛的应用。银量法根据指示剂的不同，按创立者的名字命名分为 3 种方法，即莫尔法、佛尔哈德法和法扬斯法。本单元只介绍应用较多的莫尔法和佛尔哈德法。

(一)莫尔法

以 K_2CrO_4 为指示剂的银量法称为莫尔法。

1.基本原理

在中性溶液中，以 K_2CrO_4 作指示剂，用 $AgNO_3$ 标准溶液直接滴定 Cl^-。由于 AgCl 的溶解度（1.9×10^{-3} g·L^{-1}）比 Ag_2CrO_4 的溶解度（2.6×10^{-2} g·L^{-1}）小，根据分步沉淀的原理，滴定过程首先析出 AgCl 沉淀。待滴定到化学计量点附近，由于 $c(Cl^-)$ 迅速降低，$c(Ag^+)$ 增加直至达到 $c^2(Ag^+)\cdot c(CrO_4^{2-})\geqslant K_{sp}(Ag_2CrO_4)$ 时，出现砖红色的 Ag_2CrO_4 沉淀，指示终点到达。反应式为：

$$Ag^+ + Cl^- \rightleftharpoons AgCl\downarrow（白色）\qquad K_{sp}(AgCl)=1.8\times10^{-10}$$

$$2Ag^+ + CrO_4^{2-} \rightleftharpoons Ag_2CrO_4\downarrow（砖红色）\qquad K_{sp}(Ag_2CrO_4)=2.0\times10^{-12}$$

2.滴定条件

为减少滴定误差，应使 Ag_2CrO_4 沉淀恰好在化学计量点附近出现，因此，应用莫尔法时，应注意以下滴定条件。

（1）K_2CrO_4 用量　将 CrO_4^{2-} 浓度控制在 5.0×10^{-3} mol·L^{-1} 左右为宜。若 $c(CrO_4^{2-})$ 过高，终点提前，同时 CrO_4^{2-} 本身呈黄色，浓度过高，颜色过深，将影响终点的观察；如果 $c(CrO_4^{2-})$ 过低，终点将会延后。两者都会影响滴定的准确度。

（2）必须控制溶液的酸度　滴定溶液必须呈弱酸性、中性或弱碱性（pH=6.5～10.5）。

在酸性溶液中，有下述反应发生：

$$2H^+ + 2CrO_4^{2-} \rightleftharpoons 2HCrO_4^- \rightleftharpoons Cr_2O_7^{2-} + H_2O$$

降低了 $c(CrO_4^{2-})$，Ag_2CrO_4 沉淀出现推迟，甚至不沉淀。故滴定时溶液的 pH 不能小于 6.5。

如果溶液碱性太强，Ag^+ 将以 Ag_2O 沉淀析出：

$$2Ag^+ + 2OH^- \longrightarrow 2AgOH\downarrow \longrightarrow Ag_2O\downarrow + H_2O$$

AgOH 不稳定，马上失水变成褐色的 Ag_2O 沉淀，因此滴定时溶液的 pH 不能大于 10.5。

同样，滴定不能在氨性溶液中进行，因为易形成 $[Ag(NH_3)_2]^+$，使 AgCl 沉淀溶解。

（3）消除干扰离子　干扰离子共有 4 种类型。显然，凡是能与 Ag^+ 生成微溶性化合物或配合物的阴离子都会干扰滴定，如 S^{2-}、PO_4^{3-}、CO_3^{2-}、$C_2O_4^{2-}$ 等，应该预先除去，其中 S^{2-}、CO_3^{2-} 可在酸性溶液中煮沸除去；凡能和 CrO_4^{2-} 形成沉淀的阳离子也干扰测定，如 Hg^{2+}、Ba^{2+}、Pb^{2+} 等，其中的 Ba^{2+} 可加 Na_2SO_4 来清除；凡离子有颜色，例如 Cu^{2+}、Co^{2+}、Ni^{2+} 等，大量地存在时，将影响终点观察；Al^{3+}、Fe^{3+}、Sn^{4+} 等高价金属离子在中性或弱碱性溶液中发生水解，也影响测定，应预先分离。

（4）剧烈摇动溶液　AgCl、AgBr 沉淀分别对溶液中 Cl^- 和 Br^- 有显著吸附作用，使终点提前。所以滴定时必须剧烈摇动溶液，使吸附的 Cl^- 和 Br^- 解吸。

（5）应用范围　本法主要用于直接测定 Cl^-、Br^- 或两者共存时的总量，如土壤、植物、饲料中氯含量的测定及食品加工中 NaCl 含量的测定。须注意，本方法不宜直接滴定 I^- 或 SCN^-。因 AgI、AgSCN 终点前分别对溶液中 I^- 或 SCN^- 有强烈吸附作用，使终点提前，误差较大。如果用此法测 Ag^+，应该用返滴定法。即先加已知过量的 NaCl 标准溶液，用 $AgNO_3$ 标准溶液滴定剩余的 Cl^-，再求算 Ag^+ 含量。如果用 NaCl 标准溶液直接滴定 Ag^+，K_2CrO_4 指示剂与 Ag^+ 生成的 Ag_2CrO_4 在终点时转化为 AgCl 的速度较慢，滴定误差较大。

(二)佛尔哈德法

以铁铵矾 $[NH_4Fe(SO_4)_2 \cdot 12H_2O]$ 为指示剂，用 KSCN 或 NH_4SCN 标准溶液进行滴定的银量法称为佛尔哈德法，它又分为直接滴定法和返滴定法。

1. 直接滴定法

在含有 Ag^+ 的硝酸溶液中，加入铁铵矾指示剂，用 NH_4SCN 标准溶液滴定，Ag^+ 被沉淀为 AgSCN，达到等量点时，稍过量的 NH_4SCN 与 Fe^{3+} 作用生成红色的 $[FeSCN]^{2+}$，指示终点到达，其反应式为：

$$Ag^+ + SCN^- \rightleftharpoons AgSCN \downarrow (白色)$$
$$SCN^- + Fe^{3+} \rightleftharpoons [FeSCN]^{2+} (红色)$$

在实际操作中，为了能明显地观察到红色，Fe^{3+} 浓度应控制在 0.015 mol·L^{-1} 左右，溶液中 H^+ 浓度控制在 0.1～1 mol·L^{-1}，若酸度太低，Fe^{3+} 发生水解生成棕色的 $Fe(OH)_3$ 或 $[Fe(H_2O)_5OH]^{2+}$，将影响终点观察。同时注意滴定时必须剧烈摇荡，以使被 AgSCN 吸附的 Ag^+ 及时释出，避免指示剂过早显色。

此法可用于直接滴定 Ag^+。

2. 返滴定法

在含有卤素离子的硝酸溶液中，加入已知过量的 $AgNO_3$ 标准溶液，卤素离子便以卤化银形式沉淀出来，多余的 $AgNO_3$，以铁铵矾为指示剂，用 NH_4SCN 标准溶液回滴。此时的过程与直接滴定法相同。如滴定 Cl^- 时的主要反应：

$$Ag^+ + Cl^- \rightleftharpoons AgCl \downarrow (白色)$$
$$Ag^+ + SCN^- \rightleftharpoons AgSCN \downarrow (白色)$$
$$SCN^- + Fe^{3+} \rightleftharpoons [FeSCN]^{2+} (红色)$$

由于 AgSCN 溶解度小于 AgCl，滴加 SCN^- 时，AgCl 可能向 AgSCN 转化：

$$AgCl \downarrow + SCN^- \rightleftharpoons AgSCN \downarrow + Cl^-$$

使分析结果产生较大误差，为避免上述情况发生，通常采取下列措施：

(1)加入过量的 $AgNO_3$ 标准溶液后，将试液立即加热煮沸，使 AgCl 沉淀凝聚，以减少它对 Ag^+ 的吸附，然后过滤，用稀 HNO_3 洗涤沉淀，洗液并入滤液中，再用 NH_4SCN 回滴滤液中过量的 $AgNO_3$。

(2)滴定前先加入有机溶剂(如 1,2-二氯乙烷、硝基苯等)，用力摇动，使 AgCl 沉淀表面覆盖一层有机保护膜，从而与滴定溶液分开，阻止 SCN^- 与 AgCl 发生沉淀转化反应，此法简便。

由于 AgBr 与 AgI 的溶解度比 AgSCN 小，不会发生沉淀转化反应，不必采取上述措施。但测定 I^- 时，必须先加 $AgNO_3$，后加指示剂，否则会发生如下反应：

$$2Fe^{3+} + 2I^- \rightleftharpoons 2Fe^{2+} + I_2$$

影响测定结果的准确度。

佛尔哈德法在较强酸性介质中进行，因此某些弱酸根离子如 PO_4^{3-}、S^{2-} 等虽然存在，却不干扰测定，所以佛尔哈德法较莫尔法选择性强。此法可用于测定 Cl^-、Br^-、I^- 和 SCN^-。

(三)银量法应用实例

1. 可溶性氯化物中氯含量测定

可溶性氯化物中氯含量可用莫尔法测定。如天然水中几乎都含 Cl^-，河水与湖泊中 Cl^- 含量较高，如果水中还有 PO_4^{3-}、S^{2-} 和 SO_3^{2-} 等，可用佛尔哈德法测定 Cl^-。

2. 有机卤化物中卤素的测定

有机化合物中的卤素，大多以共价键结合，测定时须先将其转化为卤素离子，然后再用银量法测定。

★ 实验操作——饲料中水溶性氯化物的测定

(一)实验仪器

回旋振荡器(35～40 r/min)，实验室用样品粉碎机或研钵，分样筛(孔径 40 目)，万分之一感量电子天平，刻度移液管(10 mL、2 mL)，移液管(25 mL)，酸式滴定管(50 mL)，容量瓶(250 mL、500 mL)，烧杯(250 mL)，滤纸(中速，直径 150 cm)。

(二)药品与试剂

(1)分析纯的丙酮、正己烷、浓硝酸。

(2)活性炭：不含有氯离子也不能吸收氯离子。

(3)硫酸铁铵饱和溶液：用硫酸铁铵[$NH_4Fe(SO_4)_2 \cdot 12H_2O$]制备。

(4)Carrez Ⅰ：称取 10.6 g 亚铁氰化钾[$K_4Fe(CN)_6 \cdot 3H_2O$]，溶解并用水定容至 100 mL。

(5)Carrez Ⅱ：称取 21.9 g 乙酸锌[$Zn(CH_3COO)_2 \cdot 2H_2O$]，加 3 mL 冰乙酸，溶解并用水定容至 100 mL。

(6)0.1 $mol \cdot L^{-1}$ 硫氰酸钾标准溶液：称取硫氰酸钾 9.7 g 溶于 1 000 mL 水中。(或 0.1 $mol \cdot L^{-1}$ 硫氰酸铵标准溶液：称取硫氰酸铵 7.6 g 溶于 1 000 mL 水中)

(7)氯化钠标准贮备液：称取 5.845 4 g 经 500 ℃灼烧 1 h 的基准氯化钠溶于水中，定容至 1 000 mL，此氯化钠标准贮备液浓度为 0.100 0 $mol \cdot L^{-1}$。

(8)氯化钠标准工作液：准确吸取氯化钠标准贮备液 20.00 mL 于 100 mL 容量瓶中，用水稀释至刻度，摇匀。

(9)硫酸铁指示剂：将 250 $g \cdot L^{-1}$ 硫酸铁的水溶液，过滤除去不溶物，与等体积的浓硝酸混合。

(10)0.1 mol·L^{-1}硝酸银标准滴定溶液：称取 17.5 g 硝酸银溶于 1 000 mL 水中，摇匀，溶液保存于棕色瓶中。

①确定体积比　吸取硝酸银溶液 20.00 mL，加硝酸 4 mL，硫酸铁指示剂 2 mL，在剧烈摇动下用硫氰酸铵溶液滴定，滴至终点为持久的淡红色，由此计算两溶液的体积比 F：

$$F=\frac{20.00}{V_2}$$

式中：F 为硝酸银与硫氰酸铵溶液的体积比；20.00 为硝酸银溶液的体积，mL；V_2 为硫氰酸铵溶液的体积，mL。

②标定　准确移取氯化钠标准工作液 10.00 mL 于 100 mL 容量瓶中，加硝酸 4 mL，硝酸银标准溶液 25.00 mL，振荡使沉淀凝结，用水稀释至刻度，摇匀，静置 5 min，过滤于锥形瓶中，吸取滤液 50.00 mL，加硫酸铁指示剂 2 mL，用硫氰酸铵溶液滴定出现淡红棕色，且 30 s 不变褐色即为终点。

硝酸银标准溶液浓度的计算：

$$c(\mathrm{AgNO_3})=\frac{m'(20/1\,000)\times(10/100)\times1\,000}{M(\mathrm{NaCl})\times(V_1-F\times V_2\times100/50)}$$

式中：m'为 NaCl 的质量，g；V_1 为硝酸银标准溶液的体积，mL；V_2 为硫氰酸铵溶液的体积，mL；F 为硝酸银与硫氰酸铵溶液的体积比。

(三)操作步骤

1. 样品的选取和制备

选取有代表性的样品，粉碎后通过 40 目筛，用四分法缩减至 200 g，密封保存，以防止样品组分的变化或变质。

2. 试样的制备

(1)不含有机物试样的制备　称取不超过 10 g 试样，精确至 0.001 g，试样所含氯化物不超过 3 g，将试样转移至 500 mL 容量瓶中，加入 400 mL 温度约 20 ℃的水，混合均匀，在回旋振荡器中振荡 30 min，用水稀释至刻度(V_i)，混合均匀，过滤，滤液供滴定用。

(2)含有机物试样的制备　称取 5 g 试样(精确至 0.001 g)，转移至 500 mL 容量瓶中，加入 1 g 活性炭，再加入 400 mL 温度约 20 ℃的水和 5 mL CarrezⅠ溶液，搅拌，然后加入 5 mL CarrezⅡ 溶液混合，在回旋振荡器中振荡 30 min，用水稀释至刻度(V_i)，混匀，过滤，滤液供滴定用。

(3)其他试样的制备　包括熟化饲料、亚麻饼粉或富含亚麻粉的产品和富含黏液或胶体物质(例如糊化淀粉)的饲料，称取 5 g 试样，精确至 0.001 g，转移至 500 mL 容量瓶中，加入 1 g 活性炭，加入 400 mL 温度约 20 ℃的水和 5 mL CarrezⅠ溶液，搅拌，然后加入 5 mL CarrezⅡ 溶液混合，在回旋振荡器中振荡 30 min，用水稀释至刻度(V_i)，混合均匀。轻轻倒出上清液(必要时离心)，用移液管吸取 100 mL 上清液至 200 mL 容量瓶中，加丙酮混合，在振荡器中摇 30 min，用水稀释至刻度，混合均匀并过滤，滤液供滴定用。

3. 滴定

用移液管移取 25～100 mL(V_a)滤液至三角瓶中，其中氯化物含量不超过 150 mg。必要时(移取的滤液少于 50 mL)，用水稀释到 50 mL 以上，加 5 mL 硝酸，2 mL 硫酸铁指示剂，并从加满硫氰酸钾或硫氰酸铵标准滴定溶液至 0 刻度的滴定管中滴加 2 滴硫氰酸钾或硫氰酸铵溶液。用硝酸银标准溶液滴定直至红棕色消失，再加入 5 mL 过量的硝酸银溶液(V_{s1})，剧烈摇动，使沉淀凝聚，必要时加入 5 mL 正己烷，以助沉淀凝聚。用硫氰酸钾或硫氰酸铵溶液滴定过量硝酸银溶液，直至产生红棕色，并能保持 30 s 不褪色，滴定体积为 V_{t1}。

(四)结果的表述

1. 计算公式

试样中水溶性氯化物的含量 w_{wc}(以氯化钠计)按下式计算：

$$w_{wc}=\frac{M(NaCl)\times[(V_{s1}-V_{s0})\times c_s-(V_{t1}-V_{t0})]\times c_t}{m}\times f\times\frac{V_i}{V_a}\times 100$$

式中：V_{s0} 为空白溶液滴加硝酸银溶液的体积，mL；c_s 为硝酸银标准溶液浓度，$mol\cdot L^{-1}$；V_{t0} 为空白溶液滴加硫氰酸钾或硫氰酸铵溶液体积，mL；c_t 为硫氰酸钾或硫氰酸铵溶液浓度，$mol\cdot L^{-1}$；m 为试样的质量，g；f 为稀释因子，测定熟化饲料、亚麻饼粉或富含亚麻粉的产品和富含黏液或胶体物质的试样，$f=2$，测定其他饲料，$f=1$。

2. 重复性

每个样品应取两份平行样进行测定，以其算术平均值为分析结果。

当水溶性氯化物含量小于 1.5%时，精确到 0.05%；

当水溶性氯化物含量大于 1.5%时，精确到 0.10%。

(五)注意事项

(1)在标定硝酸银溶液，或滴定试样滤液时，速度应快，但不要过分剧烈摇动。

(2)空白试验与试样测定需平行进行，并用同样的方法和试剂。

(3)本测定使用试剂较多，配制和标定时一定要耐心、细心，测试过程终点的判定要力求准确。

★ 思考练习题

一、简答题

1. 用 4×10^{-5} $mol\cdot L^{-1}$ $AgNO_3$ 和同浓度的 K_2CrO_4 等体积混合，有无 Ag_2CrO_4 沉淀析出？为什么？

2. 写出难溶电解质 AgBr、Ag_2S、$Ca_3(PO_4)_2$、$MgNH_4PO_4$ 的溶度积常数表达式。

3. 在同浓度的氯化铵、硫酸氢铵、碳酸氢铵和醋酸铵水溶液中，铵根浓度最大的是哪一种物质？

二、计算题

称取基准物质 KCl 1.922 1 g，加水溶解后，在 250 mL 容量瓶中定容，取出 20.00 mL，然后用 $AgNO_3$ 溶液滴定，以 K_2CrO_4 为指示剂，终点时用去 18.30 mL $AgNO_3$，求 $AgNO_3$溶液的浓度。

单元三　磷含量的测定

★ 理论知识

磷含量的测定采用吸光光度法。基于物质对光的选择性吸收而建立起来的分析方法称为吸光光度法。吸光光度法分为比色法和分光光度法两大类。在比色法中，根据进行的方式和使用仪器的不同，又可分为目视比色法和光电比色法。在分光光度法中，根据所采用光源等的不同，又可分为可见分光光度法、紫外分光光度法和红外分光光度法等，本单元重点讨论可见分光光度法。

课程 PPT

一、吸光光度法的基本原理

(一)物质的颜色和对光的选择性吸收

物质呈现何种颜色与光有着密切的关系。有些波长的光作用于人的眼睛能引起人对颜色的感觉，我们把人眼能感觉到的光叫作可见光，其波长范围在 400～760 nm。白光是一种混合光，是由红、橙、黄、绿、青、蓝、紫等七色光按一定强度比例混合而成的。具有一种波长的光叫单色光，各种颜色的光都具有一定的波长范围，如表 3-4 所示。

表 3-4　不同颜色光的波长范围　nm

颜色	红	橙	黄	绿	青	蓝	紫
波长	620～760	590～620	560～590	500～560	480～500	430～480	400～430

当一束白光通过有色溶液时，溶液选择性地吸收了白光中的某种单色光，则溶液呈现透过光的颜色。例如硫酸铜溶液因吸收了白光中的黄光而呈现出蓝色。因此，溶液的颜色是由透过光的波长决定的，表 3-5 列出了物质的颜色与吸收光波长的关系。

表 3-5　物质的颜色与吸收光波长的关系　nm

物质的颜色	吸收光	
	颜色	波长
黄绿	紫	400～450
黄	蓝	450～480
橙	青蓝	480～490
红	青	490～500
紫红	绿	500～560

续表 3-5

物质的颜色	吸收光	
	颜色	波长
紫	黄绿	560～580
蓝	黄	580～600
青蓝	橙	600～650
青	红	650～750

如果将表 3-5 中两种相对应颜色的光按一定比例混合，则可成为白光，故称这两种光为互补光，也可将互补光表示如图 3-1 所示。图中处于直线关系的两种单色光为互补光，如绿色光和紫色光互补，黄色光和蓝色光互补等。

实验证明，各种有色溶液，对于可见光区各种不同波长的光都有一定程度地吸收，如果将不同波长的光依次通过某有色溶液，并测其吸光度，然后，以波长为横坐标，吸光度为纵坐标作图，所得曲线称为吸收光谱曲线，简称吸收曲线。每种物质的溶液，其吸收曲线上都有一个最大吸收峰，这个峰所对应的波长称为最大吸收波长，用 λ_{max} 表示。图 3-2 是不同浓度 $KMnO_4$ 溶液的光吸收曲线。从图 3-2 可以看出，高锰酸钾溶液对波长为 525 nm 的绿色光吸收最大，即 $\lambda_{max}=525$ nm，而对紫色和红色光吸收很少，所以溶液呈现紫红色。从图中还可以看出，改变溶液的浓度(浓度由大到小，曲线波峰由高到低)，光吸收曲线的形状和最大吸收波长不变，只是吸光度的大小发生了变化。

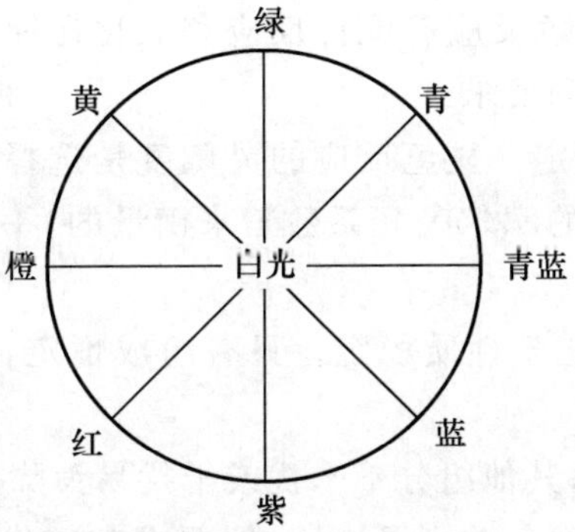

图 3-1 互补光示意图

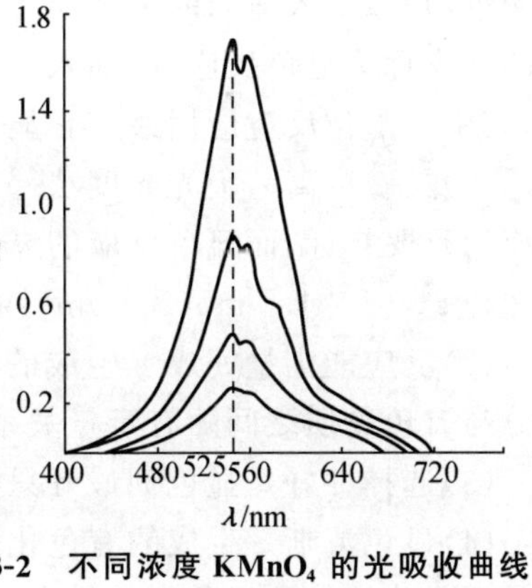

图 3-2 不同浓度 $KMnO_4$ 的光吸收曲线

(二)朗伯-比耳定律

当一束平行的单色光照射到有色溶液时，光的一部分被吸收，一部分透过溶液。设入射光的强度为 I_0，透过光的强度为 I_t，溶液浓度为 c，液层厚度为 b。实验证明，它们之间存在着如下关系：

$$\lg\frac{I_0}{I_t}=kcb \tag{3-1}$$

I_t/I_0 表示光线透过溶液的程度，称为透光度或透光率，用符号 T 表示。显然，溶液透光率越大，对光的吸收越小。

透光度 T 倒数的对数值，称为吸光度，用符号 A 表示。

$$A=\lg\frac{1}{T}=\lg\frac{I_0}{I_t}=kcb \tag{3-2}$$

式(3-2)表明，当一束平行的单色光通过均匀溶液时，溶液对光的吸收程度与溶液的浓度和液层厚度的乘积成正比。这一结论就是光吸收的基本定律，称为朗伯-比耳定律，它为比色法和分光光度法奠定了理论基础。

式(3-2)也称为比色公式。在公式中 k 是比例常数，数值随 b、c 所用单位的不同而异，它与入射光波长、溶液的性质和温度等因素有关。若溶液的浓度以 $mol \cdot L^{-1}$ 表示，液层厚度以 cm 表示，则此常数称为摩尔吸光系数，用 ε 表示，其单位为 $L \cdot mol^{-1} \cdot cm^{-1}$，则式(3-2)变为：

$$A=\varepsilon bc$$

摩尔吸光系数的物理意义是：当有色溶液的浓度是 1 $mol \cdot L^{-1}$，液层厚度为 1 cm 时溶液的吸光度。它反映了有色溶液对某特定波长的光的吸收能力。它是各种物质在入射光为一定波长时的特征常数。ε 值越大，表示该物质对这一波长光的吸收能力越强，光度分析的灵敏度越高。

(三)显色反应和显色剂

1. 显色反应

有色物质本身具有明显的颜色，可直接用于光度分析，但如果被测组分的颜色很浅或没有颜色，则需加入适当的试剂使之生成有色物质，这种加入某种试剂使被测组分变成有色物质的反应称为显色反应，所加入的试剂称为显色剂。显色反应有配位反应和氧化还原反应等，其中以配位反应应用最广。显色反应一般应满足下列要求：

(1)灵敏度高　吸光光度法一般用于微量组分的测定。显色反应的灵敏度是选择显色反应的重要指标，而显色反应的灵敏度是用有色化合物的摩尔吸光系数 ε 来衡量的，一般要求选择 $\varepsilon \geqslant 10^4\ L \cdot mol^{-1} \cdot cm^{-1}$ 的显色反应。

(2)反应能定量完成　生成的有色物质组成恒定，化学性质稳定。只有组成恒定，被测组分与有色物质之间才有定量关系。

(3)选择性好　显色剂最好只与待测离子发生反应，其他组分不干扰或干扰易消除。

(4)显色清晰　生成的有色化合物与显色剂之间的颜色差别要大，一般要求有色化合物的最大吸收波长和显色剂的最大吸收波长之差，大于 60 nm。

2. 显色剂

显色剂分为无机显色剂和有机显色剂。应用于光度分析的无机显色剂较少，目前应用较多的主要有硫氰酸盐、钼酸铵和过氧化氢等。有机显色剂能与金属离子反应，生成非常稳定的有色金属螯合物，因此，在吸光光度分析中得到了广泛应用。

在实际应用中，能够完全满足要求的显色反应是比较少的。因此，在初步选定显色反应之后，要认真细致地研究影响显色反应的各种因素，找出显色反应的最佳条件。显色剂用量、溶液的酸度、显色时间、显色温度、显色反应的溶剂及共存离子等因素都影响显色反应的灵敏度。因此，在分析测定中，必须严格按照分析方法中要求的条件进行操作。

二、吸光光度分析测量条件的选择

在光度分析中，为了减小误差，使分析测定有较高的灵敏度和准确度，除了注意选择和控制适当的显色条件外，还要注意选择适当的光度测量条件。光度测量条件的选择，可以从以下几个方面考虑：

(一)选择合适波长的入射光

为使测定有较高的灵敏度，一般情况下入射光的波长应根据吸收曲线，选择被测溶液有最大吸收的单色光，即入射光的波长应为λ_{max}，因为在λ_{max}处，摩尔吸光系数ε最大，测定灵敏度较高，测定结果较为准确。如果最大吸收波长不在仪器可测波长范围之内，或干扰物质在此波长处有较大吸收，则应选用灵敏度较低并能避免干扰的单色光作为入射光。如果试液中含有最大吸收波长不同的多种组分，可以不经分离，通过改变最大吸收波长进行连续测定。但要注意：被测的组分必须互相不起化学反应；每一组分必须在某一波长范围内遵循朗伯-比耳定律；在任一波长，溶液的吸光度为各组分吸光度之和。

(二)控制吸光度的读数范围

从光度测量误差考虑，为了使测定有较高的准确度，减少读数误差，被测物质的吸光度应控制在0.2～0.8的范围内，为此可采取以下措施：

(1)通过控制试样的称取量或采用萃取、富集等手段，控制标准溶液和被测试液的浓度，从而调节吸光度的大小。

(2)通过改变比色皿的厚度，调节溶液吸光度的大小。

(三)选择合适的参比溶液

参比溶液的作用是调节仪器工作的零点。另外，选择合适的参比溶液可以消除由于比色皿、溶剂及试剂对入射光的反射和吸收等带来的误差。参比溶液的选择是光度测量的重要条件之一。选择适当参比溶液的原则是：

(1)当被测试液、显色剂及所用其他试剂均无颜色，即它们在测定波长处都无吸收时，可用蒸馏水作参比溶液。

(2)如果显色剂有颜色而被测试液无色时，可用不加被测试液的显色剂溶液作参比溶液。

(3)如果显色剂无色，而被测试液中存在其他有色离子，可用不加显色剂的被测试液作参比溶液。

(4)如果显色剂和被测试液均有颜色，可将一份试液加入适当的掩蔽剂，将被测组分掩蔽起来，使之不再与显色剂作用，而显色剂和其他试剂均按操作步骤加入，以此作为参比溶液，可以消除显色剂和一些共存组分的干扰。

总之，要求测量时选用的参比溶液，能尽量使测得试液的吸光度真正反映待测物质的浓度。

三、吸光光度分析的方法

(一)目视比色法

用眼睛观察比较被测溶液和标准溶液颜色的深浅，以确定被测物质含量的方法称为目视比色法。

1. 目视比色法的原理

人的眼睛不能直接测量有色溶液的吸光度，只能比较两个同色溶液的颜色深浅，即透过光的强度。设入射光的强度为 I_0，透过标准溶液和被测溶液后的光强度分别为 $I_{标}$ 和 $I_{试}$，根据朗伯-比耳定律可得：

$$\lg \frac{I_0}{I_{标}} = k_{标} \cdot c_{标} \cdot b_{标}$$

$$\lg \frac{I_0}{I_{试}} = k_{试} \cdot c_{试} \cdot b_{试}$$

当溶液颜色深浅相同时，$I_{标} = I_{试}$，则：

$$k_{标} \cdot c_{标} \cdot b_{标} = k_{试} \cdot c_{试} \cdot b_{试}$$

因同种有色溶液和同种入射光的 $k_{标} = k_{试}$，液层厚度相同，即 $b_{标} = b_{试}$，所以有：$c_{标} = c_{试}$。

2. 目视比色法的方法

常用的目视比色法是标准系列法。这种方法是用一套同种材料制成的、形状大小完全相同的奈氏比色管(容量有 10 mL、25 mL、50 mL、100 mL 等数种)，将一系列不同量的标准溶液依次加入各比色管中，再分别加入相同体积的显色剂和其他试剂，然后稀释至同一刻度，这样便配制成一套颜色由浅到深的标准色阶。另取一支相同的比色管，加入一定量的被测溶液，在同样条件下显色，并稀释至刻度，从管口垂直向下观察，比较被测溶液与标准色阶的颜色。若被测溶液与标准色阶中某一溶液的颜色深度相同，说明两者浓度相同；若被测溶液颜色介于标准色阶中某两个标准溶液之间，则被测溶液的浓度介于两标准溶液之间，可取两标准溶液浓度的平均值作为被测组分的浓度。

3. 目视比色法的优缺点

目视比色法仪器设备简单，操作简便，适宜于大批试样分析，测定灵敏度相对较高，由于比色管中液层较厚，对于颜色较浅的有色溶液也可进行测定，而且可在自然光(复合光)条件下进行测定，可以测定不符合朗伯-比耳定律的有色溶液，这些都是本方法的优点。其缺点是用眼睛观察颜色，主观误差较大，因而准确度不高，相对误差可达 5%～20%。另外，配制标准溶液比较费时，有些有色溶液的颜色不能持久保持，常需临时配制。

(二)分光光度法

1. 分光光度法的特点

分光光度法是用棱镜或光栅作为分光器，并用狭缝分出波长范围很窄的一束光，通过有色溶液后，测量透过光的强度，以求出被测物质含量的方法。由于分光光度法通过溶液的光束接近单色，杂光减少，因此，分光光度法具有较高的测定灵敏度和准确度。分光光度法还可以在一个试样中同时测定两种以上组分，而不需要分离。

2. 测定方法

(1)工作曲线法　又称标准曲线法。它需要配制一系列浓度不同的标准溶液，在一定条件下显色。然后使用相同厚度的比色皿，在一定波长下测定各标准溶液的吸光度。以吸光度 A 为纵坐标，浓度 c 为横坐标作图绘出“工作曲线”。若有色溶液遵守朗伯-比耳定律，工作曲线应为一条过原点的直线。再用相同方法，在相同条件下配制待测溶液，并测出其吸光度 A_x，根据 A_x 可在工作曲线上查出待测液的浓度 c_x。

标准曲线法适于批量试样的分析。

(2)标准比较法　用此法测定时，首先需配制合适浓度的标准溶液(c_s)和待测溶液(c_x)，在相同条件下显色并且测定两溶液的吸光度 A_s 和 A_x。由于是同种物质的溶液，据朗伯-比耳定律可得：

$$\frac{A_x}{A_s}=\frac{c_x}{c_s}$$

$$c_x=\frac{A_x}{A_s}c_s$$

用比较法测定时，所用标准溶液的浓度应接近待测溶液的浓度，否则可能产生较大误差。

四、吸光光度法的应用

(一)铵的测定

微量铵的测定常采用标准系列法。NH_4^+ 与奈氏试剂(K_2HgI_4的强碱性溶液)作用，生成棕黄色的胶体溶液，反应为：

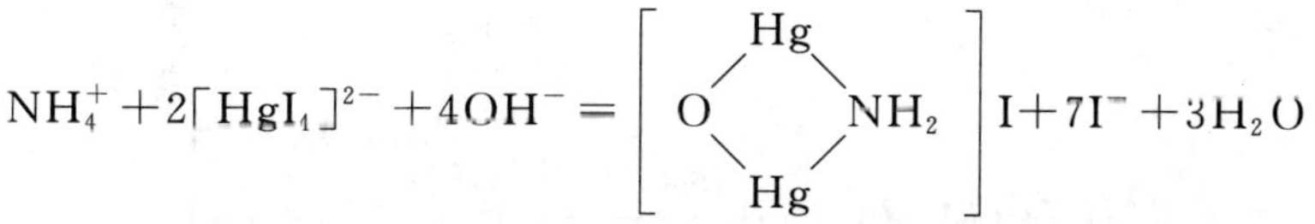

溶液颜色深浅与 NH_4^+ 的浓度成正比。

根据上述原理，测定时先制备标准色阶，同时在相同条件下使 NH_4^+ 的试样溶液显色，然后在比色管中比色测定。

在进行测定时，所用的蒸馏水应加入碱和高锰酸钾进行重蒸馏，以除去蒸馏水中的微量铵。如果有 Ca^{2+}、Mg^{2+} 等存在，对测定有干扰，可加入酒石酸盐进行掩蔽。另外，还应加入阿拉伯胶保护胶体，使胶体溶液稳定。

(二)铁的测定

微量铁的测定根据所用显色剂的不同，有邻二氮菲法、磺基水杨酸法、硫氰酸盐法等。目前最常用的是邻二氮菲法。此法准确度高，重现性好，Fe^{2+} 与邻二氮菲生成稳定的橘红色配合物，其显色反应为：

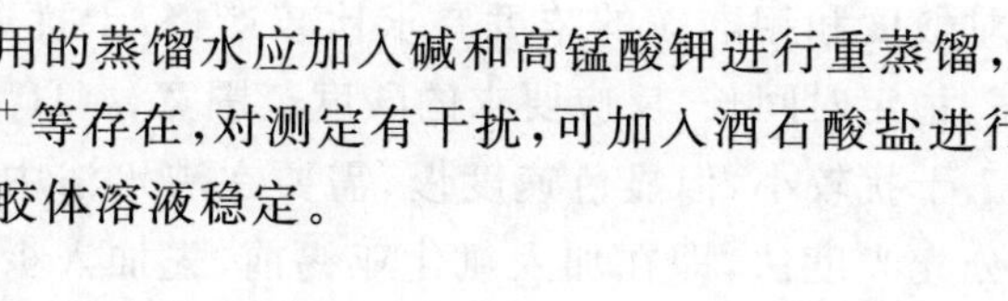

生成配合物的摩尔吸光系数 ε 为 $1.1\times10^4\ L\cdot mol^{-1}\cdot cm^{-1}$。pH 在 2～9 都能显色，且颜色

深度与溶液酸度无关。为了减小其他离子的影响,通常显色反应在微酸性(pH=5)溶液中进行。Fe^{3+} 也能与邻二氮菲反应生成淡蓝色配合物,若铁以 Fe^{3+} 形式存在,则可预先用盐酸羟胺(或对苯二酚)将其还原,其反应为:

$$2Fe^{3+}+2NH_2OH\cdot HCl=2Fe^{2+}+N_2\uparrow+2H_2O+4H^{+}+2Cl^{-}$$

利用上述显色反应在完全相同的条件下使 Fe^{2+} 的标准溶液和待测溶液显色,然后用分光光度计在 508 nm 波长下测其吸光度,绘制工作曲线,求出待测试液中铁的含量。该法选择性很高,相当于铁含量 40 倍的 Sn^{2+}、Al^{3+}、Ca^{2+}、Mg^{2+}、Zn^{2+}、SiO_3^{2-},20 倍的 Cr^{3+}、Mn^{2+}、PO_4^{3-},5 倍的 Co^{2+}、Cu^{2+} 均不干扰测定。

(三)磷的测定

利用吸光光度分析法,使用 721 型或 722 型分光光度计可以测定样品中磷含量,如植株中全磷、土壤速效磷、血清中无机磷、饲料中总磷量的测定,食品加工中品质改良剂——焦磷酸盐、总磷酸盐、游离磷酸盐和结合磷的测定也可以采用吸光光度分析法。

微量磷的测定一般采用钼蓝法。在酸性溶液中,磷酸盐与钼酸铵作用生成黄色磷钼酸,其反应为:

$$PO_4^{3-}+12MoO_4^{2-}+27H^{+}\rightleftharpoons H_7[P(Mo_2O_7)_6](\text{黄})+10H_2O$$

在一定酸度下,加入适量的还原剂将磷钼酸还原为磷钼蓝,使溶液呈深蓝色。蓝色的深浅与磷的含量成正比。

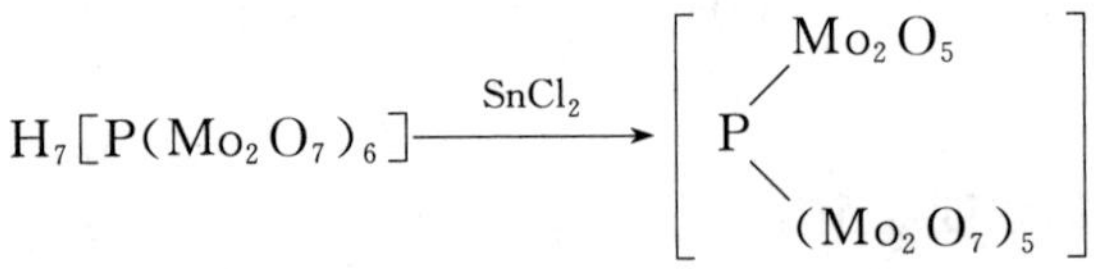

磷钼蓝法所用的还原剂为氯化亚锡或抗坏血酸。用 $SnCl_2$ 作还原剂,反应灵敏度高、显色快,但蓝色显色时间短,对酸度和钼酸铵的浓度要求比较严格,干扰离子较多。用抗坏血酸作还原剂,反应灵敏度高、稳定时间长,反应要求的酸度范围宽,$c(H^{+})$ 为 0.48~1.44 $mol\cdot L^{-1}$,Fe^{3+}、AsO_4^{3-}、SiO_3^{2-} 干扰较小,但显色速度慢,需要在沸水浴中加热。实际测定时,也常用抗坏血酸氯化亚锡分光光度法,即在加入氯化亚锡前,先加入少量抗坏血酸,这样不但可以消除大量 Fe^{3+} 的干扰,增加磷钼蓝的稳定性,而且能使显色在室温下进行,简化操作手续。磷的含量为 0.05~2.0 $mg\cdot kg^{-1}$ 时,符合朗伯-比耳定律,生成的磷钼蓝在 650 nm 波长下有最大吸收,故可在此波长下测定其吸光度。

★ 实验操作

一、吸光光度法测磷

(一)实验仪器

721 型(或 722 型)分光光度计,容量瓶(50 mL),吸量管(5 mL、10 mL)。

(二)药品与试剂

$(NH_4)_2MoO_4$-H_2SO_4混合液[1]，$SnCl_2$-甘油溶液[2]，磷标准溶液(5 mol·L^{-1})。

(三)操作步骤

1. 工作曲线的绘制

分别取0.00 mL、2.00 mL、4.00 mL、6.00 mL、8.00 mL、10.00 mL 5 mol·L^{-1}磷标准溶液于编号后的6个50 mL容量瓶中，分别加入适量蒸馏水。然后再加入2.50 mL $(NH_4)_2MoO_4$-H_2SO_4混合试剂，摇匀。然后各加入4滴$SnCl_2$-甘油溶液，用H_2O稀释至刻度，充分摇匀，静置10～12 min。

于690 nm波长处，用1.5 cm比色皿以空白溶液作参比，调节分光光度计的透光度为100%(吸光度为0)，测定各标准溶液的吸光度。

以吸光度A为纵坐标，磷的质量浓度ρ(P)为横坐标，绘制工作曲线。

2. 试液中磷含量的测定

取10.00 mL试液于50 mL容量瓶中，与标准溶液相同条件下显色，并测定其吸光度。从工作曲线上查出相应磷的含量，并计算原试液的质量浓度(mg·L^{-1})。

1、2步骤可按下表顺序同时进行。

步　骤	1	2	3	4	5	6	7
加入磷标准溶液体积/mL	0.00	2.00	4.00	6.00	8.00	10.00	0.00
加入磷试液体积/mL	0.00	0.00	0.00	0.00	0.00	0.00	10.00
加入蒸馏水体积/mL	25	23	21	19	17	15	15
加入$(NH_4)_2MoO_4$-H_2SO_4体积/mL	2.50	2.50	2.50	2.50	2.50	2.50	2.50
摇匀后加$SnCl_2$-甘油溶液滴数	4	4	4	4	4	4	4
以下步骤	定容，摇匀，静置10～12 min，测定						

(四)数据处理

数值量	标1	标2	标3	标4	标5	标6	试样
ρ(P)/(mg·L^{-1})							
吸光度(A)							

注释：

[1] $(NH_4)_2MoO_4$-H_2SO_4混合液：溶解25 g $(NH_4)_2MoO_4$于200 mL H_2O中，加入冷却的280 mL浓H_2SO_4和400 mL H_2O相混合的溶液中，并稀释到1 L。

[2] $SnCl_2$-甘油溶液：将2.5 g $SnCl_2\cdot 2H_2O$溶于100 mL甘油中，溶液可稳定数周。

二、邻二氮菲光度法测定铁

(一)实验仪器

721型或722型分光光度计，容量瓶(50 mL)，移液管(10 mL)，吸量管(5 mL)。

(二)药品与试剂

(1)100 $\mu g \cdot mL^{-1}$ 铁标准溶液:准确称取 0.863 4 g 铁盐 $NH_4Fe(SO_4)_2 \cdot 12H_2O$ 置于烧杯中,加入 20 mL 6 $mol \cdot L^{-1}$ HCl 和少量水,溶解后,定量转移入 1 L 容量瓶中,加水稀释至刻度,充分摇匀。

(2)10 $\mu g \cdot mL^{-1}$ 铁标准溶液:用移液管移取上述铁标准溶液 10.00 mL,置于 100 mL 容量瓶中,加 2.0 mL 6 $mol \cdot L^{-1}$ HCl ,然后加水稀释至刻度,充分摇匀。

(3)10% 盐酸羟胺溶液(新配制)。

(4)0.1%邻二氮菲溶液(新配制)。

(5)HAc-NaAc 缓冲溶液(pH≈5.0):称取 136 g NaAc,加水使之溶解,在其中加入 120 mL 冰醋酸,加水稀释至 500 mL。

(三)操作步骤

1.溶液的配制

取 2 个 50 mL 容量瓶分别标为 0 号和 1 号,用吸量管吸取铁标准溶液(10 $\mu g \cdot mL^{-1}$)8.00 mL 放入 1 号容量瓶中,再向 2 个容量瓶中分别依次加入 1.00 mL 10%盐酸羟胺溶液、5.00 mL HAc-NaAc 缓冲溶液和 2.00 mL 0.1%邻二氮菲溶液,加蒸馏水稀释至刻度,充分摇匀,放置 5 min。

2.邻二氮菲-Fe^{2+} 吸收曲线的绘制

用 3 cm 比色皿,以 0 号溶液为参比液,利用 721 型分光光度计,在 440~560 nm 波长范围内分别测定 1 号溶液的吸光度值。在临近最大吸收波长附近应间隔波长 5~10 nm 测其 A 值,其他各处可间隔波长 20~40 nm 测其 A 值。然后以波长为横坐标,所测 A 值为纵坐标,绘制出吸收曲线,并找出最大吸收峰的波长,以 λ_{max} 表示。

3.标准曲线的绘制

用吸量管分别移取铁标准溶液 0.00 mL、1.00 mL、2.00 mL、4.00 mL、6.00 mL、8.00 mL、10.00 mL(10 $\mu g \cdot mL^{-1}$)分别放入 7 个 50 mL 容量瓶中,分别依次加入 1.00 mL 10%盐酸羟胺溶液、5.00 mL HAc-NaAc 缓冲溶液及 2.00 mL 0.1%邻二氮菲溶液,加水稀释至刻度,充分摇匀。放置 5 min 后,用 3 cm 比色皿,以不加铁标准溶液的为参比液,选择 λ_{max} 为测定波长,测其 A 值。以铁含量为横坐标,A 值为纵坐标,绘制标准曲线。

4.试样分析

(1)试样分析　取 3 支 50 mL 容量瓶,分别加入 5.00 mL(或 10 mL,铁含量以在标准曲线范围内为合适)未知试样溶液,按操作步骤 2 的方法显色后,在 λ_{max} 处,用 3 cm 比色皿,以试剂为参比液,平行测定 A 值,求其平均值,在标准曲线上查出铁的含量。

(2)石灰石中微量铁的测定　准确称取试样 0.4~0.5 g(如铁含量较高,则适当减少称样量)于小烧杯中,滴加少量水使之润湿,盖上表面皿,滴加 3 $mol \cdot L^{-1}$ HCl 溶液至试样溶解,将溶液定量转入 50 mL 容量瓶中,用少量水淋洗表面皿及烧杯,一并转入容量瓶中。然后依次加入 1.00 mL 10%盐酸羟胺溶液、5.00 mL HAc-NaAc 缓冲溶液、2.00 mL 0.1%邻二氮菲溶液,加水稀释至刻度,摇匀,放置 5 min。按操作步骤 2,测定 A 值。从标准曲线上查出铁含量，计算试样中铁的含量。

★ 思考练习题

一、简答题

1. 试述吸光光度分析法的基本原理。

2. 摩尔吸光系数的物理意义是什么？它在光度分析中有什么意义？

3. 参比溶液的作用是什么？如何选择参比溶液？

4. 测定吸光度时，应根据什么原则选择某一厚度的比色皿？

5. 在“吸光光度法测磷”的实验中空白溶液中为何要加入同标准溶液及未知溶液同样量的$(NH_4)_2MoO_4$-H_2SO_4和$SnCl_2$-甘油溶液？$(NH_4)_2MoO_4$显色剂的用量对测定结果是否有影响？

6. 邻二氮菲与铁的显色反应，主要条件有哪些？为何要加入盐酸羟胺溶液？

7. 在制作光的吸收曲线选择最大吸收波长时，为何每换一次波长就需要用参比液调一次透光率为“0”和“100%”？

二、计算题

1. 高锰酸钾溶液浓度为5.0×10^{-5} mol·L^{-1}，在波长520 nm处，用2.0 cm的比色皿测其吸光度为0.224，试计算其吸光系数和摩尔吸光系数。

2. 一有色溶液的摩尔吸光系数为1.1×10^{4} L·mol^{-1}·cm^{-1}，当此溶液的浓度为3.00×10^{-5} mol·L^{-1}，液层厚度为0.5 cm时，求A和T。

3. 有一标准Fe^{3+}溶液的浓度为6.00 mg·L^{-1}，其吸光度为0.304，有一Fe^{3+}试液，在同一条件下测得的吸光度为0.510，求Fe^{3+}试液中铁的含量(mg·L^{-1})。

4. 测定土壤磷的含量时，进行下列实验：

①称取1.00 g土壤，经消化处理后定容为100 mL。然后吸取10.00 mL提取液，在50 mL容量瓶中显色定容。

②标准磷溶液的浓度为10 mg·kg^{-1}，吸取4.00 mL此标准溶液于50 mL容量瓶中显色定容。

③用分光光度计测得标准溶液的吸光度为0.125，土壤试液的吸光度为0.250。

求该土壤中磷的含量。

自测练习

模块四

有机化合物官能团的鉴定

学习目标

1. 掌握有机物的特点及分类，认识常见的官能团。
2. 掌握各类有机物的主要化学性质，能够鉴别不同的有机物官能团。
3. 掌握与专业相关的各类有机物代表物的用途。

单元一　烃与烃的衍生物

★ 理论知识

课程 PPT

一、有机化合物概述

有机化合物简称有机物。有机物广泛存在于自然界，和人类的关系非常密切，人类的生产、生活、科学研究都离不开有机物。从化学组成上看，有机物分子中都含有碳元素，绝大多数含有氢元素，许多有机物分子中还常含有氧、氮、硫、磷或卤素等其他元素。因此，有机化合物比较确切的定义为碳氢化合物及其衍生物。

动植物的生长发育离不开有机物。首先，组成生物体的物质绝大部分是有机物，它们在生物体内有着各种不同的功能。例如，构成动植物结构组织的蛋白质与纤维素，植物及动物体中贮藏的养分——淀粉与糖原，花或水果的香气，昆虫之间传递信息的物质，等等。其次，生物的生长过程实际上是无数有机分子的合成与分解的过程，这些化学变化与实验室中进行的有机反应具有一定的相似性，所不同的是生物体内的这些化学反应是在酶的催化下进行的。

有机物与农业生产及人民生活密切相关。例如临床医学上使用的中、西药，食品加工业上使用的香料、食品添加剂、防腐剂等都是有机化合物。

因此，有机化学是学习畜牧兽医类专业知识的基础，掌握有机化学的基本理论、基本知识及基本实验技能具有重要意义。

(一)有机物的特点

1.结构上的特点

有机物分子中，碳原子以 4 个价键与其他原子相连。碳原子之间可以通过单键、双键或三键等不同方式结合形成碳链或碳环，碳原子也可以与其他元素原子结合形成各类衍生物。

2.性质上的特点

大多数有机物在常温下是液体或固体，但有机物的熔点与无机物相比要低，一般小于 500 ℃，沸点也较低；有机物大多难溶于水，而易溶于乙醇、乙醚、氯仿和苯等有机溶剂；大多数有机物都可以燃烧；有机物之间的化学反应速率较慢，通常需要采取加热、加催化剂、光照等手段来加速反应；大多数有机化学反应不是单一的反应，反应复杂且副反应多，可以得到几种产物。

(二)有机物的分类

有机物的数量众多，结构复杂，为了便于学习和研究，常根据有机物的结构特点和性质特点进行分类，一般的分类方法有两种。

1.按碳架分类

(1)开链化合物　也称脂肪族化合物。这类化合物中的碳架呈直链，或带有支链的开链。例如：

$CH_3—CH_2—CH_2—CH_2—CH_3$

戊烷

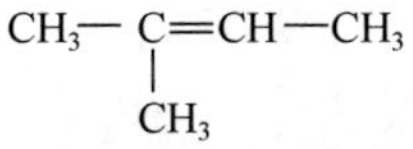

2-甲基-2-丁烯

$CH_3—CH_2—CH_2—OH$

1-丙醇

(2)碳环化合物　这类化合物分子中含有完全由碳原子组成的环。碳环化合物又可分为脂环族化合物和芳香族化合物两类。

①脂环族化合物　性质与脂肪族化合物相似的碳环化合物。例如：

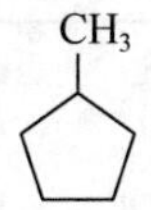

甲基环戊烷

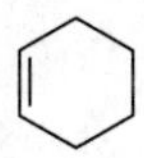

环己烯

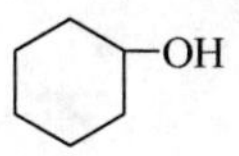

环己醇

②芳香族化合物　是指具有特殊结构和性质的一类碳环化合物，分子中通常含有一个或多个苯环。例如：

苯

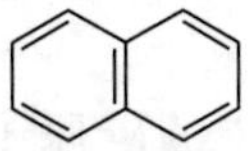

萘

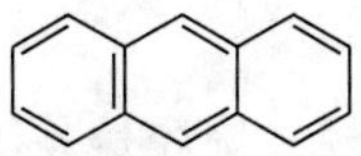

蒽

(3)杂环化合物　这类化合物分子中的环是由碳原子和其他元素的原子组成的。例如：

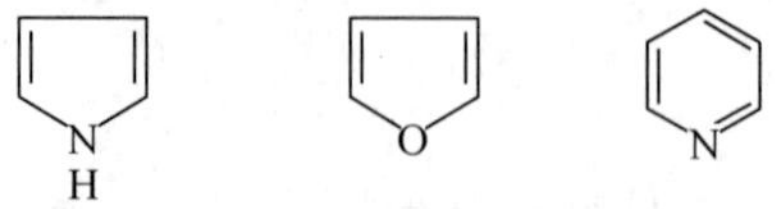

吡咯　　呋喃　　吡啶

2.按官能团分类

官能团是指决定一类有机物主要化学性质的原子或原子团。几类比较重要的化合物和它们所含的官能团见表4-1。

表4-1　有机化合物及其官能团

化合物类别	官能团名称	官能团结构	化合物举例
烯烃	碳碳双键	$>C=C<$	$H_2C=CH_2$
卤代烃	卤素	—X	CH_3Cl
醇或酚	羟基	—OH	CH_3CH_2OH、C_6H_5OH
醚	醚键	—C—O—C—	$CH_3CH_2—O—CH_2CH_3$
醛	醛基	—C(=O)—H	$CH_3—C(=O)—H$
酮	酮基	—C(=O)—	$CH_3—C(=O)—CH_3$
羧酸	羧基	—C(=O)—OH	$CH_3—C(=O)—OH$
酯	酯基	—C(=O)—O—R	$CH_3—C(=O)—O—CH_3$

二、烃

烃是由碳、氢两种元素形成的有机物。根据碳架的不同，可以把烃分为开链烃和环烃两大类。开链烃是指分子中的碳原子相连成链状而形成的化合物，开链烃也叫脂肪烃。根据分子中碳原子间的结合方式，又可分为饱和烃和不饱和烃。

(一)烷烃

开链的饱和烃叫作烷烃。烷烃是分子中的碳原子间以单键相连，其余的价键与氢原子结合而成的化合物，其通式为 C_nH_{2n+2}。例如：

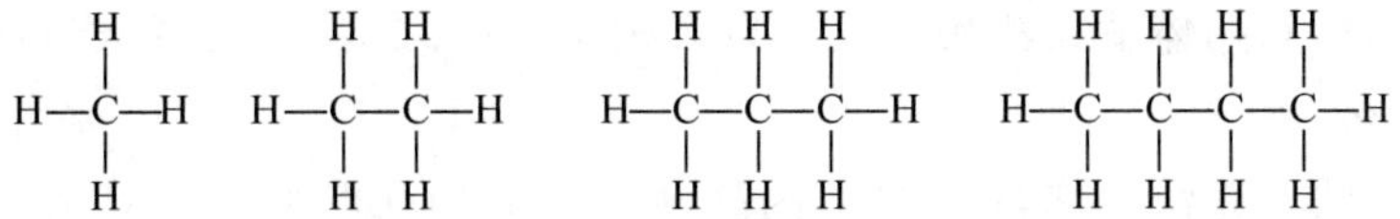

甲烷(CH_4)　乙烷(C_2H_6)　丙烷(C_3H_8)　丁烷(C_4H_{10})

1. 同系列和同分异构

(1)同系列　上面列出的 4 种化合物具有一个通式,结构相似,在组成上相差一个或 n 个 CH_4,这些化合物组成了一个系列,叫作同系列。同系列中的各化合物互称为同系物。

(2)同分异构　甲烷、乙烷、丙烷都只有一种结构,而丁烷有两种结构,分别叫作正丁烷和异丁烷。前者是直链的化合物,后者则带有支链。

有机化合物具有相同的分子式,但具有不同结构的现象,叫作同分异构现象。这些化合物之间互称为同分异构体。有机化合物的异构现象有多种形式,总的来说分为构造异构和立体异构两大类。由于原子的连接次序不同而产生的异构叫作构造异构,构造异构包括碳链异构、官能团异构以及官能团的位置异构。例如,正丁烷与异丁烷属于碳链异构。

随着烷烃分子中碳原子数目的增加,异构体的数目也随之增多。有机化合物的种类繁多,其原因之一就是同分异构现象。例如,戊烷有 3 种同分异构体。

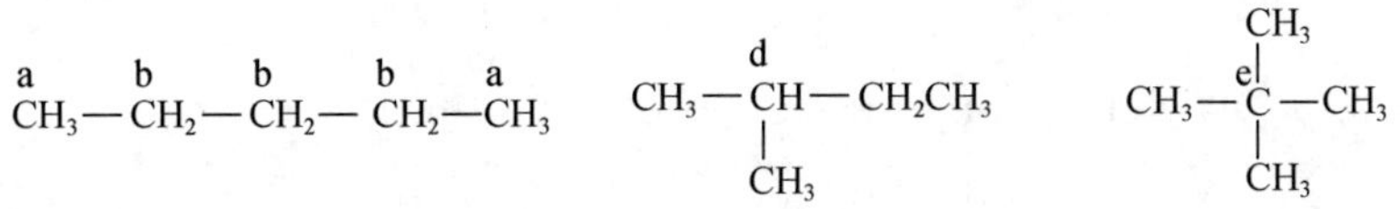

戊烷(正戊烷)　2−甲基丁烷(异戊烷)　2,2−甲基丙烷(新戊烷)

在上述几个结构式中,用 a、b、d、e 标记的碳原子是有区别的。以 a 标记的碳原子,只与 1 个碳原子直接相连,其他 3 个键都与氢原子结合,这种碳原子叫一级(1°)碳原子或伯碳原子;以 b 标记的碳原子,则与 2 个碳原子直接相连,叫二级(2°)碳原子或仲碳原子;以 d 标记的碳原子,与 3 个碳原子直接相连,叫三级(3°)碳原子或叔碳原子;以 e 标记的碳原子则是与 4 个碳原子直接相连,叫四级(4°)碳原子或季碳原子。与伯、仲、叔碳原子相连的氢原子,相应地称为伯氢、仲氢和叔氢,不同级别氢原子的化学活性不同。

从烷烃分子中去掉一个氢原子后所余下的部分叫烷基,常用 R—表示。例如,CH_3—叫甲基,CH_3CH_2—叫乙基等。

2. 命名

(1)普通命名法　根据分子中的碳原子数目,称为某烷。当碳原子数目为 1～10 个时,用甲、乙、丙、丁、戊、己、庚、辛、壬、癸来表示,超过 10 个碳原子时,就用十一、十二、十三等汉字数字表示。为了区分同分异构体,用“正”字表示不含支链的化合物,用“异”字表示在碳链一端的第二位碳原子上带有一个—CH_3 的化合物,而在链的一端第二位碳原子上连有两个—CH_3 时,则用“新”字表示。如戊烷的 3 种同分异构体分别叫作正戊烷、异戊烷和新戊烷。

“正”“异”这两个冠字较常用,而“新”字仅适用于新戊烷和新己烷。烷烃分子中碳原子数目再多时，有许多异构体就无法用字首加以区别了。因此，普通命名法只适用于结构比较简单的烷烃的命名。

（2）系统命名法　系统命名法是根据国际纯粹与应用化学联合会（International Union of Pure and Applied Chemistry，IUPAC）制定的命名原则，结合我国文字特点而制定的命名方法。

直链烷烃的系统命名法与普通命名法相同，但不加“正”字。带有支链的烷烃则按以下原则命名：

①选择主链。在分子中选择一条最长的碳链作主链，根据主链所含有的碳原子数叫作某烷。将主链以外的支链看作取代基。当有几条相同长度的碳链可供选择时，应选择支链较多的碳链作为主链。

②给主链碳原子编号。从距离支链最近的一端开始用阿拉伯数字给主链上的碳原子编号，以确定取代基的位置。

③写名称。将取代基的位置和名称写在母体名称的前面，取代基的位置和名称之间用一短线相连。当有两个或多个取代基时，如果取代基不同，按“次序规则”将“较优”基团列在后面；如果取代基相同，要把定位数字用逗号隔开，并把取代基的数目合并起来用二、三等汉字数字表示，阿拉伯数字与汉字数字之间必须用短线分开。

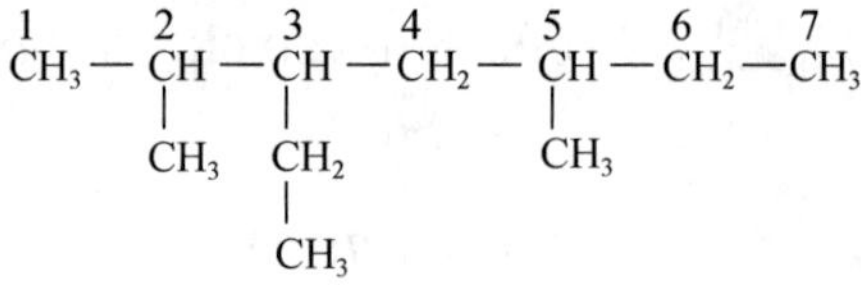

2,5-二甲基-3-乙基庚烷

根据“次序规则”排列较优基团的方法：

①将各取代基中与母体相连的原子按原子序数大小排列，原子序数大的为较优基团，如O>C>H。

②当各取代基中与母体相连的第一个原子相同时，则比较与该第一个原子相连的第二个原子，仍按原子序数排列，若第二个原子也相同，则比较第三个原子，依此类推。如甲基和乙基，与主链相连的第一个原子都是碳，则比较与第一个碳原子相连的其他原子的原子序数，在甲基中与碳相连的分别是 H、H、H，而在乙基中与碳相连的分别是 C、H、H。碳的原子序数大于氢，所以与甲基相比，乙基为“较优”基团。

3. 物理性质

纯物质的物理性质在一定条件下都有固定的数值，所以也常把这些数值称作物理常数。从表 4-2 列出的某些直链烷烃的物理常数中，可以看出烷烃的物理性质随着相对分子质量的增加而呈现出一定的递变规律。

表 4-2　某些直链烷烃的物理常数

结构式	名称	沸点/℃	熔点/℃	相对密度*
CH_4	甲烷	−161.4	−182.6	0.466(−161.4 ℃)
CH_3CH_3	乙烷	−88	−172	0.572(−100 ℃)
$CH_3CH_2CH_3$	丙烷	−42.1	−187.7	0.585 3
$CH_3CH_2CH_2CH_3$	丁烷	−0.5	−138.4	0.578 8
$CH_3(CH_2)_3CH_3$	戊烷	36.1	−130	0.626 2
$CH_3(CH_2)_4CH_3$	己烷	69	−95	0.660 3
$CH_3(CH_2)_5CH_3$	庚烷	98.4	−90.6	0.683 7
$CH_3(CH_2)_6CH_3$	辛烷	125.7	−56.8	0.702 5
$CH_3(CH_2)_7CH_3$	壬烷	150.8	−51	0.717 6
$CH_3(CH_2)_8CH_3$	癸烷	174.1	−29.7	0.730 0
$CH_3(CH_2)_9CH_3$	十一烷	196	−25.6	0.740 2
$CH_3(CH_2)_{10}CH_3$	十二烷	216.3	−9.6	0.748 7
$CH_3(CH_2)_{14}CH_3$	十六烷	287	18.2	0.773 3
$CH_3(CH_2)_{15}CH_3$	十七烷	301.8	22	0.778 0
$CH_3(CH_2)_{16}CH_3$	十八烷	316.1	28.2	0.776 8
$CH_3(CH_2)_{18}CH_3$	二十烷	340	36.8	0.788 6

* 除注明者外，其余物质的相对密度均为 20 ℃时的数据。

在常温常压(25 ℃，101.325 kPa)下，含 1～4 个碳原子的直链烷烃是气体，5～17 个碳原子的直链烷烃是液体，18 个碳原子以上的直链烷烃是固体。

直链烷烃的沸点随着相对分子质量的增加而升高。一方面，烷烃分子间存在着作用力，分子间作用力的大小与分子间的接触面积有关，分子越大，分子的表面积就越大，分子间接触的部分就越多，从而分子间的作用力也增强。另一方面，相对分子质量越大，使分子运动所需的能量也越高，所以沸点也随之增高。在同分异构体中，分支程度越高的，沸点越低。因为分支程度增高，则分子间的接触面积减小，从而分子间的作用力减小。这些规律也同样表现于其他系列的有机物中。

从丁烷开始，直链烷烃的熔点随相对分子质量的增加而升高，但偶数碳原子烷烃的熔点比奇数碳原子的烷烃升高得多。熔点的高低除与相对分子质量有关外，还与分子的对称性有关。偶数碳原子烷烃分子的对称性好，晶体中分子排列紧密，分子间作用力就大些，因此熔点高。

直链烷烃的相对密度随相对分子质量的增加逐渐增高，但都小于 1。烷烃不溶于水，而易溶于氯仿、乙醚、苯等有机溶剂。

4. 化学性质

烷烃的化学性质比较稳定，一般情况下，不与强酸、强碱、氧化剂等发生反应。但在一定条件下，例如在高温或有催化剂存在时，烷烃也可以和一些试剂作用。

(1)氧化反应　烷烃可以在氧气或空气中燃烧，生成二氧化碳和水，并放出大量的热量。因此，烷烃是重要的能源。

$$C_nH_{2n+2}+\frac{3n+1}{2}O_2\xrightarrow{\text{燃烧}}nCO_2+(n+1)H_2O+\text{能量}$$

低级烷烃(C_1～C_6)蒸气与空气混合至一定比例时，遇到明火或火花便燃烧而放出大量的热，使生成的 CO_2 及 H_2O 急剧膨胀而发生爆炸，这是煤矿中发生爆炸事故的原因。甲烷的爆炸极限是5.53%～14%。煤矿坑道必须保持良好的通风，家用煤气或沼气点火时也应该小心，防止发生爆炸事故。

(2)氯代反应　有机物分子里的某些原子或原子团被其他原子或原子团所代替的反应，叫作取代反应。取代反应是有机化学里的一种主要反应类型。烷烃分子中的氢原子被氯原子取代的反应，称为氯代反应。

在日光或紫外光照射或在高温条件下，烷烃能与氯发生取代反应。例如：

$$CH_4+Cl_2\xrightarrow{\text{光}}CH_3Cl+HCl$$

$$CH_3Cl+Cl_2\xrightarrow{\text{光}}CH_2Cl_2+HCl$$

$$CH_2Cl_2+Cl_2\xrightarrow{\text{光}}CHCl_3+HCl$$

$$CHCl_3+Cl_2\xrightarrow{\text{光}}CCl_4+HCl$$

反应中甲烷分子中的氢原子被逐步取代，直至生成 CCl_4。反应过程很难控制在某一步，反应产物是氯甲烷、二氯甲烷、三氯甲烷、四氯化碳等的混合物，工业上常用作溶剂。

对于同一烷烃，不同级别的氢原子被取代的难易程度是不同的。不同级别氢原子氯代反应活性次序为3°H＞2°H＞1°H。

5. 自然界中的烷烃

甲烷广泛存在于自然界，是天然气和沼气的主要成分。天然气是蕴藏在地层内的可燃气体，不同产地的天然气组分不同，但几乎都含有75%以上的甲烷，我国四川的天然气中甲烷的含量高达95%以上。

在农村利用秸秆、杂草、树叶和人畜粪便等，在适当的温度、湿度和酸度条件下，隔绝空气，经微生物发酵来制沼气，用以照明、烧水、做饭和发动机器等，而且发酵后的渣液是很好的有机肥料。因此，沼气对于解决农村能源问题，改善环境卫生，提高肥料质量等都有重要的意义。

某些昆虫分泌的信息素(即同种昆虫之间借以传递信息而分泌的有气味的化学物质)也是烷烃。例如，有一种蚁，它们分泌的传递警戒信息的物质中含有正十一烷及正十三烷。又如雌虎蛾引诱雄虎蛾的性信息素是2-甲基十七烷，通过人工合成这种昆虫性信息素，将雄虎蛾引至捕集器中而将它们杀死，是近年发展起来的第三代农药。这种防治方法不伤害天敌，不会像化学杀虫剂那样引起环境污染及抗药性，因此具有广阔的发展前景。

(二)烯烃

分子中含有碳碳双键(C═C)的烃，叫作烯烃，其中只含有一个碳碳双键的叫作单烯烃，通式为 C_nH_{2n}；含有两个碳碳双键的叫作二烯烃，通式为 C_nH_{2n-2}。碳碳双键是烯烃的官能团。

1. 单烯烃的命名和同分异构

(1)单烯烃的命名　烯烃的系统命名原则和烷烃基本相同。不同的是，必须选择含有双键的最长的碳链作为主链，根据主链上碳原子的数目称为某烯，碳原子数目在 11 个以上的称为某碳烯，然后由距离双键最近的一端开始给主链碳原子编号，将第一个双键碳原子的号数写在烯烃名称的前面以表示双键的位置。

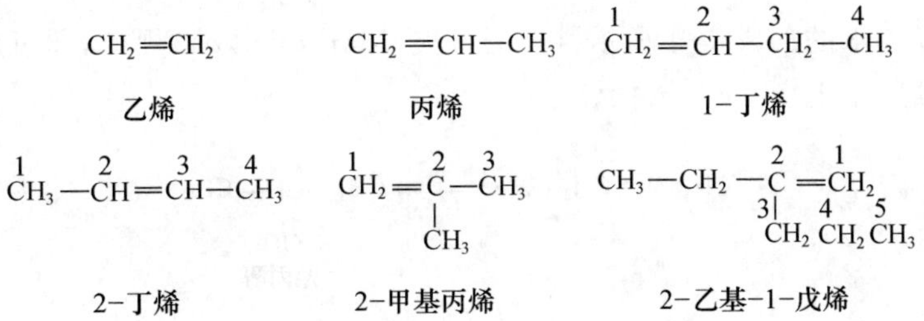

(2)单烯烃的同分异构　单烯烃除有碳链异构外，还有由于双键位置不同而产生的官能团位置异构和由于双键碳原子上的基团在空间的排列方式不同而产生的顺反异构。2-丁烯就有顺、反两种异构体。

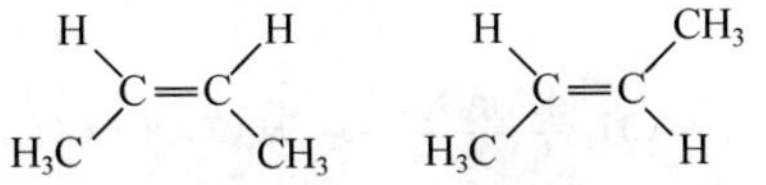

顺-2-丁烯　　反-2-丁烯

在顺-2-丁烯中，相同的基团(两个甲基或两个氢原子)在双键的同侧；而反-2-丁烯中两个甲基(或两个氢原子)则在双键的反侧。顺反异构属于立体异构中的一种。烯烃具有顺反异构的条件是每个双键碳上必须连有两个不同的原子或基团。

2. 单烯烃的化学性质

烯烃的化学性质比较活泼，可以发生加成、氧化、聚合以及 α-氢的取代反应等。

(1)加成反应　反应过程中，双键中有一个键断裂，试剂的两部分分别加到原来以双键相连的两个碳原子上而生成新的化合物，这样的反应叫作加成反应。在有机化学反应里，加成反应也是一种主要反应类型。

①与氢加成　在催化剂(镍、钯、铂等)作用下，烯烃可与氢发生加成反应，生成烷烃：

$$CH_3CH{=}CH_2 + H_2 \xrightarrow{Pt} CH_3CH_2CH_3$$

②与卤素加成　烯烃与氯、溴等在室温条件下很容易发生加成反应。例如，将乙烯或丙烯通入溴的四氯化碳溶液中，由于生成无色的二溴代烷而使溴的红棕色褪去。烯烃也可以使溴水褪色。此反应用于烯烃的定性鉴别。

$$CH_2=CH_2 + Br_2 \longrightarrow BrCH_2CH_2Br$$

1,2-二溴乙烷

$$CH_3CH=CH_2 + Br_2 \xrightarrow{H^+} CH_3-CH(Br)-CH_2Br$$

1,2-二溴丙烷

③与水加成　在酸的催化下，烯烃可以与水加成生成醇，这个反应也叫作烯烃的水合。

$$CH_2=CH_2 + H_2O \xrightarrow{H^+} CH_3CH_2OH$$

乙醇

不对称烯烃与水的加成遵守马尔科夫尼科夫(Markovnikov)规律，即氢原子主要加到含氢较多的双键碳原子上。

$$CH_3CH=CH_2 + H_2O \xrightarrow{H^+} CH_3-CH(OH)-CH_3$$

异丙醇

(2)氧化反应　烯烃很容易被氧化，如与酸性高锰酸钾溶液反应，则碳碳双键断裂，生成羧酸或酮。当双键碳原子上连有两个氢原子时，则被氧化成二氧化碳和水。

$$CH_3-C(CH_3)=CH-CH_3 \xrightarrow{KMnO_4/H^+} CH_3-C(=O)-CH_3 + CH_3COOH$$

$$CH_3CH=CH_2 \xrightarrow{KMnO_4/H^+} CH_3COOH + CO_2\uparrow + H_2O$$

利用高锰酸钾溶液可以鉴别烯烃，另外，根据烯烃的氧化产物可以推断烯烃的结构。

(3)聚合反应　在一定条件下，许多烯烃通过加成的方式互相结合，生成高分子化合物，这种反应叫作聚合反应。如乙烯在一定条件下可生成聚乙烯。

$$nCH_2=CH_2 \xrightarrow[\text{温度、压力}]{TiCl_4-Al(C_2H_5)_3} \left[CH_2-CH_2\right]_n$$

在上述反应中，乙烯称为单体，生成的产物称为聚合物，n 为聚合度。聚乙烯用途很广，可用以制成食品袋、塑料杯等日常用品，在工业上可制作电工部件的绝缘材料等。

(4)取代反应　在烯烃分子中，与双键碳直接相连的碳上的氢(α-氢)，因受双键的影响，易发生取代反应。例如，在高温下，丙烯可与氯作用，生成 3-氯丙烯。

$$CH_2=CH-CH_3 \xrightarrow[500\sim600℃]{Cl_2} CH_2=CH-CH_2Cl$$

烯烃与卤素在常温下，发生的是加成反应，而在高温或光照条件下，发生的是取代反应。由此可见有机反应的复杂性及严格控制反应条件的重要性。

3.二烯烃

(1)二烯烃的分类和命名　根据分子中两个碳碳双键的相对位置，可以把二烯烃分为3类：

①聚集二烯烃　两个双键连在同一个碳原子上的二烯烃，如丙二烯；

②共轭二烯烃　两个双键被一个单键隔开的二烯烃，如1,3-丁二烯；

③隔离二烯烃　两个双键被两个以上单键隔开的二烯烃，如1,4-戊二烯。

二烯烃的命名与烯烃相同，只是在“烯”字前加一个“二”字，并注明两个双键的位置。

$CH_2{=}C{=}CH_2$　　$\overset{1}{C}H_2{=}\overset{2}{C}H{-}\overset{3}{C}H{=}\overset{4}{C}H_2$　　$\overset{1}{C}H_2{=}\overset{2}{C}H{-}\overset{3}{C}H_2{-}\overset{4}{C}H{=}\overset{5}{C}H_2$

丙二烯　　1,3-丁二烯　　1,4-戊二烯

(2)共轭二烯烃的化学性质　共轭二烯烃具有烯烃的一般性质，如能与氢、卤素等试剂加成，能被氧化，能进行聚合等，但共轭二烯烃还具有特殊的反应性能，如1,4-加成作用。1,3-丁二烯与一分子试剂加成时，按照孤立烯烃的加成情况，应该只得到1,2-加成产物，但实际上还可得到1,4-加成产物，而且往往1,4-加成产物占主要比例。例如，1,4-戊二烯与溴加成时，试剂的两部分分别加到分子两端的碳原子上，而在 C_2 和 C_3 之间形成一个新的双键，就得到 1,4-加成产物，这种加成作用，叫作1,4-加成作用。1,4-加成作用是烯烃的特殊反应性能。

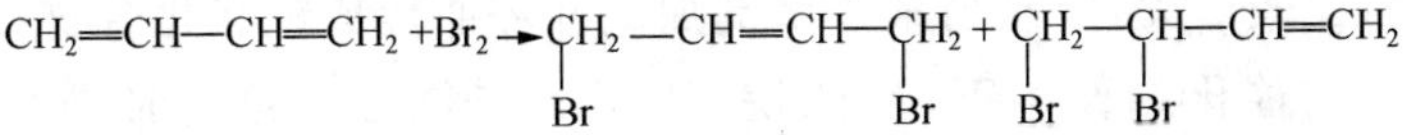

1,4-加成产物　　1,2-加成产物

4.自然界的烯烃

烯烃在某些生物中有很重要的作用。例如，乙烯是植物的内源激素，许多植物中含有微量的乙烯。乙烯可以加速树叶的死亡与脱落，从而使新叶得以生长。乙烯还可以使摘下来的未成熟果实加速成熟。又如，顺-9-二十三碳烯是雌家蝇的性信息素。

(三)环烃

环烃是由碳和氢两种元素组成的环状化合物，根据它们的结构或性质，可以分为脂环烃和芳香烃两类。

1.脂环烃

(1)分类和命名　脂环烃是指性质与脂肪烃相似的环烃，根据环上碳原子的饱和程度可分为环烷烃、环烯烃等；根据碳环的数目，可分为单环、二环和多环脂环烃。脂环烃的结构式常写成键线式，省略环上的C、H，键线的交叉点为C原子。

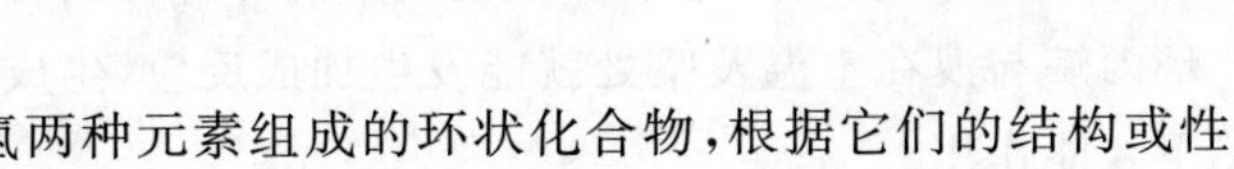

环丙烷　　环戊烷　　环己烷　　环己烯　　环戊二烯

单环脂环烃的命名与脂肪烃相似。环烷烃是根据成环碳原子数称为“环某烷”，将环上

支链作为取代基。当环上连有多个取代基时，按照表示取代基位置的数字尽可能小的原则，将环上的碳原子编号，并将较优基团给以较大的编号。例如：

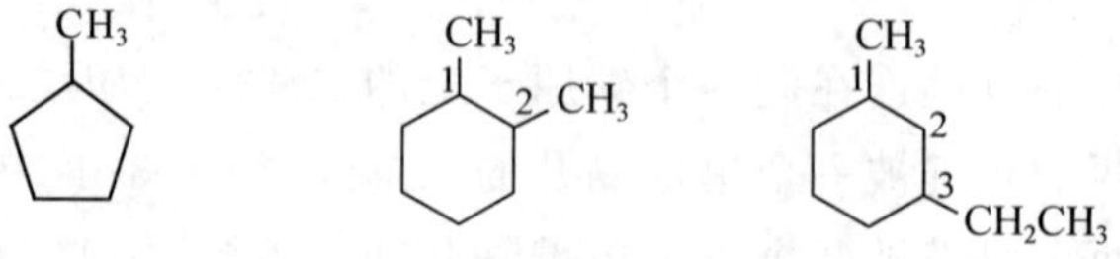

甲基环戊烷　　1,2-二甲基环己烷　　1-甲基-3-乙基环己烷

环烯烃是根据成环碳原子数称为“环某烯”，编号从不饱和碳原子开始，并通过不饱和键编号。例如：

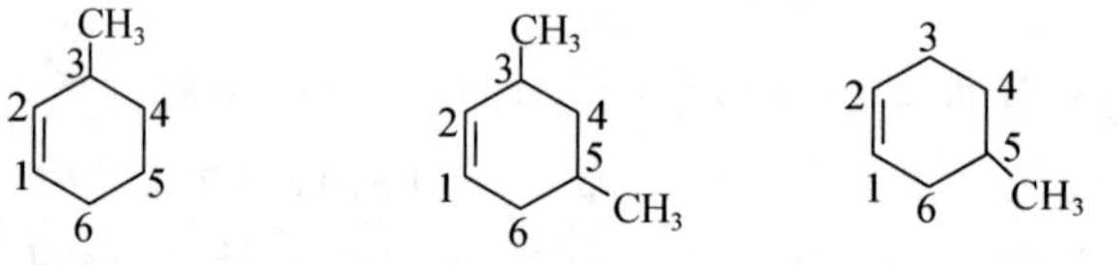

3-甲基环己烯　　3,5-二甲基环己烯　　5-甲基环己烯

在单环脂环烃中，常见的是五元环和六元环。

(2)化学性质　环烯烃中的不饱和键具有一般不饱和键的通性。五元和六元环烷烃或高级环烷的性质与烷烃相似，在光照或高温条件下，可以与卤素发生取代反应；而三元和四元环烷烃化学性质比较活泼，容易与某些试剂加成开环而形成链状化合物。

①催化氢化　在催化剂作用下，环丙烷、环丁烷与氢可以进行加成反应，生成丙烷及丁烷。

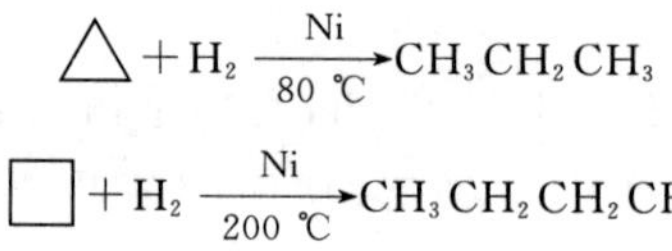

由反应条件可以看出，四元环比三元环要稳定。五元以上的环烷烃则难以开环。

②与溴的作用　环丙烷与溴在室温及暗处就能发生加成反应，生成1,3-二溴丙烷，而环丁烷与溴必须在加热下才能作用。

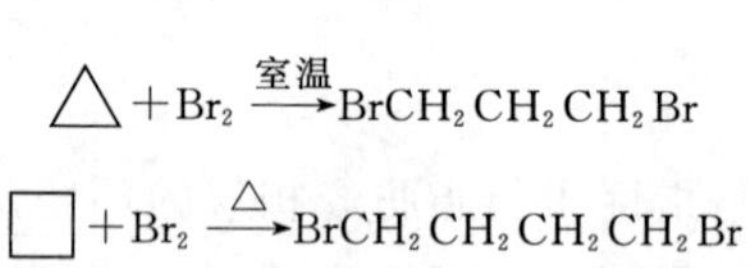

环丙烷及环丁烷虽然都能与溴加成，表现出与烯烃相似的性质，但它们却不像烯烃那样容易被高锰酸钾氧化。

2. 芳香烃

(1)分类和命名　这里所说的芳香烃是指含有苯环的一类碳氢化合物。根据分子中所含苯环的数目，可将芳香烃分为单环和多环芳香烃两大类。

①单环芳香烃　单环芳香烃包括苯、苯的同系物和苯基取代的不饱和烃。

命名苯的同系物时，一般以苯作母体，烷基作取代基。苯环上连有两个或三个取代基时，需要注明取代基的位置。取代基位置可以用邻、间、对或连、偏、均表示，也可以用数字表示。

苯

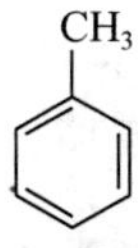

甲苯

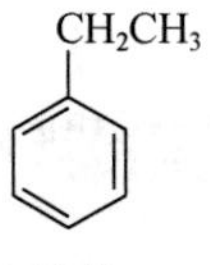

乙苯

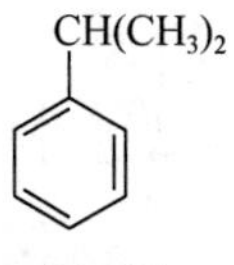

异丙苯

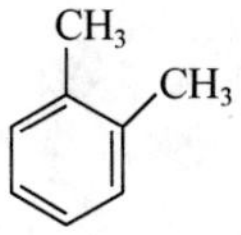

邻二甲苯
(1,2–二甲苯)

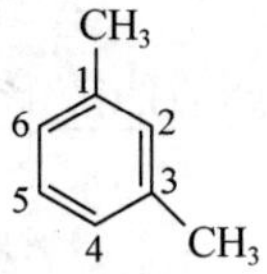

间二甲苯
(1,3–二甲苯)

对二甲苯
(1,4–二甲苯)

当苯环上连有不饱和基团或多个碳原子的烷基时，则通常将苯环作为取代基。

②多环芳香烃　多环芳香烃可根据苯环的连接方式分为联苯类、多苯代脂肪烃和稠环芳香烃3类，其中比较重要的是稠环芳香烃。稠环芳香烃是两个或两个以上苯环彼此共用两个相邻的碳原子连接起来的，这类化合物各有自己特殊的名称和编号方法。在萘及蒽中还常用α代表1、4、5、8位，以β代表2、3、6、7位；蒽的9、10位以γ表示。

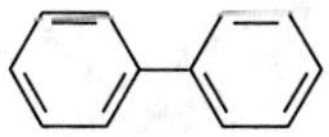
联苯

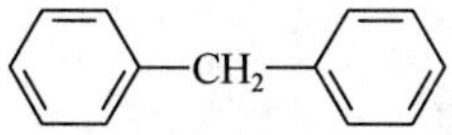

二苯甲烷

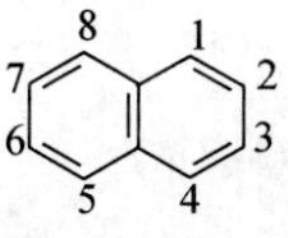

萘

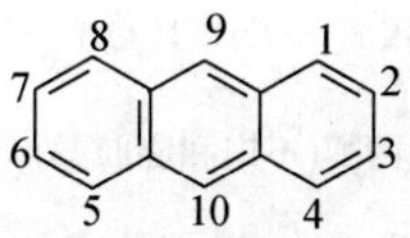

蒽

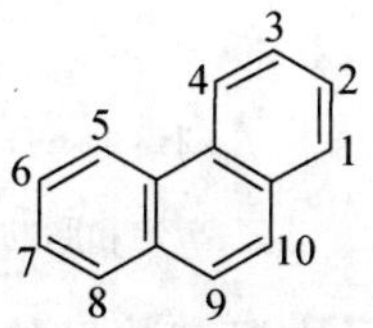

菲

(2)单环芳香烃的化学性质　单环芳香烃的特征结构是苯环。虽然苯环具有高度不饱和性，但苯环相当稳定，在一般条件下不易被氧化，也不容易发生加成反应，而易于发生取代反应。

①取代反应　在一定条件下，单环芳香烃可以与卤素、硝酸、硫酸等发生取代反应。例如，在铁或相应铁盐的催化下加热，苯环上的氢可被氯或溴原子取代，生成相应的卤代苯，并放出卤化氢。

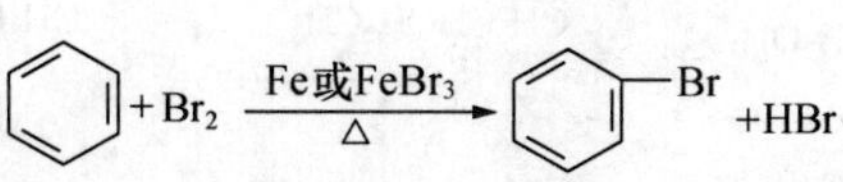

溴苯

再如，以浓硝酸和浓硫酸与苯共热，苯环上的氢原子能被硝基（—NO_2）取代，生成硝基苯。

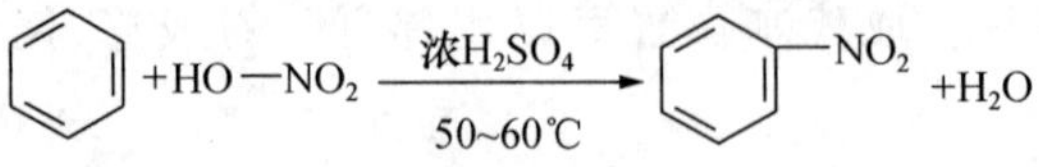

硝基苯

如以甲苯进行硝化，反应比苯容易进行，在 30 ℃就可反应，主要得到邻硝基甲苯和对硝基甲苯。

②氧化反应　苯不能被高锰酸钾、重铬酸钾等强氧化剂氧化，但当苯环上有侧链时，只要与苯环相连的碳原子上有氢原子，侧链就被氧化成羧基，生成苯甲酸。例如：

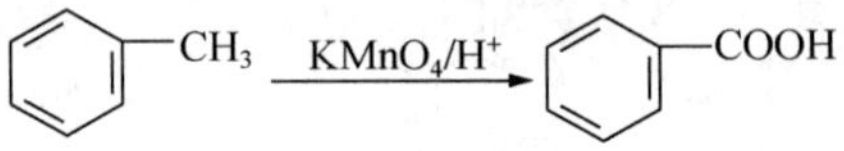

苯甲酸

三、烃的羟基衍生物

醇、酚都是含官能团羟基（—OH）的化合物，两者的区别在于所连烃基不同。烃类分子中饱和碳原子上的氢原子被羟基取代生成的化合物叫作醇，用通式 R—OH 表示，其中—OH 称为醇羟基；羟基直接连在芳香环上的化合物叫作酚，用通式 Ar—OH 表示，其中—OH 称为酚羟基。烃分子中的氢原子被烃氧基取代的衍生物叫作醚，用通式 R—O—R 或 Ar—O—R 表示，其中 C—O—C 叫作醚键。

（一）醇

1. 醇的分类和命名

（1）醇的分类　根据醇分子中烃基的不同，醇可分为饱和脂肪醇、不饱和脂肪醇、脂环醇等。例如：

CH_3CH_2OH　　$CH_2{=}CHCH_2OH$　　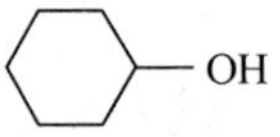

乙醇(饱和脂肪醇)　烯丙醇(不饱和脂肪醇)　环己醇(脂环醇)

根据醇分子中羟基数目的多少，可分为一元醇、二元醇及多元醇。例如：

$CH_3—OH$　　$\underset{OH}{CH_2}—\underset{OH}{CH_2}$　　$\underset{OH}{CH_2}—\underset{OH}{CH}—\underset{OH}{CH_2}$

甲醇(一元醇)　乙二醇(二元醇)　丙三醇(三元醇)

根据与羟基相连的碳原子级数的不同，可分为一级（伯）醇、二级（仲）醇、三级（叔）醇。例如：

$CH_3CH_2CH_2CH_2OH$　　$CH_3\underset{OH}{CH}CH_2CH_3$　　$CH_3\overset{CH_3}{\underset{OH}{C}}CH_3$

正丁醇(伯醇)　仲丁醇(仲醇)　叔丁醇(叔醇)

（2）醇的命名　醇的命名方法常用的有普通命名法和系统命名法两种。

①普通命名法　普通命名法适用于结构比较简单的醇，其原则是：先写出与羟基相连的烃基名称，然后加上一个“醇”字。例如：

$CH_3CH_2CH_2OH$
丙醇

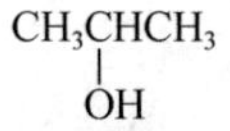
异丙醇

$CH_2{=}CHCH_2OH$
烯丙醇

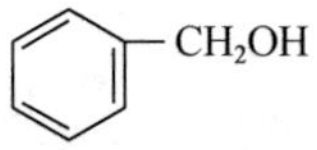
苄醇

②系统命名法　结构比较复杂的醇则用系统命名法命名，其原则是：选择包括羟基所连碳原子的最长碳链为主链，从靠近羟基一端开始给主链碳原子编号，按主链碳原子数目称作某醇，并在“醇”字前边依次标出取代基位次、名称及羟基的位次。如果是不饱和醇，主链应包括不饱和键；主链碳原子编号应使羟基所连碳原子的位次尽可能小。例如：

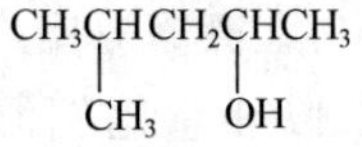
4-甲基-2-戊醇

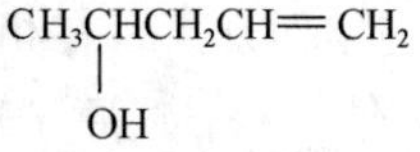
4-戊烯-2-醇

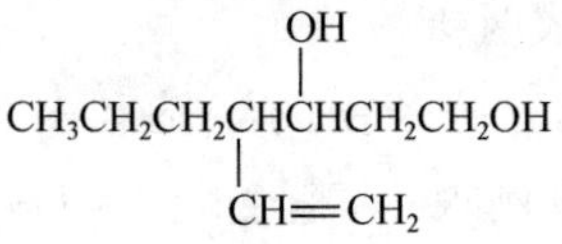
4-丙基-5-己烯-1,3-二醇

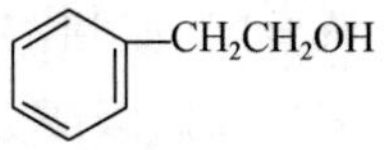
2-苯乙醇

有的醇还有俗名，如甲醇俗称木精，丙三醇俗称甘油。

2. 醇的物理性质

一些常见一元醇的物理常数见表 4-3。醇在物理性质方面有两个突出的特点：沸点较高，水溶性较大。

表 4-3　部分一元醇的物理常数

名称	熔点/℃	沸点/℃	密度/(10^3 kg·m^{-3})(20 ℃)	水溶性/[g·(100 g H_2O)$^{-1}$]
甲醇	−97.9	65.0	0.791 4	∞
乙醇	−114.8	78.5	0.789 3	∞
正丙醇	−126.5	97.4	0.803 5	∞
异丙醇	−89.5	82.4	0.785 5	∞
正丁醇	−89.5	117.3	0.809 8	8.0
异丁醇	−108	108	0.802 1	10.0
仲丁醇	−114.7	99.5	0.806 3	12.5
叔丁醇	−25.5	82.2	0.788 7	∞
正戊醇	−79	138	0.814 4	2.2
正己醇	−46.7	158	0.813 6	0.7
环己醇	−25.2	161.1	0.968 4	3.8

(1)醇的沸点　一元醇的沸点比相应烃的沸点高得多，例如，甲醇的沸点约比甲烷的沸点高 227 ℃，乙醇的沸点约比乙烷的沸点高 167 ℃。这和水的沸点较高是同样的道理，因为醇是极性分子，更主要的是醇分子之间可以通过氢键(下式中虚线表示的化学键)发生缔合。

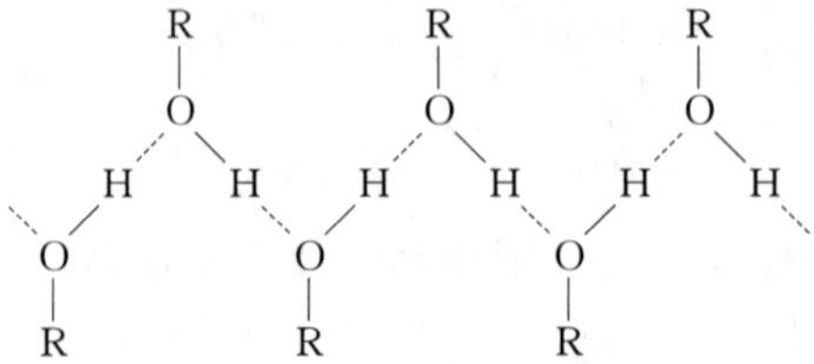

要使缔合形式的液体醇汽化为单个气体分子，不仅要克服范德瓦耳斯力，还要破坏氢键，这就需要提供较多的能量，所以醇的沸点比相应烃的沸点高。在醇的同系列中，醇的沸点随着相对分子质量的递增而升高。在相同碳原子数的一元醇中，直链的醇比含支链醇的沸点高。

(2)醇的水溶性　3 个碳原子以下的醇及叔丁醇与水以任意比例混溶，随着相对分子质量的增大，醇在水中的溶解度显著下降，高级醇不溶于水。3 个碳原子以下的醇与水混溶有两个原因：一是结构与水相似，二是与水分子间能形成氢键。

醇的水溶性符合“相似相溶”的经验规律。低级醇分子中的羟基和水分子中的羟基类似，所以，与水互溶。而高级醇分子中，羟基所占的比例很小，整个分子与烷烃更为相似，所以它们不溶于水而易溶于烃类有机溶剂。

烃的各类衍生物的沸点变化规律及水溶性的变化规律与醇相同。

(3)醇合物　某些低级醇如甲醇、乙醇等能和 $CaCl_2$、$MgCl_2$ 等无机盐结合形成结晶状的醇合物，如 $CaCl_2 \cdot 4CH_3OH$、$CaCl_2 \cdot 6C_2H_5OH$、$MgCl_2 \cdot 6CH_3OH$ 等。因此甲醇、乙醇不能用氯化钙干燥。醇合物不溶于有机溶剂，因此在工业上，乙醚中含有的少量乙醇就是用这种方法除去的。

3. 醇的化学性质

醇的化学性质主要由其官能团羟基所决定，同时烃基也有一定的影响。醇分子中的碳氧键和氢氧键都是极性键，它们是醇易发生化学反应的两个部位。在具体反应中，究竟是碳氧键断裂，还是氢氧键断裂，则取决于烃基结构以及反应条件。另外，由于羟基的影响而使 α-氢原子和 β-氢原子也产生一定的活性，在一定条件下也会发生某些反应。

(1)酯化反应　醇与酸(有机酸和无机含氧酸)作用生成酯和水的反应称为酯化反应，酯化反应是可逆反应。

用酸作催化剂，醇与有机酸作用，发生分子间的脱水反应生成有机酸酯。用含有同位素 ^{18}O 的乙醇与醋酸进行酯化，发现 ^{18}O 含于生成的酯分子中，而不是在水分子中。这就说明，酯化反应中生成的水是由羧酸的羟基与醇羟基上的氢形成的，也就是醇发生了氢氧键断裂，羧酸发生了酰氧键断裂。

$$\underset{\text{有机酸}}{RCOOH} + \underset{\text{醇}}{H^{18}OR'} \underset{\triangle}{\overset{\text{浓 } H_2SO_4}{\rightleftharpoons}} \underset{\text{酯}}{RCO^{18}OR'} + H_2O$$

醇还可与无机含氧酸硝酸、磷酸等反应生成无机酸酯。

$$ROH+HONO_2 \rightleftharpoons RONO_2+H_2O$$

甘油与硝酸反应生成硝酸甘油(即三硝酸甘油酯),是临床上常用的扩张血管与缓解心绞痛的药物。

磷酸可与醇形成3种类型的磷酸酯。

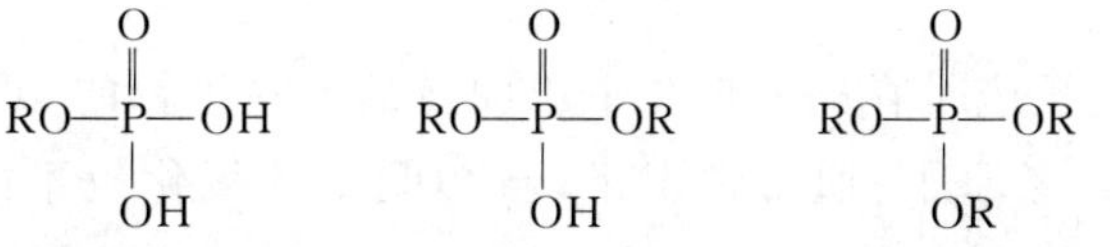

磷酸单烷基酯　磷酸二烷基酯　磷酸三烷基酯

磷酸酯广泛存在于生物体中。某些磷酸酯在生物体内代谢过程中有重要作用,而某些磷酸酯是有机磷杀虫剂,如敌敌畏、敌百虫、乐果等。

(2)脱水反应　醇在催化剂(硫酸、磷酸、三氧化二铝等)作用下共热,可发生分子间或分子内脱水反应,生成醚或烯。究竟按哪一种方式进行脱水,则决定于醇的结构和反应条件。

①分子间脱水　过量的醇与浓硫酸在不太高的温度下,发生分子间脱水反应,生成醚。如乙醇脱水如下:

$$CH_3CH_2OH+HOCH_2CH_3 \xrightarrow[140\ ℃]{浓\ H_2SO_4} CH_3CH_2—O—CH_2CH_3+H_2O$$

此反应中,一个醇分子发生碳氧键断裂,另一个醇分子发生氢氧键断裂。

②分子内脱水　醇与浓硫酸在较高温度下发生分子内脱水反应,生成烯烃。如:

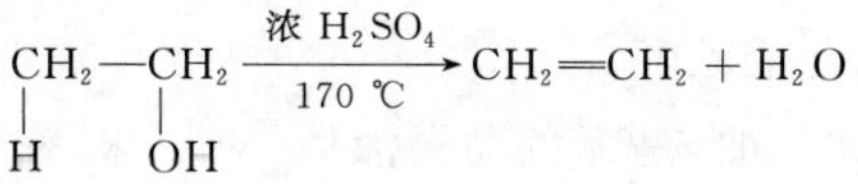

由一个分子中脱去一些小分子,如H_2O、HX等,同时生成不饱和键的反应,叫作消除反应。醇的分子内脱水反应就属于消除反应。仲醇和叔醇的脱水反应遵循札依采夫(Saytzeff)规律,即主要生成碳碳双键上连有较多烃基的烯烃。

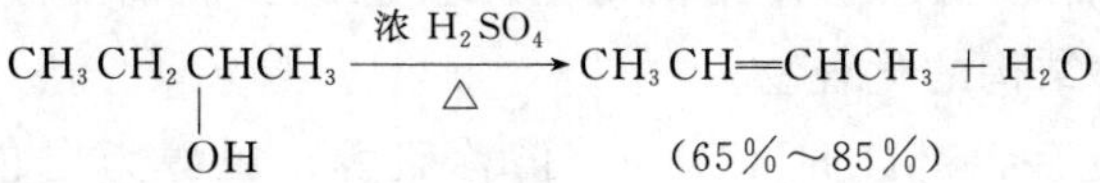

生物体内也有类似于醇的分子内脱水的反应。

(3)氧化或脱氢　在绝大多数有机氧化还原反应中,有机分子往往是部分的电子得失,也就是共用电子对的偏移。因此,在有机反应中,在分子中加氧或去氢称氧化,加氢或去氧称还原。醇分子中的α-氢原子,由于受到羟基的影响而显得比较活泼,容易被氧化。

伯醇或仲醇用氧化剂氧化,或在催化剂作用下脱氢,能分别形成醛或酮。常用的氧化剂有高锰酸钾、重铬酸钾的酸性溶液等。在这种条件下,生成的醛很容易继续被氧化成羧酸。欲想得到醛,应在反应过程中随时将生成的醛从反应体系中蒸出,但这只限于制备沸点不高于100 ℃的醛。

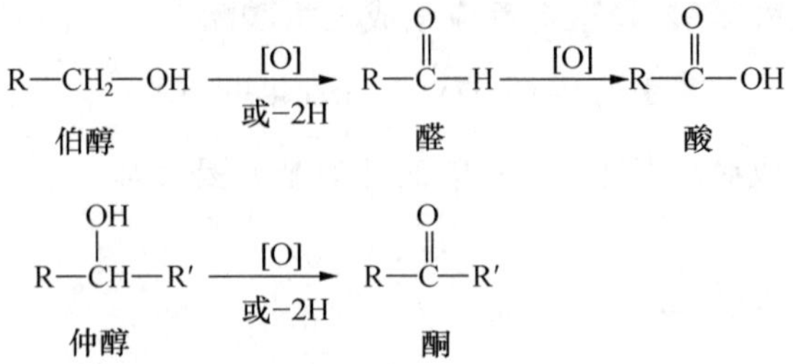

生物体内醇的氧化反应是在酶的催化下以脱氢的方式进行的。

叔醇分子中没有 α-氢原子，通常情况下，叔醇既难被氧化也不能脱氢。但在强烈条件下，如用 $KMnO_4$ 或 $K_2Cr_2O_7$ 的硫酸溶液与叔醇一起加热回流，则氧化生成小分子的羧酸。

实验室中，常根据氧化剂如 $KMnO_4$、$K_2Cr_2O_7$ 等反应前后颜色的变化来鉴别伯醇和仲醇。

4.醇代表物的应用

(1)甲醇　甲醇最早从木材干馏得到，所以俗称木精。甲醇是无色液体，沸点 65 ℃。甲醇有毒，服入 10 mL 能使人双目失明，服入 30 mL 可以致死。甲醇是重要的化工原料及溶剂。甲醇是一种可再生能源，加入汽油中可提高汽油的辛烷值。

(2)乙醇　乙醇俗称酒精，是酒的主要成分。利用酒曲发酵法制酒，是我国古代劳动人民的一项重大发明。直到 19 世纪，这个方法才传到欧洲。至今含酒精的饮料中的酒精仍用发酵法制取。

乙醇是无色的液体，有刺激性气味，沸点 78.5 ℃，能与水及多种有机溶剂混溶。它常用作溶剂、防腐剂、消毒剂(70%～75%乙醇溶液)等。乙醇是有机合成的重要原料，工业上利用石油裂化气中的乙烯和水合成乙醇。

(3)丙三醇　丙三醇俗称甘油，是无色黏稠液体，有甜味，密度为 $1.261\,3\ g\cdot cm^{-3}$，熔点 20 ℃。甘油可由油脂制肥皂的余液中提取。甘油具有吸湿性，能吸收空气中的水分，至含 20% 水分后，即不再吸水。所以甘油常用作化妆品、皮革、烟草、食品以及纺织品等的吸湿剂。同时甘油也是一种重要化工原料。

在碱性溶液中，甘油能与 Cu^{2+} 作用而得到深蓝色的甘油铜溶液，实验室中常利用此反应来鉴别甘油和邻二醇结构的化合物。

(4)环己六醇　环己六醇[$C_6H_6(OH)_6$]俗称肌醇。肌醇为白色晶体，有甜味，熔点为 225 ℃，密度为 $1.752\ g\cdot cm^{-3}$，能溶于水而难溶于有机溶剂。肌醇主要用于治疗肝硬化、脂肪肝等。

肌醇广泛存在于动植物体中，例如存在于动物肌肉、心脏、肝、脑等器官中和未成熟的豌豆中，是某些动物和微生物生长所必需的物质。肌醇的六磷酸酯广泛存在于植物界，又叫植酸。植酸常以钙镁盐的形式存在于植物体内，在种子、谷类种皮、胚等处含量较多。在种子发芽时，它在酶的作用下水解，向幼芽供应生长所需要的磷。

(5)苯甲醇　苯甲醇又称苄醇，为无色液体，沸点 205 ℃，有微弱的香气，微溶于水，能与乙醇、乙醚等混溶，大量用于香料及医药工业。苯甲醇以酯的形式存在于许多植物精油中。

(6)硫醇　醇分子中的氧原子为硫原子代替后所形成的化合物叫作硫醇。硫醇的通式为 R—SH，官能团是—SH，称为巯基。硫醇的命名与醇相似，只是在“醇”字前面多加一个“硫”字。例如：

$CH_3CH_2—SH$

乙硫醇

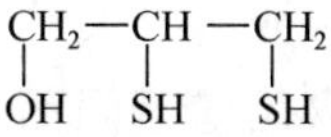

2,3-二巯基丙醇

除甲硫醇外，多数硫醇是挥发性液体，具有恶臭。在空气中含有 1×10^{-8} g·L^{-1} 的乙硫醇即可闻到其臭味。黄鼠狼的臭味是由丁硫醇引起的。往煤气中加少量低级硫醇，利用其臭味，便于察觉煤气是否漏气，以免煤气中毒。

硫醇极易被氧化。空气中的氧就能使硫醇氧化，因此硫醇类试剂和硫醇类药物应避光密闭保存。硫醇在稀过氧化氢或碘的作用下可被氧化成二硫化物，二硫化物在一定条件下又可被还原成硫醇。二硫化物分子中的化学键“—S—S—”称为二硫键。二硫键对于保持蛋白质分子的特殊构型具有重要作用。

(二)酚

1. 酚的分类和命名

根据羟基所连芳环不同，酚类可分为苯酚、萘酚、蒽酚等；根据芳环上羟基的数目，酚可分为一元酚、二元酚、三元酚等，其中二元酚以上统称为多元酚。

酚的命名一般是酚字前面加上芳环的名称作为母体，再加上其他取代基的位次、数目和名称。例如：

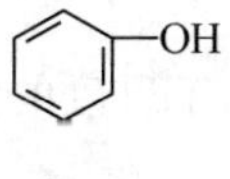

苯酚

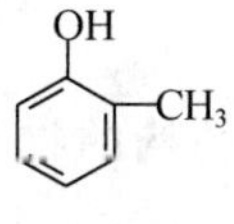

2-甲基苯酚

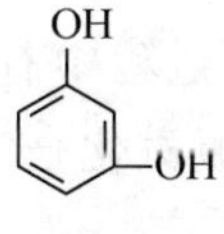

1,3-苯二酚(间苯二酚)

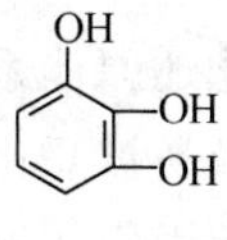

1,2,3-苯三酚(连苯三酚)

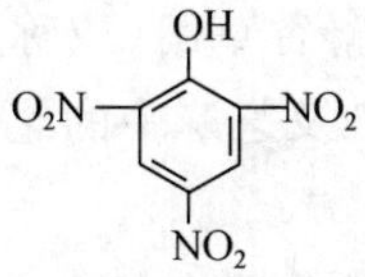

2，4，6-三硝基苯酚(苦味酸)

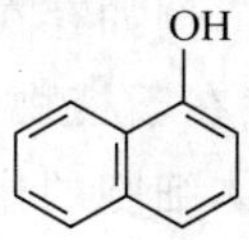

α-萘酚

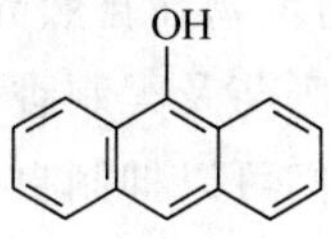

蒽酚

2. 酚的化学性质

苯酚是酚中最重要的化合物，以它为例来讨论酚的化学性质。

(1)酚的酸性　酚能与氢氧化钠等强碱作用生成酚盐。因此酚虽难溶于水，却能溶解在氢氧化钠溶液中。

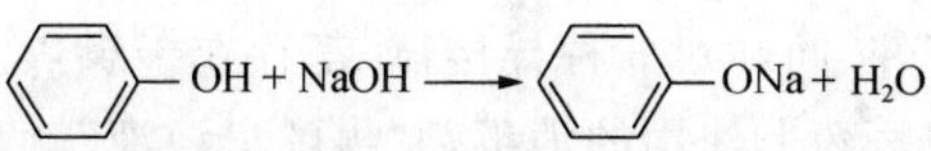

由于苯酚的酸性比碳酸的酸性弱，因此，往苯酚钠水溶液中通入 CO_2，可将苯酚置换

出来。

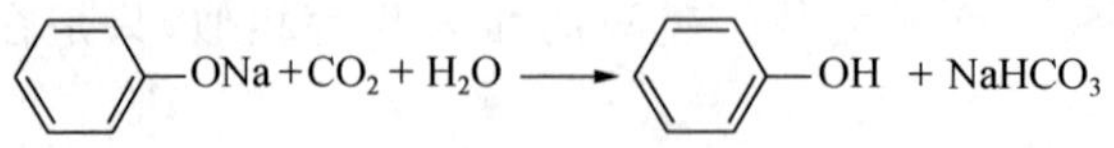

利用此性质可将酚从有机物中分离出来。

酚的酸性因芳环上所连取代基不同而不同。芳环上连有硝基等钝化苯环的取代基时，酚的酸性增强；芳环上连有烃基等活化苯环的取代基时，酚的酸性减弱。

(2)与氯化铁的显色反应　大多数酚及具有烯醇式结构(—C═C— 上连 OH)的化合物可与 $FeCl_3$ 溶液作用，生成有颜色的物质。例如：

$$6C_6H_5OH + FeCl_3 \longrightarrow H_3[Fe(OC_6H_5)_6] + 3HCl$$

不同的酚与 $FeCl_3$ 产生红、绿、蓝、紫等不同颜色的物质，这种显色反应主要用来鉴定酚或烯醇式结构的存在。但有些酚不与 $FeCl_3$ 显色，所以得到负结果时，不能说明不存在酚，而需用其他方法验证。

(3)氧化反应　酚比醇更易被氧化，空气中的氧就能将酚氧化。例如苯酚或对苯二酚氧化都生成对苯醌。

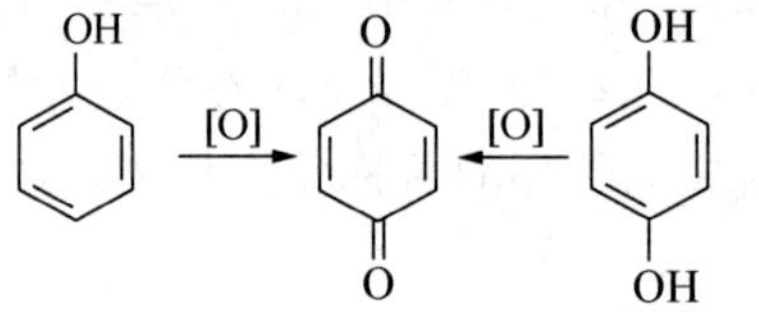

醌酚氧化还原体系在生理生化过程中有重要意义。

多元酚极易被氧化，其产物为醌类化合物。具有醌式结构的物质都是有颜色的，这是酚常带颜色的原因。

3.酚代表物的应用

酚及其衍生物在自然界分布极广，例如存在于麝香草中的麝香草酚(或称百里酚)，有杀菌力，可用于医药及配制香精；广泛存在于植物油中的维生素 E 及芝麻中的芝麻酚都是天然抗氧化剂，它们可以抑制自由基对机体细胞的伤害。

(1)苯酚　苯酚俗名石炭酸，可从煤焦油分馏得到。纯苯酚是无色针状晶体，露置空气中或见阳光则因氧化而呈粉红色。室温下稍溶于水，在 65 ℃以上可与水混溶，易溶于乙醇、苯、乙醚等有机溶剂中。

苯酚能凝固蛋白质，因而有杀菌效力。苯酚的稀溶液或与熟石灰混合可用作厕所、马厩、阴沟等的消毒剂。苯酚有毒，致死量为 1～15 g，可通过皮肤吸收进入体内而引起中毒，使用时要小心。在有机合成工业上，苯酚是多种塑料、医药、炸药、染料和农药的重要原料。

(2)甲苯酚　甲苯酚有邻、间和对 3 种异构体，都存在于煤焦油中。三者都有苯酚气味，其杀菌效力比苯酚强，目前医药上使用的消毒剂"煤酚皂溶液"就是含有 47%～53% 三种甲苯酚的肥皂水溶液，叫作来苏尔(Lysol)，它对人畜也是有毒的，可以透过皮肤进入体内，一般家庭和畜舍消毒可稀释到3%～5%再使用。

(3)苯二酚 苯二酚有邻、间、对三种异构体。邻苯二酚俗名儿茶酚，对苯二酚又称氢醌，两者都易被氧化，所以，主要用作还原剂。间苯二酚用于合成染料、树脂黏合剂等。邻苯二酚常以游离态或化合态存在于动植物体中。例如，肾上腺素含有邻苯二酚结构：

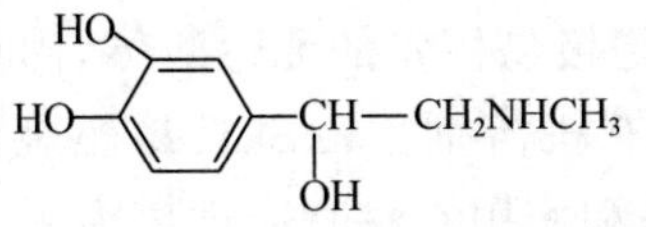

肾上腺素是肾上腺髓质分泌的激素。肾上腺素对交感神经有兴奋作用，有加速心脏跳动，收缩血管，增高血压，放大瞳孔等功能。肾上腺素也有使肝糖原分解增加血糖含量，以及使支气管平滑肌松弛的作用，故一般用于支气管哮喘、过敏性休克的急救。

(4)维生素E 维生素E又名生育酚，广泛存在于植物油中。维生素E有多种异构体(α、β、γ、δ等)，其中α-生育酚活性最高，结构式为：

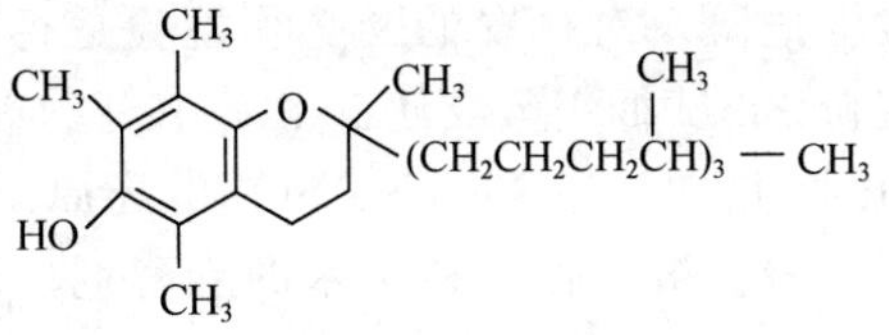

维生素E在临床上用于治疗先兆性流产和习惯性流产，不育症，肌营养不良，胃、十二指肠溃疡等；在油脂和食品工业中用作抗氧化剂。维生素E也是人体内自由基的清除剂，具有抗衰老及保健的作用。

(三)醚

1. 醚的分类和命名

两个烃基相同的醚叫简单醚，两个烃基不同的醚叫混合醚。氧与烃基两头相连接成环的叫环醚。脂肪醚与含相同碳原子数的醇互为同分异构体。

结构比较简单的醚，按它的烃基命名，在烃基之后加一个醚字。两个烃基不同时，将较小的烃基放在前面；烃基中有一个是芳香烃基时，将芳香烃基放在前面。

简单醚 $CH_3—O—CH_3$ 二甲醚(甲醚)　$CH_3CH_2—O—CH_2CH_3$ 二乙醚(乙醚)

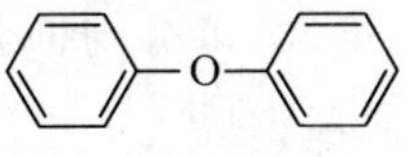

二苯醚

混合醚 $CH_3—O—CH_2CH_3$ 甲乙醚

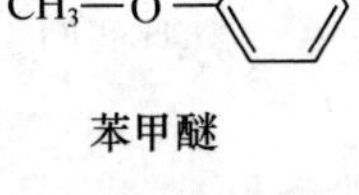

苯甲醚

结构比较复杂的醚采用系统命名法，将较大烃基当作母体，将剩下的—OR(烃氧基)看作取代基，环醚以烃基作母体，叫环氧某烷。

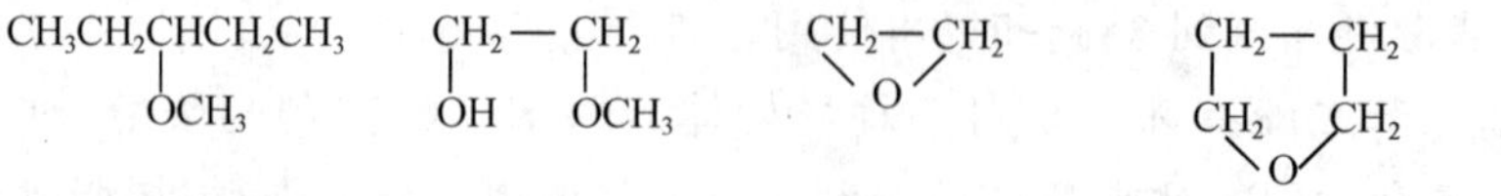

3-甲氧基戊烷 2-甲氧基乙醇 环氧乙烷 环氧丁烷(四氢呋喃)

2. 醚代表物的应用

乙醚是最常用的一种醚，它是极易挥发的无色液体，沸点 34.5 ℃，比水轻，微溶于水，能溶解许多有机物，因此是常用的有机溶剂。乙醚极易燃烧，其蒸气与空气混合达一定比例时，遇火可发生爆炸，因此在制备和使用乙醚时应远离火源。

与氧原子相连的碳原子上连有氢的醚可被空气中的氧氧化而产生与过氧化氢相似的过氧化物。例如：

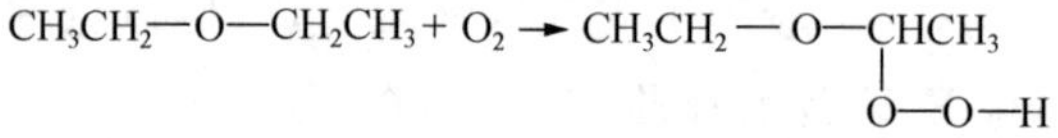

醚的过氧化物不易挥发，并且在受热或摩擦时易发生爆炸，所以蒸馏醚类溶剂时，切记不要把醚蒸得太干，以免发生危险。对久置的醚必须检验是否有过氧化物存在。检验方法是：如果待检醚能使湿的淀粉-KI 试纸变蓝或使 $FeSO_4$-KSCN 混合液显红色，则表明醚中含有过氧化物。醚中的过氧化物可加入 $FeSO_4$、Na_2SO_3 等还原剂除去。

乙醚有麻醉作用，因而乙醚曾被用作外科手术的麻醉剂。兽医上可用乙醚作大牲畜外科手术的麻醉剂。

四、烃的羰基衍生物

醛、酮、醌都是含有羰基（>C=O）的化合物，统称为羰基化合物。羰基碳上结合着氢原子和一个烃基的化合物称作醛（甲醛除外），醛基（—CHO）是醛的官能团；羰基与两个烃基相连的化合物称作酮，酮分子中的羰基称作酮基；醌则是具有特殊结构的环状不饱和二酮。含有羰基结构的化合物广泛存在于自然界，有些在生物体的代谢过程中起着重要的作用。

（一）醛、酮

1. 醛、酮的分类和命名

（1）分类　根据与羰基相连的烃基不同，醛、酮可分为脂肪族醛、酮和芳香族醛、酮；根据烃基是否饱和，可分为饱和醛、酮和不饱和醛、酮。

（2）命名

①普通命名法　结构简单的醛、酮常用普通命名法。醛的普通命名法与伯醇相似。酮的普通命名法与醚相似。例如：

HCHO	CH_3CHO	CH_3CH_2CHO	$(CH_3)_2CHCHO$
甲醛	乙醛	丙醛	异丁醛

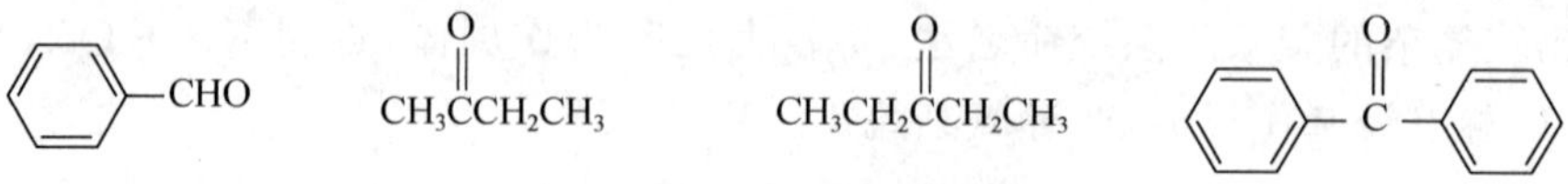

苯甲醛 甲乙酮 二乙酮 二苯酮

②系统命名法　选择含有羰基的最长碳链(若有不饱和键,应包含不饱和键在内)为主链,按照主链碳原子数称为某醛或某酮。主链碳原子的编号,从靠近羰基的一端开始,醛基始终是第一位,不必用数字标明其位次,酮应标明羰基的位次。芳香族醛、酮常将芳香基作为取代基来命名。

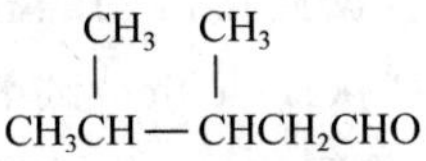
3,4-二甲基戊醛

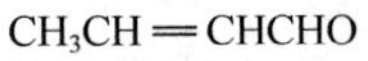
2-丁烯醛(巴豆醛)

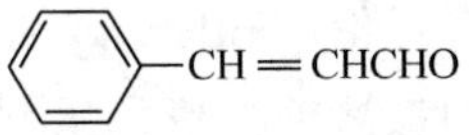
3-苯基丙烯醛(肉桂醛)

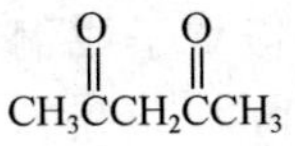
2,4-戊二酮

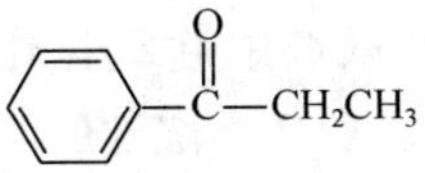
1-苯基-1-丙酮

2. 醛、酮的化学性质

(1)加成反应

①与醇的加成　在干燥 HCl 的催化下,醛与醇发生加成反应,生成不稳定的半缩醛。

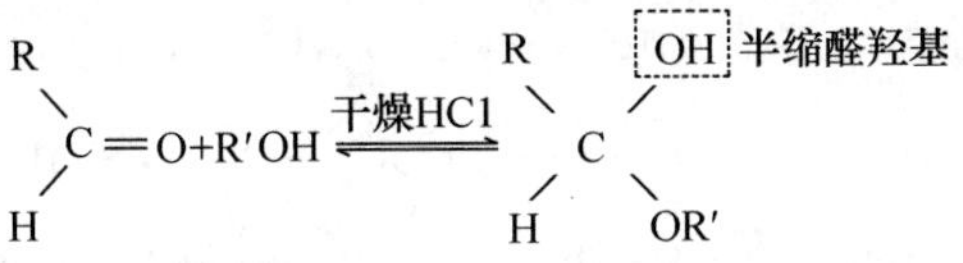

半缩醛

半缩醛分子中的羟基称为半缩醛羟基。半缩醛羟基很活泼,可继续与醇反应,脱去一分子水生成稳定的缩醛。

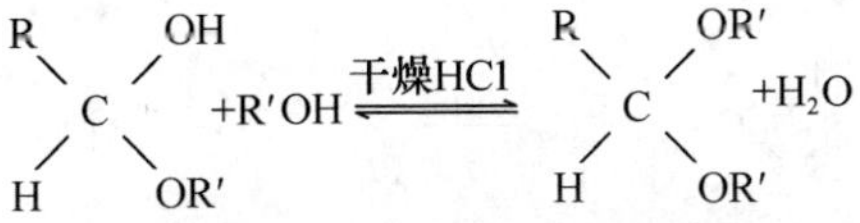

缩醛

缩醛在碱溶液中比较稳定,但在酸性溶液中又易水解成为原来的醛和醇,所以生成缩醛的反应在无水条件下进行。一般情况下,酮和醇难以加成形成缩酮。

某些多羟基醛和多羟基酮能以稳定的环状半缩醛和半缩酮的形式存在于自然界,如葡萄糖、果糖等。因此,上述讨论对了解糖类化合物的结构和性质有重要的意义。

②与氨的衍生物的加成缩合　醛、酮与氨的某些衍生物,如羟胺($HO—NH_2$)、肼($H_2N—NH_2$)、苯肼($C_6H_5—NHNH_2$)、伯胺($R—NH_2$)等,发生加成反应。如以 Y 表示上述试剂中除氨基以外的其他基团,则其反应过程可表示如下:

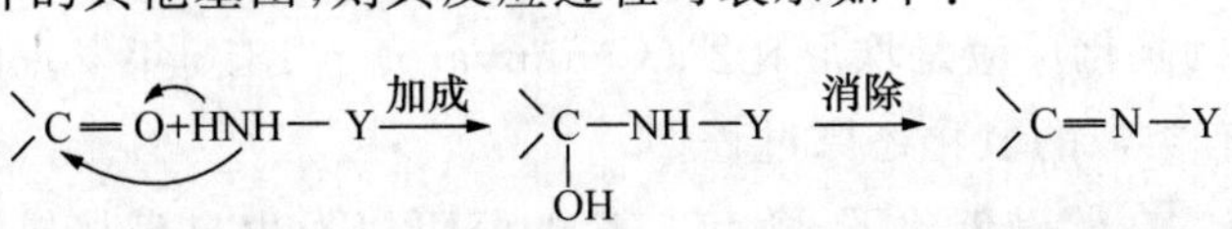

即先生成不稳定的加成产物,然后脱去一分子水,形成含碳氮双键的加成缩合产物。加成缩

合产物都是很好的结晶，易于提纯，在稀酸的作用下又能分解为原来的醛、酮，所以可以利用这一性质分离、提纯醛、酮。同时缩合产物各具一定的熔点，所以又可以利用这一性质来鉴别醛、酮。因此，氨的衍生物又称为羰基试剂。

(2)氧化反应　醛的羰基上连有可被氧化的氢原子，所以醛很容易被空气中的氧及一些弱氧化剂氧化成碳原子数相同的羧酸，酮在同样条件下不被氧化，据此可区别醛和酮。常用的弱氧化剂有托伦(Tollen)试剂、费林(Fehling)试剂和本尼迪克特(Benedict)试剂。托伦试剂是硝酸银的氨溶液。费林试剂由Ⅰ、Ⅱ两种溶液组成，Ⅰ是硫酸铜溶液，Ⅱ是氢氧化钠和酒石酸钾钠的混合液，使用时将其等体积混合。本尼迪克特试剂又称班氏试剂，是硫酸铜、碳酸钠和柠檬酸钠的混合液。这3种试剂中起氧化作用的分别是银离子或铜离子，它们将醛氧化为羧酸，本身被还原为金属银或 Cu_2O 沉淀。

当试管很干净时，还原出来的银附着在试管壁上形成光亮的银镜，因此托伦试剂与醛的反应又称为银镜反应。氧化亚铜为红色沉淀，现象非常明显。利用这些试剂可鉴别醛和酮。芳香醛只能起银镜反应，而不能还原费林试剂和本尼迪克特试剂。甲醛不能还原本尼迪克特试剂。

$$RCHO + 2[Ag(NH_3)_2]^+ + 2OH^- \xrightarrow{\triangle} RCOONH_4 + 2Ag\downarrow + 3NH_3\uparrow + H_2O$$

$$RCHO + 2Cu^{2+} + 5OH^- \xrightarrow{\triangle} RCOO^- + Cu_2O\downarrow + 3H_2O$$

(3)还原反应　在催化剂铂、钯、镍等催化下加氢，醛被还原成伯醇，酮被还原成仲醇。在生物体内，羰基还原成羟基的反应是在酶的催化下进行的。

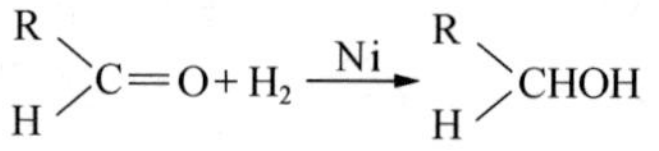

伯醇

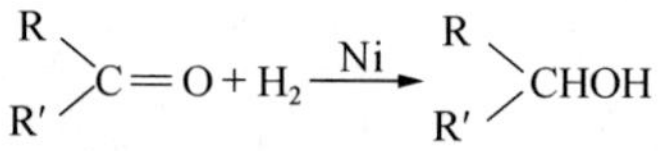

仲醇

(4)歧化反应　不含 α-氢的醛，如 HCHO、R_3CCHO、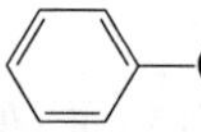—CHO等，在浓碱作用下，能发生自身的氧化还原反应，即一分子醛氧化成酸，另一分子醛还原成醇，这种反应叫歧化反应。

$$HCHO + HCHO \xrightarrow{浓NaOH} HCOONa + CH_3OH$$

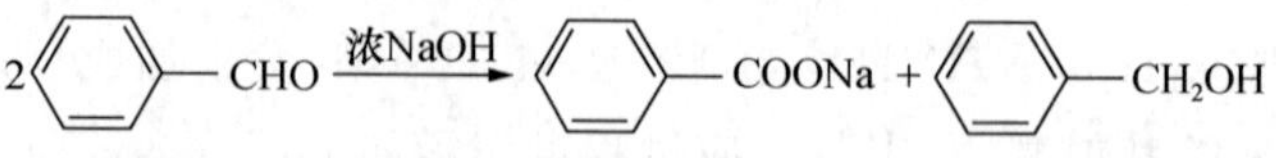

不含 α-氢的醛发生的歧化反应是坎尼札罗(Cannizzaro)于1853年发现的，故又称坎尼札罗反应。生物体内也有类似的氧化还原过程。

(5)α-氢的反应　在稀碱催化下，含有 α-氢的醛可以发生自身加成反应，即一分子醛以其 α-碳对另一分子醛的羰基加成，生成 β-羟基醛，此反应称为羟醛缩合反应。由于受到羰基的影响，醛、酮分子中的α-氢原子比较活泼，因此，具有α-氢的醛、酮，都可以发生羟醛缩合反应。例如：

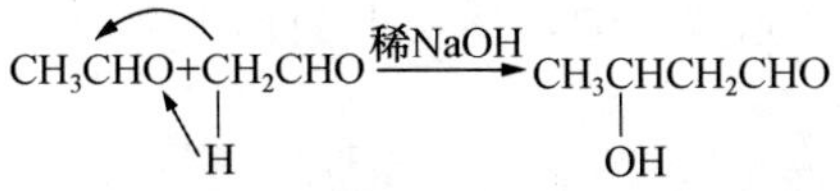

β-羟基醛中的α-氢更活泼，在稍受热的情况下能与羟基脱水生成α,β-不饱和醛。

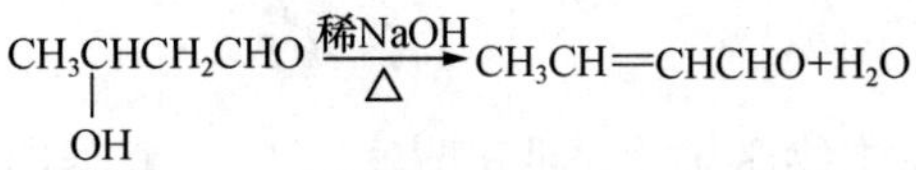

含有α-氢的醛可以与另一种不含α-氢的醛发生加成反应，即一分子醛以其α-碳对另一分子不含α-氢的醛的羰基加成，产物也是β-羟基醛，此反应称为交叉羟醛缩合反应。例如：

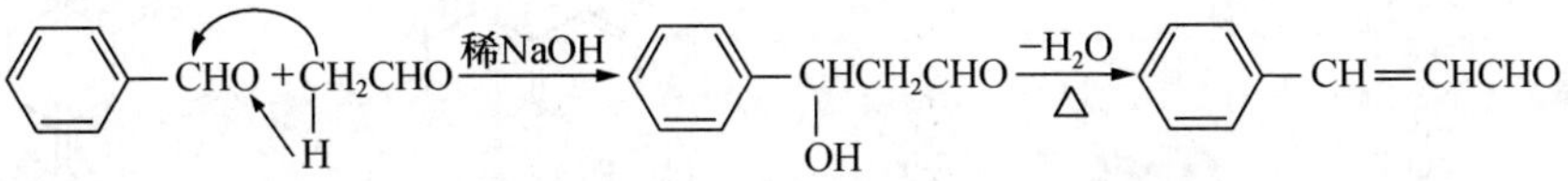

羟醛缩合反应是增长碳链的方法之一。生物体内也有类似的反应。

3. 醛、酮代表物的应用

(1)甲醛　甲醛又叫蚁醛，是无色、对黏膜有刺激性的气体，沸点－21 ℃，易溶于水。甲醛有凝固蛋白质的作用，因而有杀菌和防腐能力。市售的福尔马林便是37%～40%的甲醛水溶液。在工业上，大量用于制造酚醛树脂、脲醛树脂、合成纤维等。在农业上，常用作谷仓、接种室、厩舍等场所的杀菌消毒剂，还用于小麦、棉花等种子的浸种杀菌等。

甲醛与氨作用生成六亚甲基四胺[$(CH_2)_6N_4$]，商品名为乌洛托品(urotropine)。六亚甲基四胺在医药上用作抗流感、抗风湿、利尿剂及尿道消毒剂，在工业上可用作橡胶硫化促进剂、纺织品的防缩剂。

(2)乙醛及三氯乙醛　乙醛是无色易挥发的液体，有刺激性气味，沸点20.3 ℃，可溶于水、乙醇和乙醚中。乙醛能聚合成三聚乙醛，三聚乙醛在稀硫酸中加热可解聚而放出乙醛。工业上常用形成三聚乙醛来保存易挥发的乙醛。乙醛是有机合成的重要原料。

三氯乙醛(Cl_3CCHO)为无色液体，沸点98 ℃，与水生成稳定的水合三氯乙醛。水合三氯乙醛有快速催眠的作用。在工业上，三氯乙醛是制备药物和农药的原料。

(3)苯甲醛　苯甲醛又叫苦杏仁油，是无色、有苦杏仁味的液体，沸点179 ℃，稍溶于水，易溶于乙醇、乙醚中。苯甲醛和糖、氢氰酸等结合而存在于杏、桃、李等果实的种子中，其中以苦杏仁含量最高。苯甲醛在空气中放置能够被氧化为苯甲酸。苯甲醛常用作制备香料和染料的原料。

(4)丙酮　丙酮是具有愉快香味、无色、易挥发的易燃液体，沸点56.2 ℃，能与水、乙醇、乙醚、氯仿等混溶。丙酮能溶解树脂、油脂等多种有机物，所以是常用的有机溶剂。丙酮也是重要的化工原料。在生物体内物质代谢中，丙酮是油脂在肝脏中分解的产物。

(二)醌

1.醌的结构和命名

醌是一类环状的不饱和二元酮。醌在结构上的特点是分子中含有以下醌型结构。

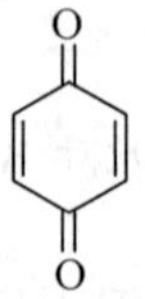
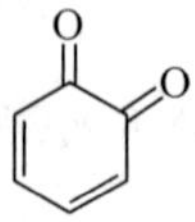

醌一般是看作芳烃的衍生物来命名,即在醌字前加上芳基的名称,再用邻、对或阿拉伯数字标明羰基的位置,放在名称之前。例如:

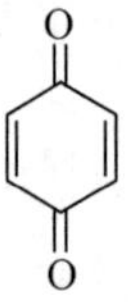
1,4-苯醌(对苯醌)

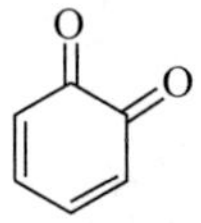
1,2-苯醌(邻苯醌)

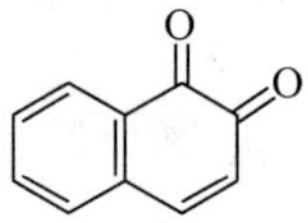
1,2-萘醌

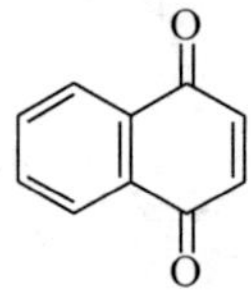
1,4-萘醌

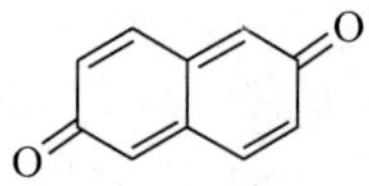
2,6-萘醌

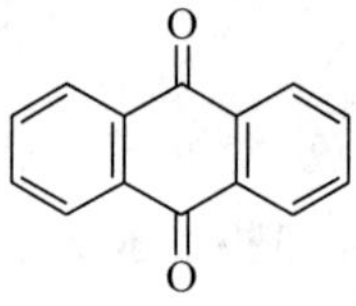
9,10-蒽醌

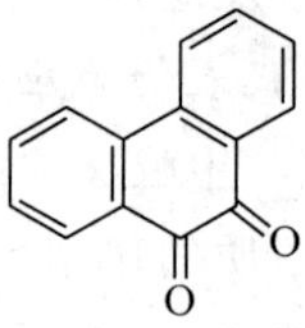
9,10-菲醌

2.生物体内重要的醌

(1)泛醌、质醌、维生素 K　这些醌的衍生物对生物体有重要的生理作用。

泛醌(辅酶 Q)为苯醌的衍生物,是所有需氧生物体内氧化还原过程中极为重要的物质。它通过醌酚氧化还原过程在生物体内转移电子。

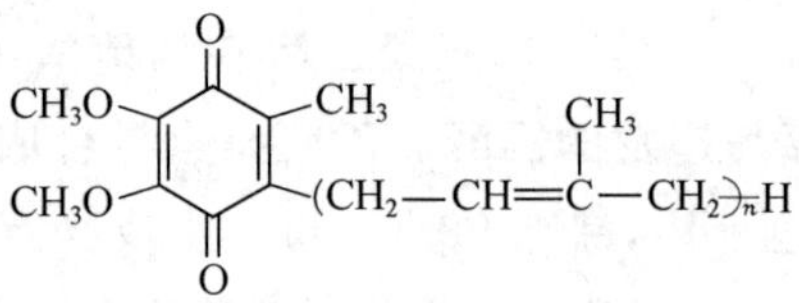

分子中一个长的侧链是由异戊二烯单位组成的,在不同的生物体中其异戊二烯单位的数目不同。人体中,异戊二烯单位一般为 10。

质体醌也是苯醌的衍生物,在植物光合作用中参与氢的传递和电子的转移,是植物体内一类重要的化合物。

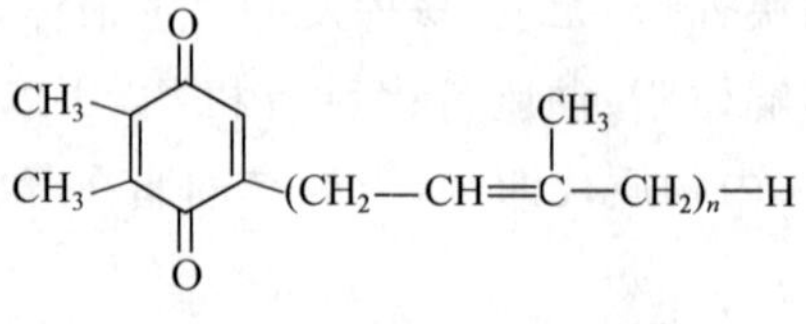

维生素 K 是萘醌的衍生物，存在于多种绿叶蔬菜中，它有促进凝血酶原生成的作用，是人和动物不可缺少的维生素。人和动物缺乏维生素 K 时，受伤后常会出血不止。维生素 K 在临床上用于治疗阻塞性黄疸和新生儿出血病；在养殖业上，雏鸡断喙前后常需饮用含维生素 K 的水。

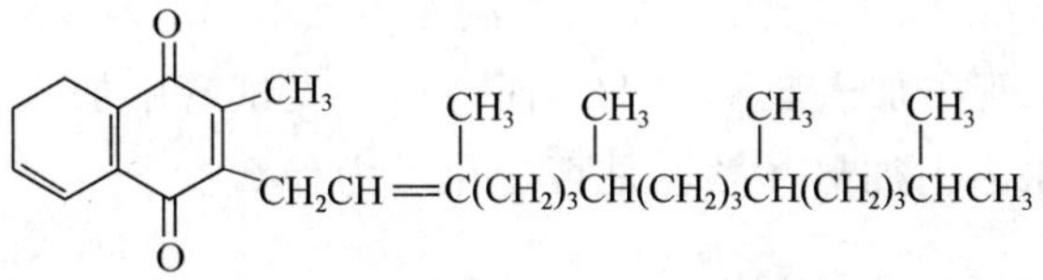

(2)茜红和大黄素　具有醌式结构的物质都是有颜色的，因此，许多醌的衍生物是重要的染料中间体。如茜草中的茜红，是最早被使用的天然染料之一。存在于中药大黄中的大黄素，也广泛分布于霉菌、真菌、地衣、昆虫及花色素中，对葡萄球菌、某些革兰氏阴性杆菌及流感病毒都有抑制作用。

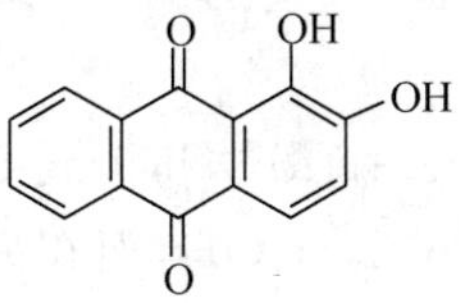

茜红

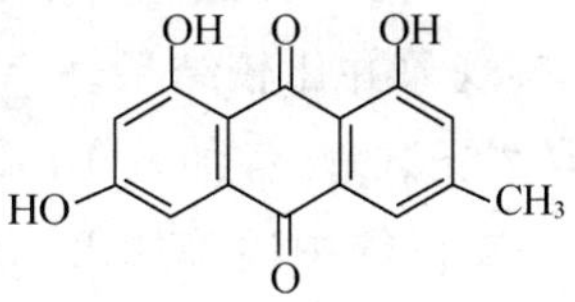

大黄素

★ 实验操作——有机化合物官能团性质实验

(一)实验仪器

烧杯，试管，试管架，酒精灯。

(二)药品与试剂

0.5% $KMnO_4$ 溶液，5% NaOH 溶液，10% NaOH 溶液，5% $FeCl_3$ 溶液，3% Br_2 的 CCl_4溶液，10% H_2SO_4 溶液，浓 H_2SO_4 溶液，浓 HNO_3 溶液，$K_2Cr_2O_7$ 的浓 H_2SO_4 溶液，5% $CuSO_4$ 溶液，5% $AgNO_3$ 溶液，浓 $NH_3 \cdot H_2O$ 溶液，C_6H_6，5% C_6H_5OH 溶液，松节油[1]，酚酞，5% 邻苯二酚溶液，5% β-萘酚溶液，$C_6H_5CH_3$，甘油，$CH_3CH_2CH_2CH_2OH$，$(CH_3)_3COH$，$CH_3CH(OH)CH_2CH_3$，95% C_2H_5OH 溶液，C_6H_5CHO，HCHO，CH_3CHO，CH_3COCH_3，费林试剂Ⅰ，费林试剂Ⅱ，2,4-二硝基苯肼。

(三)操作步骤

1. 烯烃的性质

(1)加成反应　取 1 支试管，加入 2 滴 3% Br_2 的 CCl_4 溶液，再逐滴加入 4 滴松节油，振摇，观察其颜色变化。

(2)氧化反应　取 1 支试管，加入 5 滴 0.5% $KMnO_4$ 溶液，然后逐滴加入 3～4 滴松节油，振摇，观察是否有颜色变化和沉淀产生。

2.芳香烃的性质

(1)硝化反应 取1支干燥试管,加入10滴浓H_2SO_4,5滴浓HNO_3,充分混合,待试管冷却后再滴入10滴C_6H_6,在50～60 ℃的水浴中加热10 min,将其倒入盛有5 mL H_2O的小烧杯。生成物是什么颜色的油状物?产物是什么?

(2)氧化反应 取2支干燥试管,各加入2滴0.5% $KMnO_4$溶液和10滴10% H_2SO_4溶液,然后在其中一支试管中加入5滴C_6H_6,而在另一支试管中加入5滴$C_6H_5CH_3$,摇匀。将2支试管置于60 ℃水浴中加热。颜色是否变化?为什么?

3.醇、酚的性质

(1)伯、仲、叔醇的氧化反应 取3支试管,分别加入5滴$CH_3CH_2CH_2CH_2OH$、5滴$CH_3CH(OH)CH_2CH_3$、5滴$(CH_3)_3COH$,然后各加4滴新配制的$K_2Cr_2O_7$的浓H_2SO_4溶液[2],摇匀。置于水浴中微热,观察颜色变化,由此证明哪些醇能被氧化。

(2)多元醇与$Cu(OH)_2$的作用 取2支试管,分别加入5滴5% $CuSO_4$溶液及10滴10% NaOH溶液,摇匀后,在一支试管中加入1 mL 95% C_2H_5OH,在另一支试管中加入1 mL甘油,摇匀。观察现象并比较结果。

(3)酸性实验 取2支试管,各加入10滴蒸馏水、1滴酚酞和1滴5% NaOH,摇匀,溶液呈桃红色。然后在一支试管中逐滴加入15滴95% C_2H_5OH,而在另一支试管中逐滴加入15滴5% C_6H_5OH,摇匀。颜色是否变化?为什么?

(4)酚与$FeCl_3$的呈色反应 取3支试管,分别加入2滴5% C_6H_5OH溶液、5%邻苯二酚溶液、5% β-萘酚溶液,然后各加入2滴5% $FeCl_3$溶液,观察颜色变化。

4.醛、酮的性质

(1)与2,4-二硝基苯肼的反应 取4支试管,各加入5滴2,4-二硝基苯肼,然后分别加入1～2滴HCHO、CH_3CHO、CH_3COCH_3、C_6H_5CHO溶液,微微振荡,观察是否有沉淀产生。

(2)与托伦试剂的反应 在一支洁净的试管中加入3 mL 5% $AgNO_3$溶液及2滴10% NaOH溶液,然后滴加浓$NH_3 \cdot H_2O$,直至沉淀恰好溶解为止。将上述溶液分置3支试管中,分别滴加10滴CH_3CHO、10滴CH_3COCH_3、10滴C_6H_5CHO,摇匀后放水浴上加热,观察现象。

(3)与费林试剂的反应 取4支试管,各加入5滴费林试剂Ⅰ和5滴费林试剂Ⅱ,摇匀,得深蓝色透明的液体。然后分别加入10滴HCHO、CH_3CHO、C_6H_5CHO、CH_3COCH_3溶液,摇匀,置于沸水浴中加热3 min。溶液颜色有无变化?有无沉淀产生?

(4)羟醛缩合反应 取1支试管,加入8滴10%NaOH溶液,加入10滴CH_3CHO,摇匀。置于酒精灯上加热至沸腾,观察反应现象。(CH_3CHO是含α-H的醛,在稀碱条件下,能起羟醛缩合反应,缩合产物受热后脱水生成烯醛,烯醛可进一步发生聚合生成有颜色的树脂状物。)

(四)实验现象记录

实验项目		实验现象	原因分析
烯烃的性质	加成反应		
	氧化反应		
芳香烃的性质	硝化反应		
	氧化反应		
醇、酚的性质	氧化反应		
	与 $Cu(OH)_2$ 的作用		
	酸性实验		
	呈色反应		
醛、酮的性质	与氨的衍生物的作用		
	与托伦试剂的反应		
	与费林试剂的反应		
	羟醛缩合反应		

注释：

[1] 松节油是萜烯类化合物。

[2] $K_2Cr_2O_7$ 的浓 H_2SO_4 溶液的配制：将 5 mL 浓 H_2SO_4 慢慢加到 50 mL 蒸馏水中，再加入 5 g $K_2Cr_2O_7$ 使之溶解即可。

★ 思考练习题

一、填空题

1. 在横线上填写有机物的名称或结构式。

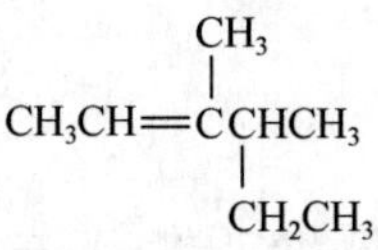

(1)________

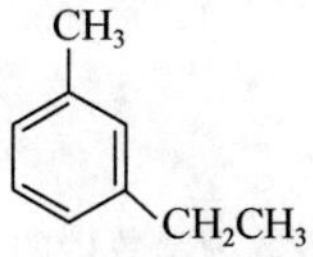

(2)________

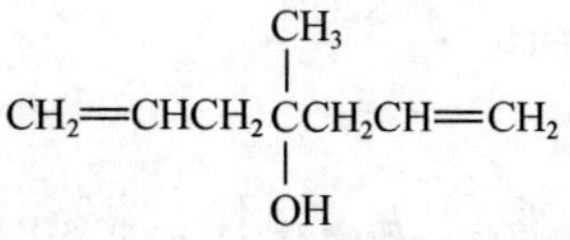

(3)________

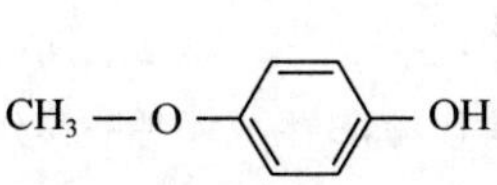

(4)________

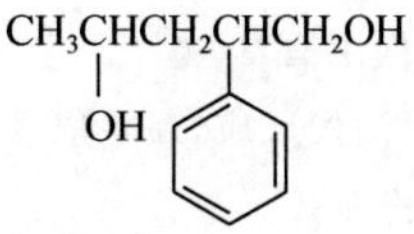

(5)________

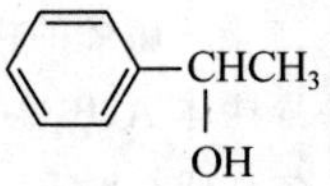

(6)________

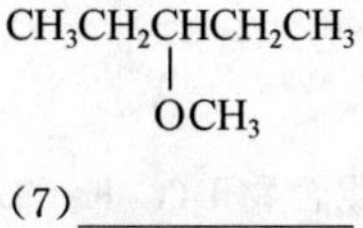

(7)________

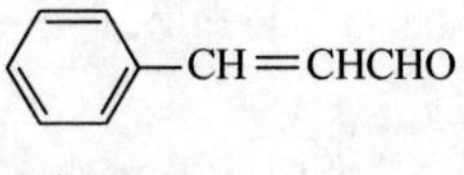

(8)________

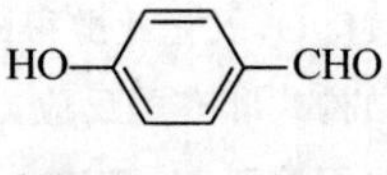

(9)________

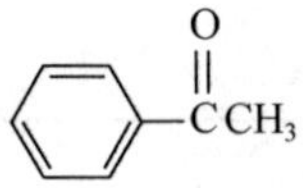

(10)____________

$CH_3\overset{\overset{O}{\|}}{C}CH_2CH_2\overset{\overset{O}{\|}}{C}CH_2CH_3$

(11)____________

(12)2-甲基-1,3-丁二烯____________

(13)仲丁醇____________

(14)甘油____________

(15)肌醇____________

(16)甲苯酚(邻、间、对)____________

(17)苯甲醚____________

(18)丙酮____________

(19)丙烯醛____________

(20)肾上腺素____________

2.完成下列化学反应。

(1) $CH_2{=}CH_2 + Br_2 \longrightarrow$

(2) $CH_3CH{=}\underset{}{\overset{\overset{CH_3}{|}}{C}}{-}CH_3 + H_2O \xrightarrow{H^+}$

(3) 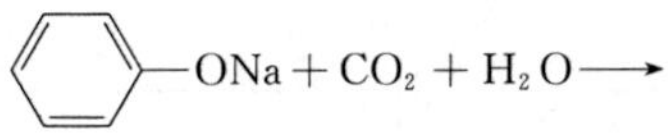

(4) $CH_3COOH + CH_3CH_2OH \xrightarrow[\triangle]{H^+}$

(5) $CH_3\underset{\underset{OH}{|}}{C}HCH_2CH_2CH_3 \xrightarrow{[O]}$

(6) $CH_3\underset{\underset{OH}{|}}{C}HCH_2CH_2CH_3 \xrightarrow[\triangle]{H^+}$

(7) $CH_3CHO \xrightarrow[\text{无水 HCl}]{CH_3OH}$

(8) $(CH_3)_3CCHO \xrightarrow{\text{浓 NaOH}}$

(9) $CH_3CH_2CHO \xrightarrow{\text{稀 NaOH}}$

二、简答题

1.植物蜡质中烷烃一般含有21～35个碳原子,其中大多数为奇数碳的烷烃,由于烷烃稳定的特征,在草食动物的消化道中不被消化,因此常用来评价草食动物的采食量。请写出含有29个碳的直链烷烃的分子式。

2.分子式为 C_6H_{14} 的烷烃的有几种同分异构体?如何用系统命名法命名?

3.雌家蝇的性信息素顺-9-二十三碳烯的构型式如何书写?

4.分子式为 C_5H_{12} 的3种异构体A、B、C分别发生溴代反应,A生成1种一溴代物,B生成4种一溴代物,C生成3种一溴代物。A、B、C各是什么物质?写出结构简式。

5.有一分子式为 C_7H_{14} 的化合物,不能被高锰酸钾溶液氧化,经测定分子中只含有一个伯碳原子,写出该化合物的结构简式。

6.某醇A分子式为 $C_5H_{12}O$,氧化此醇得酮,脱水则得一种烃B,此烃经氧化可生成另一种酮C和一种羧酸D,试写出A、B、C、D的结构式和有关反应方程式。

7.某化合物A(C_7H_8O)不溶于 $NaHCO_3$,但溶于NaOH。A与溴水作用立即得到化合物B($C_7H_5OBr_3$),写出A和B的结构式。

8.如何用简单的化学方法鉴别下列各组化合物？

(1)环己烯、环己烷、甲苯　　(2)苯、甲苯、环丙烷

(3)苯乙烯、乙苯、苯　　(4)丙烷、丙烯、环丙烷

(5)苯酚、苯、甲苯　　(6)甲醛、丙酮、异丙醇、正丙醇

(7)甲醛、乙醛、丙醛　　(8)甲醛、苯甲醛、苯乙酮

单元二　羧酸及取代酸

★ 理论知识

羧酸及其衍生物和取代酸广泛存在于自然界，是动植物体内重要的生理物质，在动植物的代谢过程中起着重要作用。

课程 PPT

一、羧酸

羧酸是指分子中含有羧基(—COOH)的化合物，羧基是羧酸的官能团。

(一)分类和命名

1.分类

根据与羧基相连的烃基的不同，羧酸可分为脂肪羧酸(又可分为饱和和不饱和两类)、脂环羧酸和芳香羧酸；根据分子中所含羧基的数目，可分为一元羧酸、二元羧酸和多元羧酸等。饱和一元脂肪羧酸的通式为 $C_nH_{2n+1}COOH$。

2.命名

(1)俗名　许多羧酸都有俗名，即根据来源或性质进行命名，见括号内的名称。

(2)系统命名法　脂肪羧酸的系统命名原则与醛类似，是选择含有羧基的最长碳链作主链，编号从羧基碳原子开始。命名一些简单的脂肪羧酸时，常习惯用 α、β、γ 等希腊字母表示取代基的位置。对不饱和羧酸(常见的是烯酸)，应选择含羧基及双键的最长碳链作主链，同时必须指明双键的位置，并称为某烯酸。

$HCOOH$
甲酸(蚁酸)

CH_3COOH
乙酸(醋酸)

$CH_3CH{=}CHCOOH$
2-丁烯酸(巴豆酸)

$HOOCCH{=}CHCOOH$
丁烯二酸

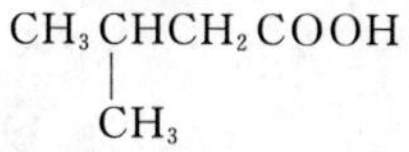
3-甲基丁酸(β-甲基丁酸)

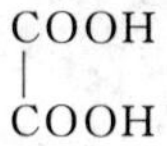
乙二酸(草酸)

芳香羧酸和脂环羧酸的命名，通常把芳环或脂环当作取代基。

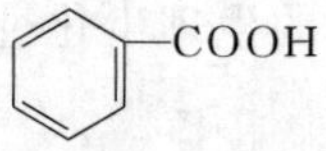
苯甲酸(安息香酸)

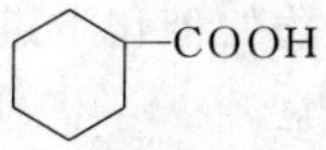
环己基甲酸

(二)化学性质

1.酸性

羧酸在水中可电离出部分氢离子而显酸性。

$$RCOOH \rightleftharpoons RCOO^- + H^+$$

羧酸的电离常数一般都很小,大多数是弱酸,但比碳酸和苯酚的酸性要强。羧酸具有酸的通性,能使石蕊变红,能与碱性氧化物、碱和某些盐发生反应。

$$2RCOOH + MgO \longrightarrow (RCOO)_2Mg + H_2O$$

$$RCOOH + NaOH \longrightarrow RCOONa + H_2O$$

$$2RCOOH + Na_2CO_3 \longrightarrow 2RCOONa + H_2O + CO_2\uparrow$$

大多数羧酸的 pK_a 在 4～5,而生物细胞中的 pH 一般在 5～9,所以在有机体中,羧酸往往以盐的形式(多为与有机碱形成的盐)存在。同时,由于羧基的极性而使羧酸在水中有一定的溶解度,羧酸盐在水中的溶解度更大。因此,在许多天然有机物中,由于羧基的存在而增加了分子的水溶性。

2.羧酸衍生物的生成

(1)酯的生成　在强酸(如浓硫酸)的催化下,羧酸与醇作用生成酯。有机酸和醇的酯化反应是可逆的。

$$RCOOH + HOR' \underset{\triangle}{\overset{\text{浓 } H_2SO_4}{\rightleftharpoons}} RCOOR' + H_2O$$

(2)酰胺的生成　羧酸与氨作用,得到羧酸的铵盐,铵盐受热脱水生成酰胺。

$$RCOOH + NH_3 \longrightarrow RCOONH_4 \xrightarrow{\triangle} RCONH_2 + H_2O$$

3.脱羧反应

从羧酸分子中脱去一分子二氧化碳而生成少一个碳原子的化合物的反应,叫作脱羧反应。饱和一元脂肪羧酸盐与碱石灰共热,可脱羧生成比原来羧酸少一个碳原子的烃。

$$RCOONa + NaOH \xrightarrow[\triangle]{CaO} R{-}H + Na_2CO_3$$

α-碳原子上连有强吸电子基团的一元羧酸,更容易发生脱羧反应。

$$CH_3COCH_2COOH \xrightarrow{\triangle} CH_3COCH_3 + CO_2\uparrow$$

低级的二元羧酸受热比较容易脱羧。

$$HOOC{-}COOH \xrightarrow{\triangle} HCOOH + CO_2\uparrow$$

$$HOOC{-}CH_2{-}COOH \xrightarrow{\triangle} CH_3COOH + CO_2\uparrow$$

脱羧反应也可在酶的催化下进行,这类反应在动植物的生理生化过程中是常见的。

4.α-氢的取代反应

脂肪羧酸中的 α-氢可被卤素取代生成卤代酸,但较醛、酮的卤代反应困难,如乙酸在日光或红磷的催化下，α-氢可逐渐被氯取代，生成一氯乙酸、二氯乙酸或三氯乙酸。

$$CH_3COOH + Cl_2 \xrightarrow{\text{日光}} ClCH_2COOH \xrightarrow[\text{日光}]{Cl_2} Cl_2CHCOOH \xrightarrow[\text{日光}]{Cl_2} Cl_3CCOOH$$

(三)羧酸代表物的应用

1. 甲酸

甲酸俗称蚁酸，存在于蜂类的螯针、某些蚁类以及毛虫的分泌物中，同时也广泛存在于植物界，如荨麻、松叶及某些果实中。它是无色有刺激性臭味的液体，沸点 100.7 ℃，溶于水，有很强的腐蚀性，能刺激皮肤起泡。

甲酸具有酸的通性，酸性比乙酸强。同时分子内还含有醛基，所以具有还原性，能使 $KMnO_4$ 褪色，能发生银镜反应。

$$H-\overset{\overset{\displaystyle O}{\|}}{C}-OH \xrightarrow{[O]} [HO-\overset{\overset{\displaystyle O}{\|}}{C}-OH] \longrightarrow CO_2 + H_2O$$

甲酸有杀菌力，可作消毒或防腐剂，还可作橡胶浆的凝结剂。

2. 乙酸

乙酸是食醋的主要成分，因此又叫作醋酸。乙酸在自然界分布很广，常以盐、酯或游离态存在于动植物体内。

纯乙酸是无色有刺激性气味的液体，沸点 117.9 ℃，熔点 16.6 ℃。由于纯乙酸在 16 ℃以下能结成似冰状的固体，所以常把无水乙酸叫作冰醋酸。乙酸易溶于水及其他许多有机物，是重要的化工原料。

3. 乙二酸

乙二酸俗称草酸，常以盐的形式存在于许多植物的细胞壁中，如菠菜、草莓、大黄、酸模中含量很多。

草酸通常含两分子结晶水，是无色晶体，易溶于水，而不溶于乙醚等有机溶剂。草酸容易精制，在空气中稳定，在分析化学中常用作基准物质。

草酸的酸性比乙酸强。在草酸或草酸盐溶液中，加入可溶性钙盐，则生成白色的草酸钙沉淀。这个反应很灵敏，分析上常用来检验钙离子和草酸根离子。

$$C_2O_4^{2-} + Ca^{2+} \longrightarrow CaC_2O_4 \downarrow$$

草酸还具有以下特性：

(1)草酸具有还原性，易被氧化。在酸性溶液中，草酸能还原高锰酸钾并使之褪色。

$$5H_2C_2O_4 + 2KMnO_4 + 3H_2SO_4 = K_2SO_4 + 2MnSO_4 + 10CO_2 \uparrow + 8H_2O$$

因此在分析化学上常用它来标定高锰酸钾溶液的浓度。

(2)草酸可以与许多金属离子形成溶于水的配合物，例如 $K_3[Fe(C_2O_4)_3] \cdot 6H_2O$。因此可用草酸来除去铁锈或蓝墨水的污迹。

4. 丁烯二酸

丁烯二酸有顺式及反式两种异构体。

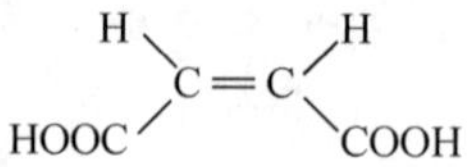

顺-丁烯二酸

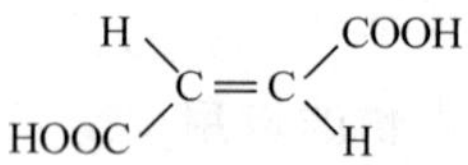

反-丁烯二酸

顺-丁烯二酸俗称马来酸或失水苹果酸，是无色晶体，易溶于水，熔点低，受热易脱水形成酸酐。反-丁烯二酸俗称延胡索酸或富马酸，是无色晶体，难溶于水，难脱水形成酸酐。反-丁烯二酸广泛存在于动植物体内，是生物体内物质代谢的重要中间产物之一。

5. 苯甲酸

苯甲酸常以酯的形式存在于一些树脂和安息香胶中，所以俗名叫作安息香酸。苯甲酸是无色晶体，熔点 122 ℃，微溶于水，易升华。苯甲酸具有抑菌防腐能力，它的钠盐常用作食品和药物中的防腐剂。

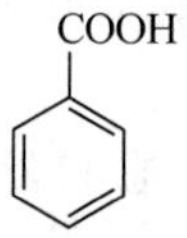

苯甲酸

苯甲酸钠

二、羧酸衍生物

羧酸分子中的羧羟基被其他原子或原子团取代后所生成的化合物，统称为羧酸的衍生物。重要的羧酸衍生物有酯和酰胺，它们在化学性质上有许多相似之处。

(一)命名

酯根据形成它的羧酸和醇(或酚)的名称命名，叫作“某酸某酯”。

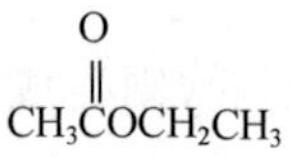

乙酸乙酯

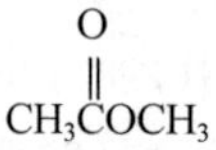

乙酸甲酯

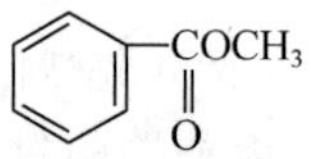

苯甲酸甲酯

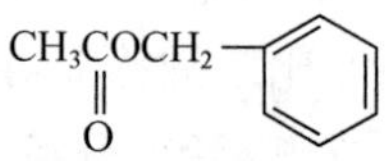

乙酸苯甲酯

酰胺的命名是根据酰基和氨(或胺)基的名称而称为“某酰胺”，并在酰胺名称前指明氮上所连的烃基。

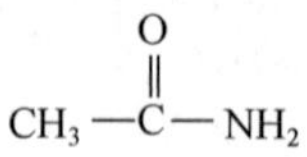

乙酰胺

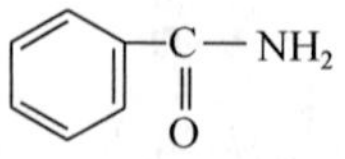

苯甲酰胺

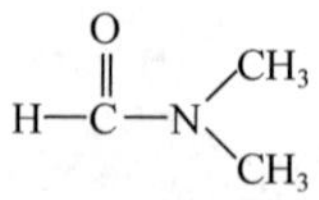

N,N-二甲基甲酰胺

(二)化学性质

1. 水解反应

酯和酰胺都能发生水解反应,反应需要在酸或碱的催化下进行,并且需要加热。

酯在酸催化下的水解反应是酯化反应的逆反应,水解不完全。酯在碱作用下的水解产物是羧酸盐和醇,酯在碱性条件下的水解反应又称为皂化反应。

$$RCOOR' + H_2O \underset{\triangle}{\overset{浓\ H_2SO_4}{\rightleftharpoons}} RCOOH + R'OH$$

$$RCOOR' + H_2O \xrightarrow[\triangle]{NaOH} RCOONa + R'OH$$

酰胺在酸性溶液中水解得到羧酸和铵盐,在碱作用下水解时则得羧酸盐并放出氨。

$$RCONH_2 + H_2O \begin{cases} \xrightarrow{HCl} RCOOH + NH_4Cl \\ \xrightarrow{NaOH} RCOONa + NH_3\uparrow \end{cases}$$

2. 酯交换反应

$$RCOOR' + R''OH \rightleftharpoons RCOOR'' + R'OH$$

酯交换反应通常是"以大换小",生成较高级醇的酯,如上式中 R″的相对分子质量大于 R′。在生物体内,乙酰辅酶 A 与胆碱形成乙酰胆碱的反应,就与酯交换反应类似。

$$CH_3\overset{O}{\overset{\|}{C}}SCoA \xrightarrow{HOCH_2CH_2N^+(CH_3)_3OH^-} CH_3\overset{O}{\overset{\|}{C}}OCH_2CH_2N^+(CH_3)_3OH^- + HSCoA$$

3. 酯缩合反应

酯中的 α-氢是比较活泼的,在醇钠的作用下,能与另一分子酯缩去一分子醇,生成 β-酮酸酯,这个反应叫作酯缩合或克莱森(Claisen)酯缩合。

$$CH_3\overset{O}{\overset{\|}{C}}OC_2H_5 + HCH_2\overset{O}{\overset{\|}{C}}OC_2H_5 \xrightarrow{NaOC_2H_5} CH_3\overset{O}{\overset{\|}{C}}CH_2\overset{O}{\overset{\|}{C}}OC_2H_5 + C_2H_5OH$$

酯缩合反应是生物体内的一个重要反应。生物体内长链脂肪酸以及一些其他化合物的生成就是由乙酰辅酶 A 通过酯缩合反应后经一系列复杂的生化过程形成的。

(三)自然界中的羧酸衍生物

酯广泛分布于自然界。如水果的香气,是由多种酯和一些其他物质组成的,其中的酯是由相对分子质量不太大的醇和酸形成的。例如,由菠萝取得的香精油中含有乙酸乙酯、戊酸甲酯、异戊酸甲酯、异己酸甲酯和辛酸甲酯等。动物脂肪和植物油是高级脂肪酸和甘油形成的酯。蜡是高级脂肪酸和高级醇的酯。

顺-7-十二碳烯-1-醇的醋酸酯是梨小食心虫的性信息素,其顺式异构体对雄蛾有极强的引诱作用。

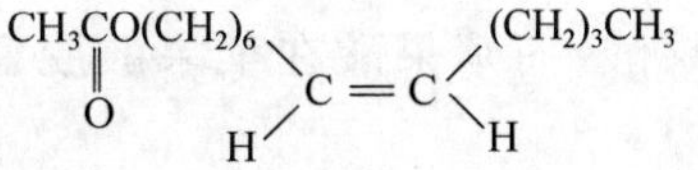

自然界分布最广的酰胺就是蛋白质。此外，某些抗生素，如青霉素、头孢菌素、磺胺类药物等都属酰胺类化合物。

三、取代酸

羧酸分子中烃基上的氢原子被其他原子或基团取代的衍生物，叫作取代酸。按照分子中取代基的不同，可分为卤代酸、羟基酸、羰基酸和氨基酸等。氨基酸将在蛋白质一章中介绍，本章主要讨论羟基酸和羰基酸。

(一)羟基酸

羟基酸包括醇酸和酚酸两类，前者是指脂肪羧酸烃基上的氢原子被羟基取代的衍生物，后者是指芳香羧酸芳香环上的氢原子被羟基取代的衍生物。它们都广泛存在于动、植物界。

1. 乳酸

乳酸($CH_3CHOHCOOH$)的化学名称为 2-羟基丙酸(或 α-羟基丙酸)。乳酸最初来自酸牛奶，它是牛奶中含有的乳糖受微生物的作用分解而成的。蔗糖发酵也能得到乳酸。此外，人在剧烈运动时，糖原分解产生乳酸，当肌肉中乳酸含量增多时，会感到酸痛，经休息后，肌肉里的乳酸就转化为水、二氧化碳和糖原。

乳酸有很强的吸湿性，一般呈糖浆状液体，在食品工业中用作增酸剂。乳酸钙是补充体内钙质的药物之一。

乳酸能够被托伦试剂氧化。在生物体内，乳酸在酶的作用下可脱氢生成丙酮酸，这个反应是可逆的。

$$CH_3\underset{}{\overset{\overset{\displaystyle OH}{|}}{C}}HCOOH \underset{+2H}{\overset{-2H}{\rightleftharpoons}} CH_3\overset{\overset{\displaystyle O}{\|}}{C}COOH$$

2. β-羟基丁酸

β-羟基丁酸($CH_3CHOHCH_2COOH$)是吸湿性很强的无色晶体，一般为糖浆状液体，易溶于水。它是人体内脂肪酸代谢的中间产物，在酶的催化下脱氢生成 β-丁酮酸。

$$CH_3\overset{\overset{\displaystyle OH}{|}}{C}HCH_2COOH \underset{+2H}{\overset{-2H}{\rightleftharpoons}} CH_3\overset{\overset{\displaystyle O}{\|}}{C}CH_2COOH$$

3. 苹果酸

苹果酸($HOOCCHOHCH_2COOH$)即羟基丁二酸。苹果酸最初由苹果中取得，因而得名。它多存在于未成熟的果实内，在山楂中含量较多，也存在于一些植物的叶子中。苹果酸在食品工业中用作酸味剂，其钠盐可作为禁盐病人的食盐代用品。

苹果酸是生物体内糖代谢的中间产物，在生物体内延胡索酸酶的作用下，延胡索酸(反-丁烯二酸)可与水加成形成苹果酸，而苹果酸在苹果酸脱氢酶的作用下，又可氧化成草酰乙酸。

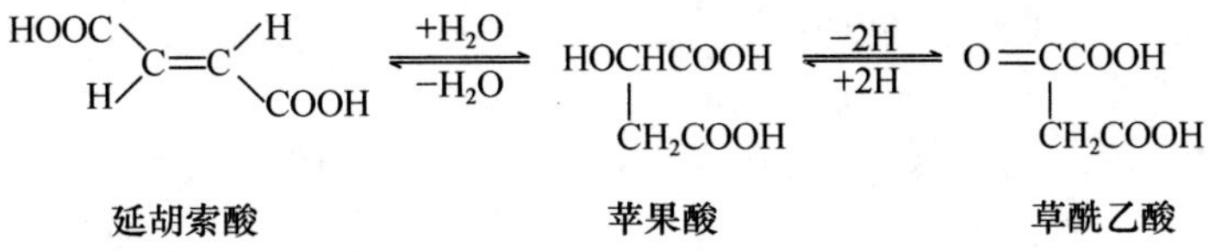

4. 酒石酸

酒石酸（HOOCCHOHCHOHCOOH）即α，β-二羟基丁二酸或2，3-二羟基丁二酸。酒石酸以游离状态或盐的形式存在于多种水果中。在食品工业上，酒石酸可用作酸味剂。酒石酸锑钾俗称吐酒石，可用作催吐剂和治疗血吸虫病。酒石酸钾钠可用于配制费林试剂。

5. 柠檬酸

柠檬酸又叫枸橼酸。广泛存在于多种植物的果实中，尤以柠檬中含量最高。柠檬酸是无色晶体，易溶于水和乙醇，有酸味。在食品工业中用作糖果及清凉饮料的调味品；也用于制药，如柠檬酸铁铵可作补血剂。

将柠檬酸加热到150 ℃，可发生分子内脱水生成顺乌头酸，顺乌头酸加水又可生成柠檬酸和异柠檬酸两种异构体。

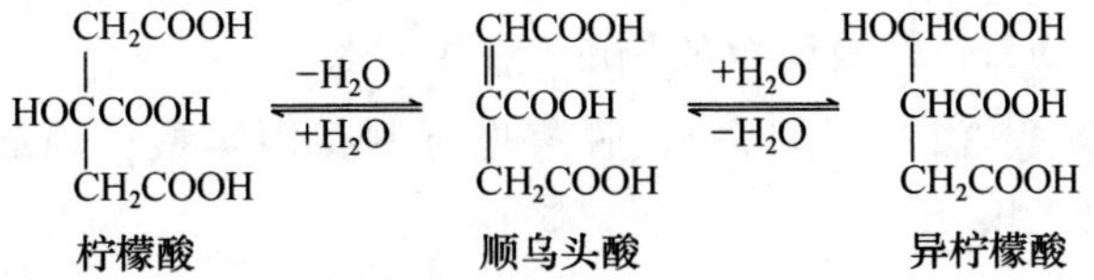

生物体中的糖、脂肪和蛋白质代谢过程中，都要通过由柠檬酸经顺乌头酸转化为异柠檬酸的过程，这种化学变化是在酶的催化下进行的。

6. 水杨酸

水杨酸又叫柳酸，存在于柳树及水杨树等的树皮中。微溶于冷水，易溶于乙醇、乙醚和沸水中，与氯化铁水溶液作用显紫红色。

阿司匹林（即乙酰水杨酸）有解热、镇痛作用。近年研究发现阿司匹林还具有抗血小板聚集作用，可防止血栓形成。

水杨酸甲酯是由冬青树叶中取得的冬青油的主要成分，因此常将水杨酸甲酯叫作冬青油。水杨酸甲酯可作扭伤时的外擦药，因其有特殊的香气，也用作配制牙膏、糖果的香精。

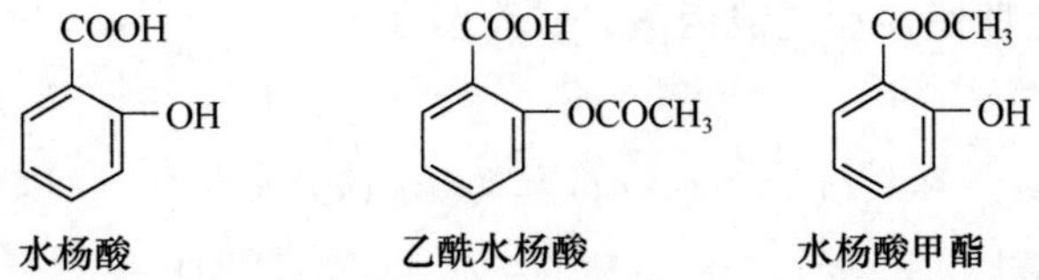

7. 没食子酸

没食子酸就是3，4，5-三羟基苯甲酸，又叫五倍子酸或棓酸，以单宁的形式存在于五倍子、槲树皮和茶叶等中。将没食子酸加热到210 ℃以上时，可脱羧生成没食子酚。

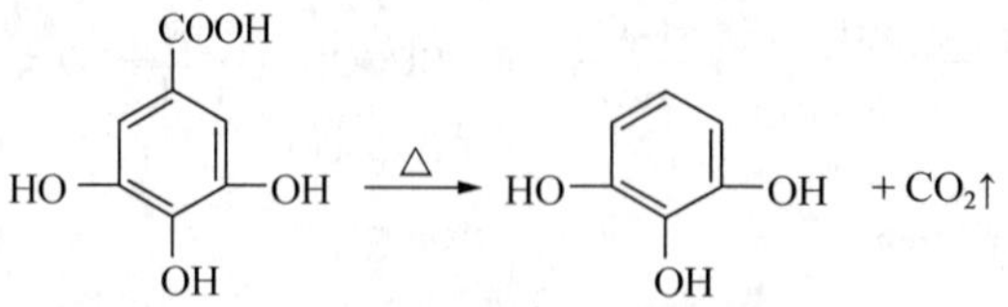

没食子酸　　　没食子酚

(二)羰基酸

羰基酸是分子中含有羰基的羧酸,羰基在碳链一端的是醛酸,居于碳链中间的是酮酸。系统命名时选择含羰基和羧基的最长的碳链为主链,称为某酮酸或某醛酸。命名酮酸时,常根据羰基和羧基的距离分为 α-酮酸、β-酮酸等。

1. 乙醛酸

乙醛酸(OHC—COOH)是最简单的醛酸,存在于未成熟的水果和动植物组织中。乙醛酸易溶于水,有醛和羧酸的典型反应性能,并能进行坎尼札罗反应。

$$2OHC—COOH \xrightarrow{NaOH} HOH_2C—COONa + NaOOC—COONa$$

2. 丙酮酸

丙酮酸($CH_3COCOOH$)是最简单的酮酸,易溶于水。

乳酸氧化可得丙酮酸,由酒石酸失水、脱羧也可制得丙酮酸。丙酮酸是生物体内糖、脂肪、蛋白质代谢的中间产物。

丙酮酸可以脱羧或脱羰,分别形成乙醛或乙酸。

$$CH_3\overset{O}{\overset{\|}{C}}COOH \xrightarrow[\triangle]{稀H_2SO_4} CH_3CHO + CO_2\uparrow$$

$$CH_3\overset{O}{\overset{\|}{C}}COOH \xrightarrow[或\triangle]{浓H_2SO_4} CH_3COOH + CO\uparrow$$

在二价铁离子存在的条件下,丙酮酸能被过氧化氢氧化成乙酸,并放出二氧化碳。

$$CH_3\overset{O}{\overset{\|}{C}}COOH \xrightarrow{Fe^{2+},H_2O_2} CH_3COOH + CO_2\uparrow$$

3. 乙酰乙酸及乙酰乙酸乙酯

乙酰乙酸(CH_3COCH_2COOH)又称 β-丁酮酸,是 β-酮酸的典型代表。乙酰乙酸只在低温下稳定,在室温以上即脱羧而生成丙酮。

$$CH_3\overset{O}{\overset{\|}{C}}CH_2COOH \xrightarrow{\triangle} CH_3COCH_3 + CO_2\uparrow$$

β-丁酮酸是机体内脂肪代谢的中间产物。在酶的作用下能与 β-羟基丁酸互变。

$$CH_3\overset{O}{\overset{\|}{C}}CH_2COOH \underset{-2H}{\overset{+2H}{\rightleftharpoons}} CH_3\overset{OH}{\overset{|}{C}}HCH_2COOH$$

乙酰乙酸乙酯是无色液体，有愉快的香味，在水中有一定的溶解度。研究表明，乙酰乙酸乙酯是由酮式和烯醇式两种异构体组成的一个互变平衡体系：

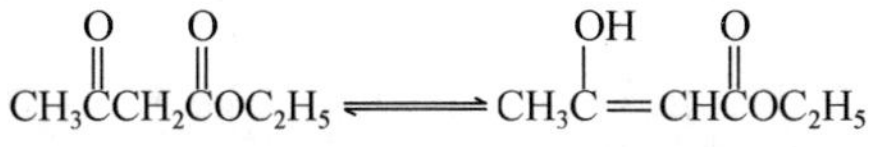

酮式(92.5%)　　　　烯醇式(7.5%)

这种同分异构体间以一定的比例平衡存在，并能相互转化的现象叫互变异构现象。酮式和烯醇式是互变异构现象中最常见的一种。除乙酰乙酸乙酯外，β-二酮、β-酮酸酯以及某些糖和含氮的化合物等，也都能产生这类互变异构现象。

4. 草酰乙酸

α-酮丁二酸（$HOOCCOCH_2COOH$）又称草酰乙酸，能溶于水，在水溶液中产生互变异构，生成α-羟基丁烯二酸。在生物体内由于酶的作用，α-酮丁二酸能进行脱羧反应，生成丙酮酸。

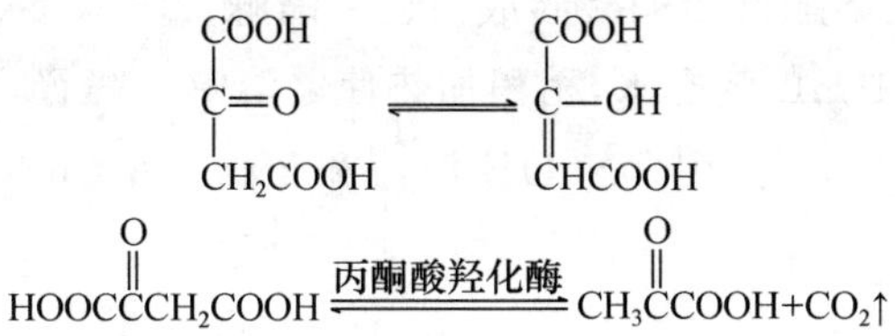

★ 实验操作——羧酸及其衍生物的性质实验

(一)实验仪器

烧杯，试管，试管架，酒精灯。

(二)药品与试剂

固体 Na_2CO_3，0.5% $KMnO_4$ 溶液，10% HCOOH 溶液，10% CH_3COOH 溶液，10% HOOC—COOH 溶液，2,4-二硝基苯肼，乙酰乙酸乙酯溶液，饱和 Br_2 水，5% $FeCl_3$ 溶液，CH_3CONH_2，1% NaOH 溶液，红色石蕊试纸，H_2NCONH_2，10% NaOH 溶液，1% $CuSO_4$ 溶液。

(三)操作步骤

1. 羧酸的酸性实验

取 1 支试管，放入一药匙固体 Na_2CO_3，再向试管中滴加 10% CH_3COOH，观察现象。

2. 羧酸的还原性实验

取 3 支试管，各加入 2 滴 0.5% $KMnO_4$ 溶液，5 滴蒸馏水，然后分别加入 10% HCOOH 溶液、10% CH_3COOH 溶液和 10% HOOC—COOH 溶液，摇匀。置于沸水浴中加热，观察现象并作解释。

3. 乙酰乙酸乙酯的酮型和烯醇型互变

(1)酮型反应　取 1 支试管，加入 10 滴 2,4 -二硝基苯肼、2 滴乙酰乙酸乙酯溶液，观察现象。

(2)烯醇型反应　取1支试管，加入3滴乙酰乙酸乙酯溶液，慢慢加入1～2滴饱和Br_2水。有何现象？为什么？

(3)酮型与烯醇型互变　取1支试管，加入10滴蒸馏水，3滴乙酰乙酸乙酯溶液，振荡。再加入1滴5% $FeCl_3$溶液，摇匀，观察颜色变化(呈紫红色)。然后再滴加饱和Br_2水(用量不可太多)，摇匀，可观察到紫红色褪去，放置一会儿，再观察颜色是否重现。请解释原因。

4. 酰胺的性质

(1)酰胺的碱性水解　取1支试管，加入少许(约0.1 g)CH_3CONH_2、10滴1% NaOH溶液，混合，在酒精灯上加热至沸腾，并将湿润的红色石蕊试纸放在试管口，检查逸出气体，观察试纸颜色的变化。

(2)二缩脲反应　取1支干燥试管，加入少许(约0.2 g)H_2NCONH_2。将湿润的红色石蕊试纸放在试管口，在酒精灯上小心加热直到尿素完全熔化，同时放出大量气体，观察试纸颜色的变化。继续加热至熔融物变稠凝固成白色二缩脲。

待试管冷却后，加入1 mL蒸馏水，稍稍加热使之溶解。静置，取上层清液约1 mL倒入另一支洁净试管中，再加入4滴10% NaOH溶液和2滴1% $CuSO_4$溶液，摇匀，观察溶液的颜色变化。

(四)实验现象记录

<table>
<tr><th colspan="2">实验项目</th><th>实验现象</th><th>原因分析</th></tr>
<tr><td colspan="2">羧酸的酸性实验</td><td></td><td></td></tr>
<tr><td colspan="2">羧酸的还原性实验</td><td></td><td></td></tr>
<tr><td rowspan="3">乙酰乙酸乙酯的酮型和烯醇型互变</td><td>酮型反应</td><td></td><td></td></tr>
<tr><td>烯醇型反应</td><td></td><td></td></tr>
<tr><td>酮型与烯醇型互变</td><td></td><td></td></tr>
<tr><td rowspan="2">酰胺的性质</td><td>碱性水解</td><td></td><td></td></tr>
<tr><td>二缩脲反应</td><td></td><td></td></tr>
</table>

★ 思考练习题

一、选择题

1. 下列物质中，酸性最强的是(　　)。

A. HCOOH　　B. CH_3COOH　　C. CH_3CH_2COOH

2. 下列物质中，酸性最弱的是(　　)。

A. HCOOH　　B. HOOC—COOH　　C. H_2CO_3

3. 下列物质中可以用作食品或药品防腐剂的是(　　)。

A. 草酸　　B. 苯甲酸　　C. α-萘乙酸

二、填空题

1. 写出下列化合物的名称或结构式。

(1) $CH_3-\overset{\overset{CH_3}{|}}{CH}-CH_2COOH$ ____________

(2) $CH_3-\overset{\overset{O}{\|}}{C}-COOH$ ____________

(3) $CH_3-\overset{\overset{O}{\|}}{C}-NHCH_3$ ____________

(4)延胡索酸 ____________

(5)乳酸 ____________

(6)柠檬酸 ____________

(7)乙酸甲酯 ____________

(8)α-萘乙酸 ____________

2. 完成化学反应。

(1)$CH_3COOH+CH_3OH \xrightarrow[\triangle]{H^+}$

(2)$CH_3COOCH_2CH_3+CH_3CH_2CH_2OH \longrightarrow$

(3)$CH_3COOH+CaCO_3 \longrightarrow$

(4)$CH_3COCH_2COOH \xrightarrow{\triangle}$

三、简答题

1. 如何用简单的化学方法鉴别乙酸、乙醇、乙醛？

2. 如何用简单的化学方法鉴别甲酸、苯甲酸、水杨酸？

自测练习

模块五
蛋白质的定性定量分析

学习目标

1. 掌握氨基酸的结构和俗名，会写必需氨基酸的英文缩写。
2. 掌握氨基酸和蛋白质的化学性质，能够用化学方法鉴别氨基酸和蛋白质。
3. 理解氨基酸形成蛋白质的过程，掌握蛋白质一级结构的特点及蛋白质空间结构和功能的关系。
4. 掌握蛋白质的沉淀方法，蛋白质沉淀与变性的区别，蛋白质变性在专业实践中的应用。
5. 掌握蛋白质的生理功能，理解氨基酸在体内的代谢概况。
6. 了解酶的组成、结构，掌握酶促反应的作用特点及其影响因素。
7. 能对蛋白质进行定性分析，分离和提纯蛋白质。
8. 能用凯氏定氮法测定蛋白质的含量。

单元一　蛋白质的结构和性质

★ 理论知识

课程 PPT

蛋白质存在于一切生物体的每个活细胞中。从高等植物到低等的微生物，从人类到最简单的病毒，都含有蛋白质，都是以蛋白质为主要的组成成分。例如，肌肉、毛发、皮肤、指甲、腱、神经、激素、抗体、血清、血红蛋白、酶等都是由不同蛋白质组成的。蛋白质不仅是生物体的主要组成成分，更重要的是蛋白质在有机体中承担着多种功能，它们能供给机体营养，输送氧气，控制代谢过程，防御疾病，传递遗传信息，负责机械运动，执行保护功能等。可见，蛋白质是生命的物质基础，是参与体内各种生物化学变化最重要的组分。生命的基本特征就是蛋白质的不断自我更新。

一、蛋白质的组成

(一)蛋白质的元素组成

蛋白质是一种极其复杂的生物高分子化合物，其相对分子质量很大。蛋白质种类繁多，但所有的蛋白质都含有 C、H、O、N 4 种元素，多数还含有 S，有些含有 P，少数含有微量的 Fe、Cu、Mn、Zn，个别的含有 I。经元素分析，蛋白质一般含有碳 50%～55%，氢 6%～8%，氧 20%～23%，氮 15%～17%，硫 0.3%～2.5%。生物组织中所含的氮，绝大部分存在于蛋白质中，而氮含量的变化幅度不大，平均为 16%。因此，生物样品中每克氮的存在，就意味着样品中大约含蛋白质（粗蛋白）6.25 g。6.25 常用作蛋白质转换系数。因此，只要测定出样品的含氮量，再乘以转换系数 6.25，即可求出蛋白质的近似含量，或叫粗蛋白含量。

$$粗蛋白含量 \approx 样品的含氮量 \times 6.25$$

（二）蛋白质的基本结构单元——氨基酸

不论哪一种蛋白质，受酸、碱或酶的作用时，都水解成 α-氨基酸。因此 α-氨基酸是蛋白质的基本结构单元。

1. 氨基酸的结构

生物体合成蛋白质的氨基酸只有 20 种，这些氨基酸都是 α-氨基酸。它们含有连接于同一个碳原子的一个羧基和一个氨基，以及结构、大小和带电性不同的侧链或称 R 基团。天然蛋白质中氨基酸（除甘氨酸外）都属于 *L* 型，氨基位于 α-碳原子左侧，故称为 *L*-α-氨基酸。*D*-α-氨基酸不存在于蛋白质分子中，但某些微生物、植物体含有 *D*-α-氨基酸。组成蛋白质的 20 种氨基酸常称为标准氨基酸，以区别于在蛋白质合成后经修饰而形成的不常见的氨基酸。

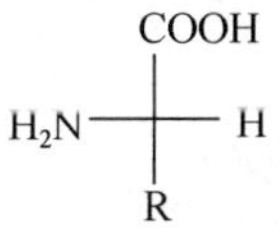

L-α-氨基酸

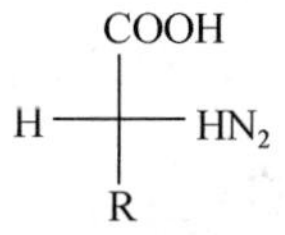

D-α-氨基酸

2. 氨基酸的分类和命名

（1）氨基酸的分类　20 种 *L*-α-氨基酸可以根据 R 基团的结构不同进行分类。R 基团为链状的称为脂肪族氨基酸，R 基团含有苯环的称为芳香族氨基酸，R 基团含有杂环化合物的称为杂环氨基酸；氨基酸也可以根据氨基和羧基的个数分为中性氨基酸（一氨基一羧基氨基酸），碱性氨基酸（二氨基一羧基氨基酸），酸性氨基酸（二羧基一氨基氨基酸）；还可以根据 R 基团是否有极性分为极性氨基酸和非极性氨基酸。

在蛋白质中除 20 种氨基酸外，还有少量在多肽链合成后经修饰加工形成的非标准氨基酸。常见的非标准氨基酸有 4-羟基脯氨酸、5-羟基赖氨酸、γ-羧基谷氨酸和 6-氮甲基赖氨酸。除蛋白质中的氨基酸外，目前在细胞中还发现 300 多种氨基酸，它们不是蛋白质的组成成分，但有特殊的功能。如鸟氨酸和瓜氨酸参与尿素的合成，γ-氨基丁酸是一种传递神经冲动的化学介质，称为神经递质。

（2）氨基酸的命名　氨基酸可以用系统命名法、俗名和英文缩写 3 种方式命名。系统命名法结构与名称一一对应，由于名称较长，不常使用。3 个字母的英文缩写符号常在科技文献中使用。氨基酸的俗名是根据最初发现氨基酸的来源和性质命名的，如天冬氨酸最初是从天门冬幼苗中发现的，甘氨酸是由于有甜味而得名。氨基酸的名称、结构及等电点见表 5-1。

表 5-1 常见氨基酸的名称、结构及等电点

中文俗名	中文简称	英文缩写	结构简式	等电点(20 ℃)
			中性氨基酸	
甘氨酸	甘	Gly	$CH_2(NH_2)COOH$	5.97
丙氨酸	丙	Ala	$CH_3CH(NH_2)COOH$	6.02
丝氨酸	丝	Ser	$CH_2(OH)CH(NH_2)COOH$	5.68
半胱氨酸	半胱	Cys	$CH_2(SH)CH(NH_2)COOH$	5.02
胱氨酸	胱	CysCys	$SCH_2CH(NH_2)COOH$ | $SCH_2CH(NH_2)COOH$	4.60 (30 ℃)
苏氨酸	苏	Thr	$CH_3CH(OH)CH(NH_2)COOH$	6.53
缬氨酸	缬	Val	$(CH_3)_2CHCH(NH_2)COOH$	5.96
蛋氨酸	蛋	Met	$CH_3SCH_2CH_2CH(NH_2)COOH$	5.74
亮氨酸	亮	Leu	$(CH_3)_2CHCH_2CH(NH_2)COOH$	5.98
异亮氨酸	异亮	Ile	$CH_3CH_2CH(CH_3)CH(NH_2)COOH$	6.02
苯丙氨酸	苯丙	Phe	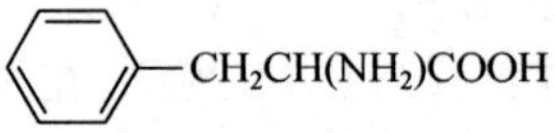	5.48
酪氨酸	酪	Tyr	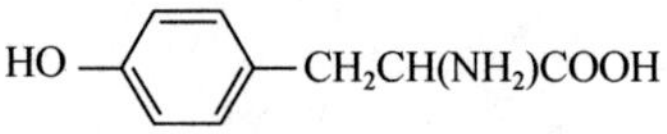	5.66
脯氨酸	脯	Pro	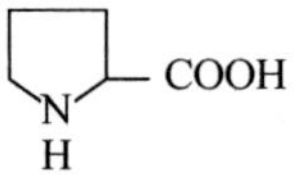	6.30
羟脯氨酸	羟脯	Hyp	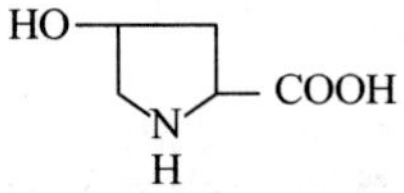	5.83
色氨酸	色	Trp	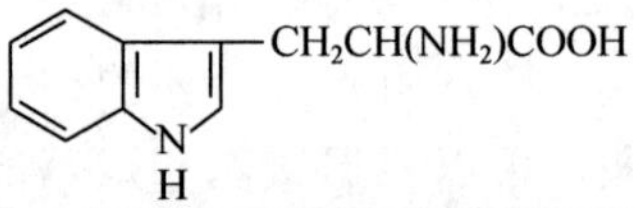	5.89
			酸性氨基酸	
天冬氨酸	天冬	Asp	$HOOCCH_2CH(NH_2)COOH$	2.77
谷氨酸	谷	Glu	$HOOCCH_2CH_2CH(NH_2)COOH$	3.22
			碱性氨基酸	
精氨酸	精	Arg	$H_2N-\underset{\underset{NH}{\Vert}}{C}-NH(CH_2)_3CH(NH_2)COOH$	10.76
赖氨酸	赖	Lys	$H_2N(CH_2)_4CH(NH_2)COOH$	9.74
组氨酸	组	His	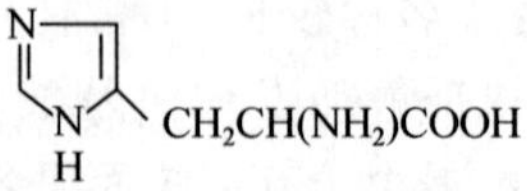	7.59

3. 氨基酸的性质

氨基酸为无色晶体，熔点较高，一般在 200 ℃以上。除胱氨酸和酪氨酸外，一般氨基酸都易溶于水，难溶于有机溶剂。

(1)两性性质与等电点 氨基酸分子中既有氨基又有羧基，氨基可以接受质子呈碱性，而羧基可以给出质子呈酸性。所以氨基酸既有酸性又有碱性，这一性质称为氨基酸的两性性质。所以，氨基酸本身就能在分子内部形成盐，叫作内盐。内盐分子带有两个相反的电荷，是一个带有双重电荷的离子，这样的离子叫作两性离子或偶极离子。当偶极离子与酸反应时，生成铵盐，与碱反应则生成羧酸盐。所以氨基酸是两性化合物。由于氨基酸是两性离子，所以在水溶液中实际是—COO^- 作为碱，由 H_2O 中夺取 H^+ 形成阳离子，而—NH_3^+ 作为酸给出 H^+ 形成阴离子。因此氨基酸溶于水存在以下平衡：

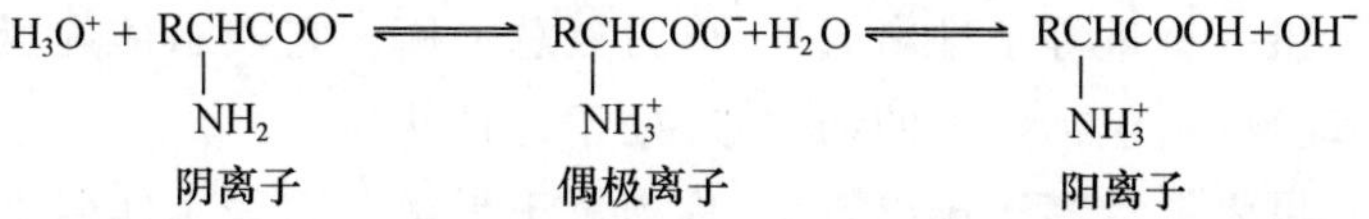

由于—NH_3^+ 给出质子的能力大于—COO^- 结合质子的能力，所以不同氨基酸水溶液中阴离子和阳离子的数目不同。中性氨基酸水溶液中阳离子数略多于阴离子数，所以溶液的 pH 略小于 7，酸性氨基酸水溶液 pH 小于 7，碱性氨基酸水溶液的 pH 大于 7。调节氨基酸水溶液的 pH，可使阴离子数与阳离子数相等。氨基酸分子主要以偶极离子形式存在，所带正负电荷相等时溶液的 pH 称为氨基酸的等电点，用 pI 表示。等电点是氨基酸的物理常数，常见氨基酸的等电点见表 5-1。当溶液的 pH 大于氨基酸的等电点时，氨基酸分子带负电荷；当溶液的 pH 小于氨基酸的等电点时，氨基酸分子带正电荷。

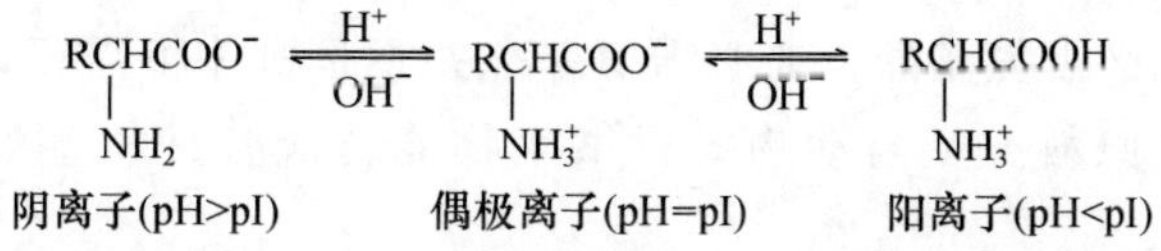

在电场中，偶极离子不向任一电极移动，而带电离子则向电极移动。因此可根据在相同 pH 条件下不同氨基酸所带电荷不同，利用氨基酸在电场中移动的方向和速度分离和鉴别氨基酸。这种带电离子在电场中所发生的移动现象叫电泳，这种分离和鉴别氨基酸的方法叫电泳法。

氨基酸在等电点时溶解度最小，利用这一性质可以分离氨基酸。调节氨基酸混合物溶液的 pH 到其中某一氨基酸的等电点，则这种氨基酸溶解度降低，从溶液中沉淀出来。

(2)茚三酮反应 茚三酮在弱酸性溶液中与 α-氨基酸共热生成蓝紫色物质，称为茚三酮反应。具有游离 α-氨基的多肽和蛋白质都能发生茚三酮反应，生成的蓝紫色物质在 570 nm 处对光有吸收，利用分光光度法可以定量测定氨基酸。脯氨酸没有氨基，它与茚三酮反应不呈蓝紫色而呈亮黄色。

(3)脱羧反应 将氨基酸小心加热或在高沸点溶剂中回流，可失去 CO_2 生成胺，如赖氨酸、鸟氨酸脱羧分别生成尸胺和腐胺。动物体或鱼、肉等蛋白质食物在细菌或脱羧酶作用下，脱羧后生成腐胺和尸胺而产生恶臭。

$$H_2N(CH_2)_4CH(NH_2)COOH \xrightarrow{\triangle} H_2NCH_2(CH_2)_3CH_2NH_2$$

赖氨酸　　　　　　　　尸胺

$$H_2NCH_2(CH_2)_2CH(NH_2)COOH \xrightarrow{\triangle} H_2NCH_2(CH_2)_2CH_2NH_2$$

鸟氨酸　　　　　　　　腐胺

4. 氨基酸的营养价值

在生命活动过程中，组织细胞的蛋白质要不断地进行新陈代谢。机体氮的摄入量与排泄量的对比关系，称为氮平衡。氮平衡是反映体内蛋白质代谢情况的一种表示方法，测定每天的摄入氮及每天排出氮，分析摄入氮与排出氮的平衡情况，即为氮平衡实验。结果有以下3种情况：

(1)氮总平衡　摄入氮量等于排出氮量，称为氮总平衡。它表示体内蛋白质合成量等于分解量。正常成年动物(不包括妊娠的动物)应处于这种状态。

(2)氮正平衡　摄入氮量多于排出氮量，称为氮正平衡。它表示体内蛋白质合成量大于分解量。生长期的幼龄动物、妊娠动物及疾病恢复期的动物等，均表现为这种情况。

(3)氮负平衡　摄入氮量少于排出氮量，称为氮负平衡。它表示体内蛋白质分解量大于合成量。长期饥饿、营养不良及有消耗性疾病时，表现为这种情况。

氨基酸是机体氮的主要来源。氨基酸在营养上可分为必需氨基酸和非必需氨基酸两类。必需氨基酸(EAA)是指机体不能合成或合成的速度不能满足机体需要，必须由食物蛋白质供给的氨基酸。正常成年动物有8种必需氨基酸，它们是缬氨酸、异亮氨酸、亮氨酸、苏氨酸、蛋氨酸、赖氨酸、苯丙氨酸和色氨酸。正在生长的动物，除上述8种氨基酸外，还需要精氨酸和组氨酸。雏鸡在上述10种基础上还需要甘氨酸。其余的氨基酸机体能够合成，不必由食物供给，称为非必需氨基酸。非必需氨基酸并不是机体不需要，它们与必需氨基酸一样，都是蛋白质的合成原料。反刍动物瘤胃微生物能合成各种氨基酸，没有必需与非必需之分。

蛋白质含必需氨基酸的种类和数量多，其营养价值就高，反之营养价值就低。蛋白质的营养价值是指饲料蛋白质被机体吸收后在体内的利用率。动物性蛋白质必需氨基酸较全面，而且比例适当，营养价值高；植物性蛋白质所含必需氨基酸的种类和数量不符合动物需要，故营养价值相对较低。如果将不同种类的植物蛋白质混合饲喂，必需氨基酸可以互相补充，从而提高营养价值，即为氨基酸互补作用。

二、蛋白质的结构

蛋白质分子结构分成一级、二级、三级、四级结构4个层次，后三者统称为高级结构或空间结构。但并非所有的蛋白质都有四级结构，由一条肽链形成的蛋白质只有一级、二级和三级结构，由两条或两条以上多肽链形成的蛋白质才可能有四级结构。

(一)蛋白质的一级结构

1.肽键与肽

一个氨基酸的 α-羧基与另一个氨基酸的 α-氨基脱水缩合形成的酰胺键叫肽键。氨基酸通过肽键连接起来形成的化合物称为肽。其中氨基酸已不是完整的分子,称为氨基酸残基。

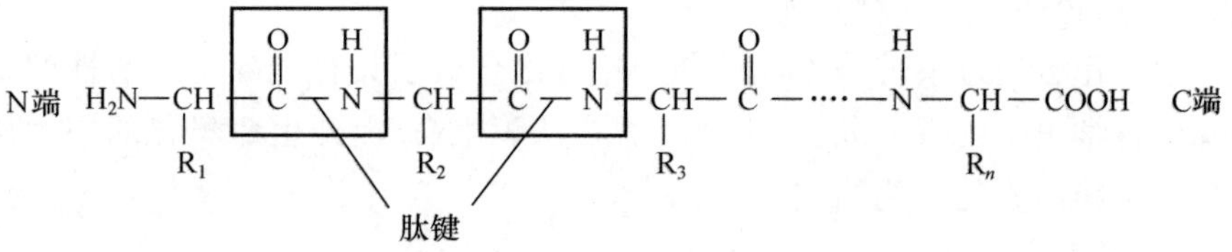

根据肽链中氨基酸残基数,分别称为二肽、三肽或多肽等。由许多氨基酸靠肽键连接而成的长链叫多肽链。在多肽链中具有游离 α-氨基的一端称为 N 端,具有游离 α-羧基的一端称为 C 端。肽的系统命名是以 C 端氨基酸残基为母体,把肽链中其他氨基酸残基名称的酸字改成酰字。如由丙氨酸、甘氨酸和苯丙氨酸形成的三肽,命名为丙氨酰-甘氨酰-苯丙氨酸。蛋白质与多肽并无严格的界线,通常将相对分子质量 6 000 以上的多肽称为蛋白质。

生物体内存在一些重要的活性肽,它们在体内一般含量较少,却起着重要的生理作用。生命科学中的某些重要课题研究,如细胞分化、肿瘤发生、生殖控制以及某些疾病的病因与治疗等,均涉及活性肽的结构和功能。

(1)谷胱甘肽　谷胱甘肽是谷氨酰-半胱氨酰-甘氨酸的俗称,是一种广泛存在于动植物细胞中的重要三肽,因分子中含有巯基(—SH),极易被氧化,所以称为还原型谷胱甘肽,简写成 GSH。在体内两分子谷胱甘肽脱氢生成以二硫键(—S—S—)相连接的氧化型谷胱甘肽(GS—SG),这种转变是可逆的。

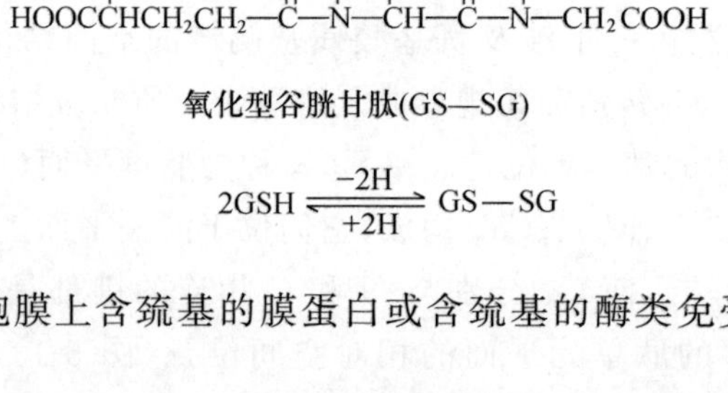

氧化型谷胱甘肽(GS—SG)

$$2GSH \underset{+2H}{\overset{-2H}{\rightleftharpoons}} GS—SG$$

谷胱甘肽可保护细胞膜上含巯基的膜蛋白或含巯基的酶类免受氧化,从而维持细胞的完整性和可塑性。

(2)催产素　催产素由垂体后叶分泌,是由 8 种氨基酸组成的肽类激素,能够促进子宫收缩,具有催产作用。催产素的结构简式如下:

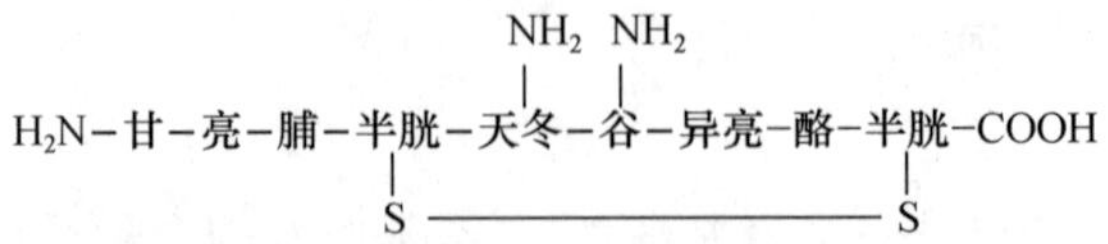

(3)胰岛素　胰岛素是动物胰脏分泌的激素，能控制碳水化合物的正常代谢。它是由51个氨基酸组成的多肽，含有两个长肽链，A链含有21个氨基酸残基，B链含有30个氨基酸残基，两条肽链通过两个二硫键相连。

我国科学工作者经过艰苦努力，于1965年首次合成了具有全部生理活性的结晶牛胰岛素。这是我国科学史上的重大成就，它使人类在认识生命、揭开生命奥秘的伟大历程中又前进了一大步。牛胰岛素的结构简式如下：

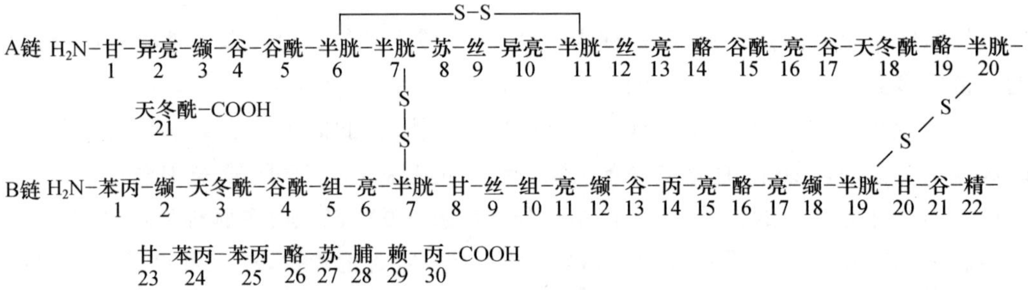

2.蛋白质的一级结构

蛋白质分子中氨基酸的排列顺序称为蛋白质的一级结构。一级结构中的主要化学键是肽键，有些蛋白质还包含二硫键。一级结构是蛋白质最基本的结构，它是由基因上遗传密码的排列顺序所决定的。由于组成蛋白质的20种氨基酸各具特殊的侧链，侧链基团的理化性质和空间排布各不相同，当它们按照不同的序列关系组合时，就可形成多种多样的空间结构和不同生物学活性的蛋白质分子。各种蛋白质的生物活性首先是由一级结构决定的。蛋白质分子中只要改变一个氨基酸的种类和位置，就可能导致整个蛋白质的空间结构和生理功能改变。

(二)蛋白质的空间结构

1.蛋白质的二级结构

蛋白质的二级结构是指蛋白质分子中某一段肽链的局部空间结构，也就是该段肽链主链骨架原子的相对空间位置，并不涉及氨基酸残基侧链的空间结构。蛋白质二级结构的主要形式有α-螺旋、β-折叠、β-转角和无规卷曲。维系蛋白质二级结构的化学键是氢键。

构成蛋白质二级结构的基本单位是肽单元，又称为肽键平面(或称酰胺平面)，由参与肽键的6个原子——$C\alpha_1$、C、O、N、H、$C\alpha_2$构成，它们位于同一平面上。其中，肽键有一定程度的双键性能，不能自由旋转。而$C\alpha$分别与N和C相连的键都是典型的单键，可以自由旋转，由此决定了两个相邻的肽单元平面的相对空间位置(图5-1)，导致蛋白质二级结构的形成。

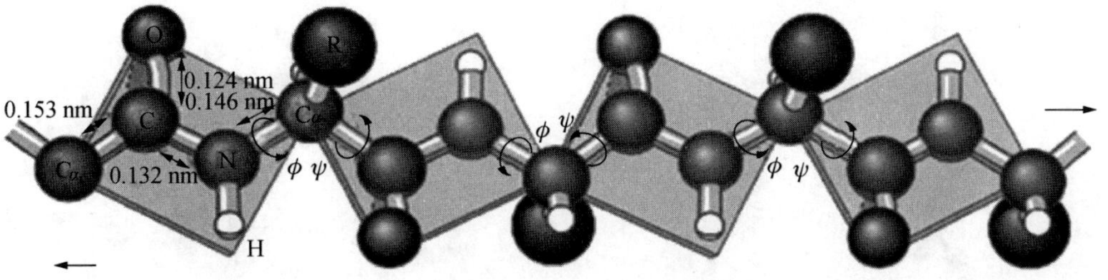

图 5-1　肽单元模型图

(1)α-螺旋　α-螺旋是多个肽键平面通过 α-碳原子旋转，相互之间紧密盘曲成稳固的右手螺旋。其结构特征为：①主链骨架围绕中心轴盘绕形成右手螺旋；②螺旋每上升一圈是 3.6 个氨基酸残基，螺距为 0.54 nm；③相邻螺旋圈之间形成许多氢键；④侧链基团位于螺旋的外侧。α-螺旋结构见图 5-2。

(2)β-折叠　β-折叠是肽链相当伸展的结构，肽链平面之间折叠成锯齿状，相邻肽键平面间呈 110°角。氨基酸残基的 R 侧链伸出在锯齿的上方或下方。依靠两条肽链或一条肽链内的两段肽链间的 C═O 与 H 形成氢键，使构象稳定。两段肽链可以是平行的，也可以是反平行的。前者两条链从 N 端到 C 端是同方向的，后者是反方向的。β-折叠结构见图 5-3。

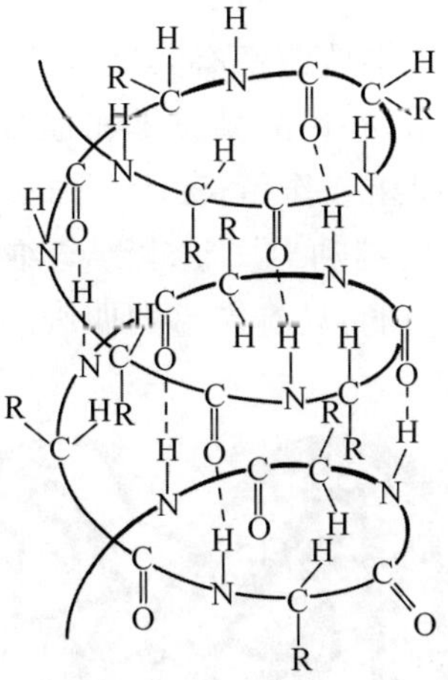

图 5-2　α-螺旋结构

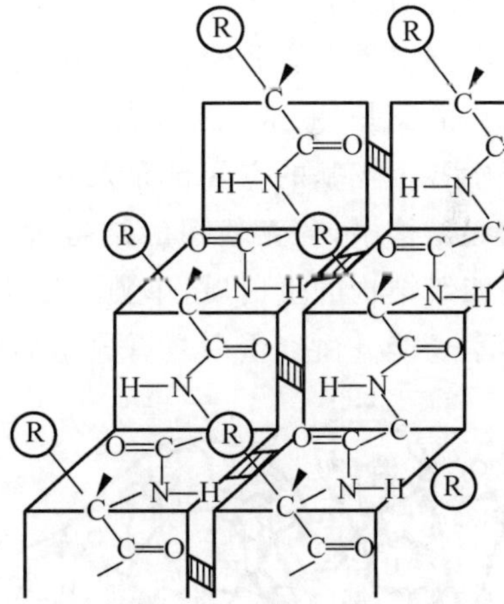

图 5-3　β-折叠结构

(3)β-转角　β-转角常发生于肽链进行 180°回折时的转角上，通常由 4 个氨基酸残基组成，第二个残基常为脯氨酸，见图 5-4。

(4)无规卷曲　无规卷曲指没有一定规律的松散肽链结构。此结构看来杂乱无章，但对一种特定蛋白又是确定的，而不是随意的。在球状蛋白中含有大量无规卷曲，与其生物活性密切相关。

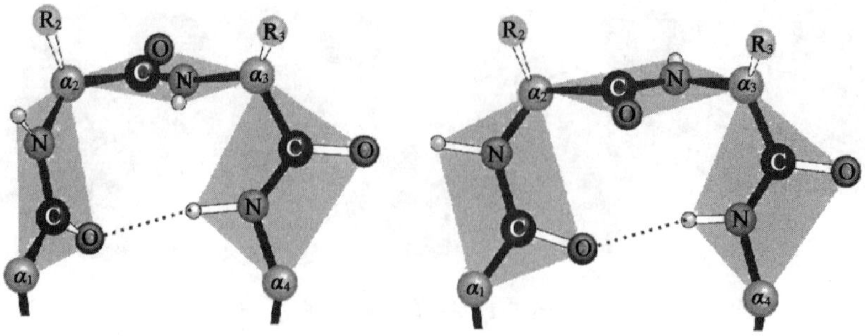

图 5-4 β-转角结构

2.蛋白质的三级结构

蛋白质的三级结构是指整条肽链中全部氨基酸残基的相对空间位置，也就是整条肽链所有原子在三维空间的排布位置。

肌红蛋白的三级结构有 A—H 共 8 个螺旋区，两个螺旋区之间有一段无规卷曲，脯氨酸位于转角处。由于侧链 R 基团的相互作用，多肽链缠绕，形成一个球状分子，球表面主要有亲水侧链，疏水侧链则位于分子内部，见图 5-5。

蛋白质三级结构的形成和稳定主要靠次级键——疏水作用、离子键（盐键）、氢键和范德华力等。

3.蛋白质的四级结构

体内有许多蛋白质分子含有两条或多条多肽链，每一条多肽链都有其完整的三级结构，称为蛋白质的亚基，亚基与亚基之间呈特定的三维空间排布，并以非共价键相连接。这种蛋白质分子中各个亚基的空间排布及亚基接触部位的布局和相互作用，称为蛋白质的四级结构。在四级结构中，各亚基间的结合力主要是疏水作用，氢键和离子键也参与维持四级结构。含有四级结构的蛋白质，单独的亚基一般没有生物学功能，只有完整的四级结构寡聚体才有生物学功能。血红蛋白具有典型的四级结构（图 5-6）。

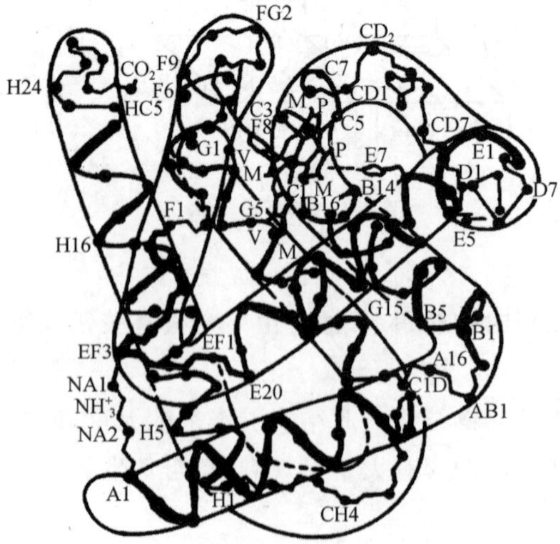

图 5-5 肌红蛋白三级结构图

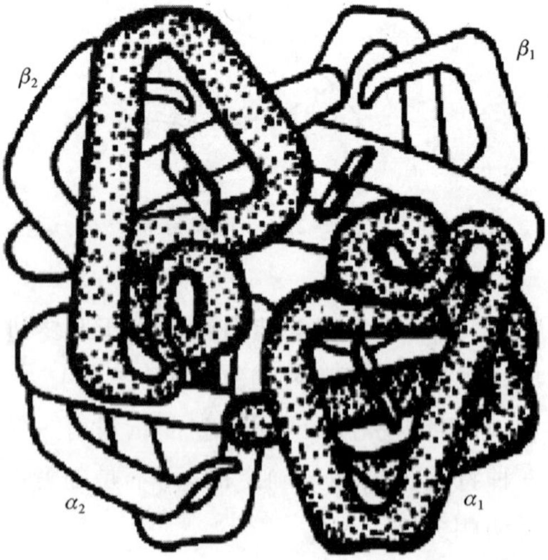

图 5-6 血红蛋白四级结构图

图 5-7 是维持蛋白质分子构象的各种化学键。

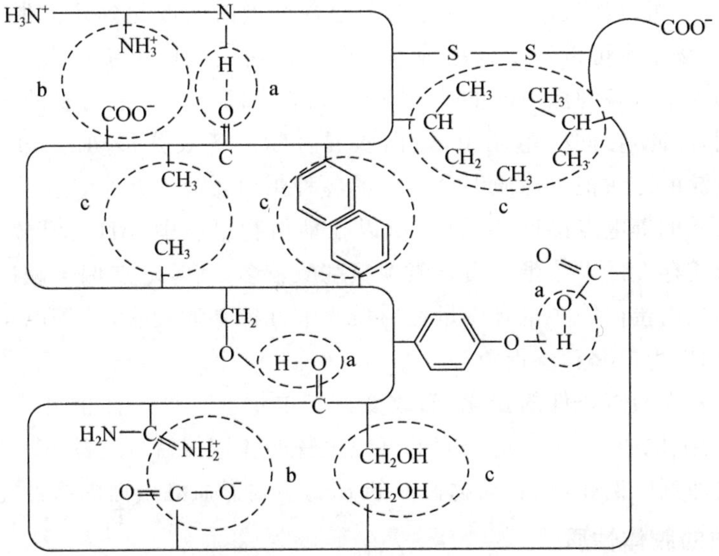

a. 氢键　b. 离子键　c. 疏水键

图 5-7　维持蛋白质分子构象的各种化学键

(三)蛋白质的分类

根据蛋白质组成成分可分成单纯蛋白质和结合蛋白质，前者只含氨基酸，而后者除蛋白质部分外，还含有非蛋白质部分。结合蛋白质中的非蛋白质部分被称为辅基，绝大部分辅基通过共价键方式与蛋白质部分相连。

蛋白质还可根据形状分为纤维状蛋白质和球状蛋白质两大类。纤维状蛋白质其分子长轴的长度比短轴长 10 倍以上，多数为结构蛋白质，较难溶于水。球状蛋白质的形状近似于球形或椭圆形，多数可溶于水，具有许多生理活性，如酶、转运蛋白、免疫球蛋白等。

三、蛋白质的性质

(一)蛋白质的两性性质

蛋白质的多肽链上除 N 端和 C 端有自由氨基和自由羧基外，侧链上也存在有碱性基团和酸性基团，因此，蛋白质和氨基酸一样，具有两性性质和等电点。

调节蛋白质水溶液到某一 pH 时，蛋白质以偶极离子形式存在，净电荷为零，这时溶液的 pH 叫该蛋白质的等电点(pI)。在不同 pH 的水溶液里，蛋白质的主要存在形式可表示为：

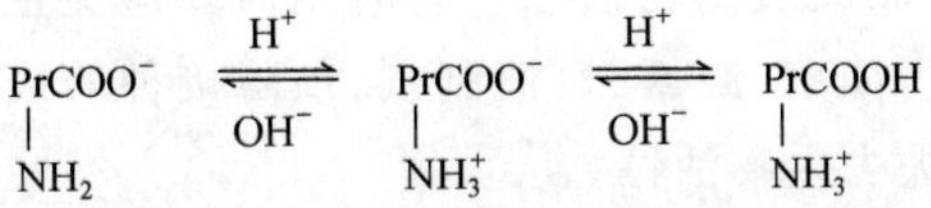

阴离子(pH＞pI)　　偶极离子(pH=pI)　　阳离子(pH＜pI)

各种蛋白质由于组成的氨基酸不同，故等电点不同。在等电点时，蛋白质的溶解度最小。利用这一性质，可以从蛋白质的混合物中把各种蛋白质彼此分开。蛋白质和氨基酸一样，它的离子在电场中也可以发生电泳现象。电泳的速度则取决于蛋白质颗粒所带电荷量的多少和质点的大小。各种蛋白质的等电点不同，它们的颗粒带电荷量的多少不同，质点的大小也各不相同，因此，在同一电场中，蛋白质混合物的各成分移动的方向、速度也各不相同。故可利用电泳的方法把蛋白质混合液中的各种蛋白质分离开来。

大多数蛋白质的等电点接近于5.0。所以在动植物组织中(pH近于7)，大多数蛋白质主要以阴离子形式存在。少数蛋白质含碱性氨基酸较多，其等电点偏于碱性，被称为碱性蛋白质，如鱼精蛋白、组蛋白等。也有少量蛋白质含酸性氨基酸较多，其等电点偏于酸性，被称为酸性蛋白质，如胃蛋白酶和丝蛋白等。

蛋白质可随外界酸碱条件的变化，而改变其带电情况。这一性质可使蛋白质对外来的酸、碱具有一定的抵抗能力，在一定程度上可使生物的体液保持一定的pH，因而蛋白质是生物体内重要的缓冲剂。例如，哺乳动物血液的pH，主要靠血红蛋白的缓冲能力来调节。

(二)蛋白质的胶体性质

蛋白质的分子较大，溶于水后，虽是以单分子形式分散在水中，但其分子直径的大小在 $10^{-9} \sim 10^{-7}$ m，属于胶体分散系范围。因此，蛋白质水溶液具有胶体溶液的一切性质，如具有布朗运动、光散射现象、不能透过半透膜以及具有吸附能力等。

蛋白质分子表面带有许多极性基团，如$—NH_2$、—COOH、—OH、—SH及肽键等，在水溶液中都能与水分子起水化作用，使蛋白质的每一分子周围都形成一层较厚的水化膜。水化膜的存在使蛋白质分子相互隔开，分子之间不会碰撞而聚成大的颗粒。同时，蛋白质分子在非等电点状态时带有同性电荷，使蛋白质分子之间相互排斥，保持一定距离。因此，蛋白质水溶液是一种比较稳定的亲水胶体。

(三)蛋白质的变性

蛋白质的严密空间结构决定了蛋白质的生物活性和某些理化性质。蛋白质受到物理或化学因素的影响，严格的空间结构遭到破坏，使其生物活性丧失和某些理化性质改变，这种现象叫作蛋白质的变性。

能使蛋白质变性的因素很多。化学因素有强酸、强碱、重金属盐、浓乙醇、生物碱沉淀试剂等。物理因素有加热、高压、强烈振荡、紫外线照射等。蛋白质变性后，其溶解度降低，黏度增加，易被蛋白酶水解。随着蛋白质变性而出现的表观现象也不尽相同。有些出现凝固现象，有些出现沉淀或结絮现象，也有些仍保留在胶体中而不表现什么现象。在大多数情况下，变性是不可逆的。

有时需要使蛋白质变性，例如临床上用酒精、蒸煮或高压等方法进行消毒灭菌，其原理就是使细菌体内蛋白质变性而失去生物活性。有时则需要避免蛋白质变性，例如，提取、制备的具有生物活性的蛋白质，如酶、激素、血液制剂、预防接种的疫苗需储存在冰箱中，以免温度过高，使蛋白质变性而失去生物活性。

(四)蛋白质的沉淀

除去维持蛋白质水溶液稳定性的因素，蛋白质就会凝聚下沉，这种现象叫蛋白质的沉淀。使蛋白质沉淀的方法有很多，例如盐析法、有机溶剂沉淀法、生物碱沉淀试剂沉淀法、重金属盐沉淀法。

1. 盐析法

在蛋白质水溶液中加入足量的盐类，可使很多蛋白质从其水溶液中沉淀出来，这种现象叫盐析。盐析是由于盐类离子的水化能力比蛋白质分子水化能力强，所以加入的大量盐离子夺去了蛋白质水化膜中的水分子，破坏了水化膜。另外，盐类离子所带的电荷，也会中和、削弱蛋白质分子表面带有的相反的电荷，破坏了带电。盐析常用的盐有硫酸铵、氯化钠、氯化铵、硫酸钠等，其中以硫酸铵最为常用。盐析法生成的沉淀是可逆的，即盐析所得的蛋白质在适宜的条件下可重新溶解，并保留原有的结构和性质。不同的蛋白质盐析时所需盐的浓度不同，因此，可以利用不同浓度的盐溶液使不同的蛋白质分段析出，达到分离和提纯蛋白质的目的。

2. 有机溶剂沉淀法

某些水溶性有机溶剂如酒精、丙酮等，能夺去蛋白质分子表面的水化膜，并可进入蛋白质分子内部，有利于蛋白质的沉淀。如果在低温下用这类有机溶剂处理蛋白质，在短时间内，沉淀还是可逆的；若经过长时间接触后，就会导致结构的改变，沉淀就变为不可逆了。

3. 生物碱沉淀试剂沉淀法

三氯乙酸、苦味酸、磷钼酸、鞣酸等都是生物碱沉淀试剂，能使蛋白质沉淀。当蛋白质水溶液 pH 比其等电点小时，沉淀才容易析出。例如：

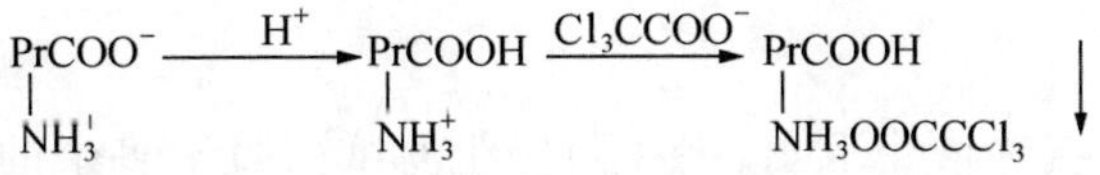

在生物检验中，常用此类试剂沉淀血液中的蛋白质，制备无蛋白的血滤液。

4. 重金属盐沉淀法

蛋白质在其水溶液的 pH 大于它的等电点时，可与重金属离子(如 Cu^{2+}、Hg^{2+}、Pb^{2+}、Ag^{+})结合生成不溶性的蛋白质盐沉淀，反应式如下：

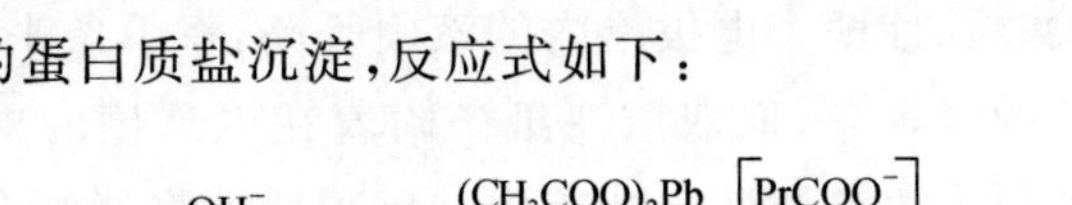

重金属盐能使人畜中毒，就是这个道理。在发生重金属盐中毒时，立即大量吞服牛奶或鸡蛋清则可解毒。

(五)蛋白质的呈色反应

1. 茚三酮反应

蛋白质和蛋白质经水解后产生的氨基酸都可发生茚三酮反应。

2. 双缩脲反应

蛋白质和多肽分子中肽键在稀碱溶液中与硫酸铜共热，呈现紫色或红色，称为双缩脲反应。

★ 实验操作——醋酸纤维薄膜电泳法分离血清蛋白质

（一）实验仪器

常压电泳仪，点样器（盖玻片），培养皿，玻璃板，竹镊，白瓷板，醋酸纤维薄膜（2 cm×8 cm），粗滤纸，剪刀，玻璃片，试管，分光光度计，光密度计。

（二）药品与试剂

（1）巴比妥缓冲液（pH 8.6）：巴比妥 2.76 g，巴比妥钠 15.45 g，加水至 1 000 mL。

（2）染色液：含氨基黑 10B 0.25 g，甲醇 50 mL，冰醋酸 10 mL，水 40 mL。可重复使用。

（3）漂洗液：含甲醇或乙醇 45 mL，冰醋酸 5 mL，水 50 mL。

（4）透明液：含无水乙醇 7 份，冰醋酸 3 份。

（5）洗脱液：0.4 $mol \cdot L^{-1}$ NaOH。

（6）液体石蜡。

（7）鸡血清。

（三）操作步骤

1. 浸泡

用镊子取醋酸纤维薄膜 1 张（识别出光泽面与无光泽面，并在角上用铅笔做上记号）放在缓冲液中浸泡 20 min。

2. 点样

把醋酸纤维薄膜从缓冲液中取出，夹在两层粗滤纸内吸干多余的液体，然后平铺在玻璃板上（光泽面朝上），将点样器先在白瓷板上的血清中蘸一下，再在膜条一端 2～3 cm 处轻轻地水平落下并随即提起，这样即在膜条上点上了细条状的血清样品。

3. 电泳

在电泳槽内加入缓冲液，使两个电极槽内的液面等高，将膜条平悬于电泳槽支架的滤纸桥上。（先剪裁尺寸合适的滤纸条，取双层滤纸条附着在电泳槽的支架上，使它的一端与支架的前沿对齐，而另一端浸入电极槽的缓冲液内。用缓冲液将滤纸全部润湿并驱除气泡，使滤纸紧贴在支架上，即为滤纸桥。它是联系醋酸纤维薄膜和两极缓冲液之间的“桥梁”。）膜条上点样的一端靠近负极。盖严电泳室。通电。调节电压至 90～110 V，电流强度 0.4～0.6 mA（每厘米薄膜宽），电泳时间约为 60 min。

4. 染色与漂洗

电泳完毕后，将膜条取下并放在染色液中浸泡 10 min。将膜条从染色液中取出，置漂洗液中漂洗数次（每次 10 min，需 4～5 次）至无蛋白区底色脱净为止，可得色带清晰的电泳图谱。

5. 透明

取两个培养皿，分别倒入透明液，将用滤纸吸干的薄膜浸入透明液中，2 min 后立即取出，并浸入另一个装有透明液的培养皿中，1 min(要准确)后迅速取出，紧贴在玻璃片上，赶走气泡。2～3 min 内膜完全透明，放置 10～15 min 后，用吹风机将膜吹干。用蒸馏水将膜润湿，轻轻撕下，用滤纸吸干后浸入液体石蜡中，约 3 min 后取出。再用滤纸吸干压平，即可得到能长期保存的血清蛋白醋酸纤维薄膜电泳图谱。

6. 定量

定量有两种方法：

(1)洗脱定量法　将上述漂净的薄膜用滤纸吸干，剪下各种蛋白质色带，分别浸于装有 4.0 mL 0.4 $mol \cdot L^{-1}$ NaOH 溶液的试管中(37 ℃)5～10 min，色泽浸出后，用分光光度计在 650 nm 波长处比色，以无蛋白区带为空白。设各部分的光密度分别为：$A_{清}$、$A_{\alpha1}$、$A_{\alpha2}$、A_{β}、A_{γ}，则：

$$A_{总}=2A_{清}+A_{\alpha1}+A_{\alpha2}+A_{\beta}+A_{\gamma}$$

各组分蛋白质含量计算方法：

$$清蛋白=\frac{2A_{清}}{A_{总}}\times100\%$$

$$\alpha_1\text{-球蛋白}=\frac{A_{\alpha_1}}{A_{总}}\times100\%$$

$$\alpha_2\text{-球蛋白}=\frac{A_{\alpha_2}}{A_{总}}\times100\%$$

$$\beta\text{-球蛋白}=\frac{A_{\beta}}{A_{总}}\times100\%$$

$$\gamma\text{-球蛋白}=\frac{A_{\gamma}}{A_{总}}\times100\%$$

(2)光密度法　把薄膜放在滤纸上用电吹风吹干，待薄膜完全干燥后，浸入透明液中 5～10 min，取出，平贴于干净玻璃片上，自然干燥或用电吹风冷风吹干，即得背景透明的电泳图谱，可用刀片刮开并从玻板上取下图谱，用光密度计扫描测定各蛋白组分的含量。

★ 思考练习题

一、名词解释

1. 蛋白质变性　2. 蛋白质的等电点　3. 肽键　4. 蛋白质的一级结构
5. 蛋白质的三级结构　6. 蛋白质沉淀　7. 盐析

二、填空题

1. 所有蛋白质都含有的元素是________、________、________、________。

2. 不同蛋白质中含量相近的元素是________，其平均含量为________。

3. 氨基酸的种类很多，但构成天然蛋白质的氨基酸只有________种，根据氨基酸 R 基团的结构和性质不同可将其分为________、________、________。

4.稳定蛋白质构象的次级键包括________、________、________、________等。

5.蛋白质由许多________通过________形成一条多肽链，在每条多肽链的两端有自由的________基和自由的________基，这两端分别称为________端和________端。

6.蛋白质二级结构的主要构象形式有________和________。

7.蛋白质颗粒表面的________和________是蛋白质亲水胶体稳定的两个因素。

8.维持蛋白质分子一、二、三、四级结构稳定的主要化学键分别是__________、__________、__________、__________。

9.蛋白质可受________、________或________的作用而水解，最后彻底水解为各种________的混合物。

10.常用的蛋白质沉淀法有________、________、________和________，其中________和________法沉淀，可保持蛋白质不变性。

11.由于肽单元上________原子所连的两个单键的________，决定了两个相邻肽单元平面的相对空间位置。

12.蛋白质可与某些试剂作用产生颜色反应，可用作蛋白质________和________分析。常用的颜色反应有________和________。

13.蛋白质变性主要是破坏了________键，使其________结构遭到破坏；其________性质改变，________丧失。

14.用电泳分离蛋白质时，其移动速率主要取决于蛋白质所带________、________和________。

三、选择题

1.蛋白质分子中维持一级结构的主要化学键是(　　)。

A.肽键　　B.二硫键　　C.酯键　　D.氢键

2.蛋白质的一级结构及空间结构决定于(　　)。

A.分子中氢键　　B.分子中盐键　　C.氨基酸组成和顺序　　D.分子内部疏水键

3.蛋白质变性是由于(　　)。

A.氨基酸排列顺序的改变　　B.氨基酸组成的改变

C.肽键的断裂　　D.蛋白质空间构象的破坏

4.蛋白质变性不包括(　　)。

A.氢键断裂　　B.肽键断裂　　C.疏水键断裂　　D.盐键断裂　　E.二硫键断裂

5.维持蛋白质分子二级结构的主要化学键是(　　)。

A.氢键　　B.二硫键　　C.疏水键　　D.离子键　　E.磷酸二酯键

6.天然蛋白质中不存在的氨基酸是(　　)。

A.脯氨酸　　B.半胱氨酸　　C.蛋氨酸　　D.丝氨酸　　E.瓜氨酸

7.下列关于蛋白质结构叙述中，不正确的是(　　)。

A.α-螺旋是二级结构的一种　　B.无规卷曲是在一级结构基础上形成的

C.只有二、三级结构才能决定四级结构　　D.一级结构决定二、三级结构

E.三级结构即具有空间构象

8.下列关于蛋白质分子三级结构的描述中，错误的是(　　)。

A.具有三级结构的多肽链都具有生物学活性　　B.决定盘曲折叠的因素是氨基酸残基

C.亲水基团多聚集在三级结构的表面　　D.三级结构的稳定性主要是次级键维系

E.天然蛋白质分子均具有这种结构

9.具有四级结构的蛋白质特征是(　　)。

A.分子中必定含有辅基

B.靠亚基的聚合和解聚改变生物学活性

C.依赖肽键维系四级结构的稳定性

D.每条多肽链都具有独立的生物学活性

E.在两条或两条以上具有三级结构多肽链的基础上,肽链进一步折叠、盘曲形成

四、简答题

1.哪些氨基酸属于必需氨基酸?

2.什么是蛋白质的一级、二级、三级、四级结构?维系各级结构的化学键或力是什么?蛋白质结构和功能有什么关系?

3.维持蛋白质水溶液稳定性的因素是什么?

4.沉淀蛋白质的方法有哪些?各有何特点?

5.什么是盐析?盐析的原理是什么?盐析有什么特点?

6.什么叫蛋白质的变性?哪些因素可使蛋白质变性?在实践中如何应用蛋白质变性?

单元二　蛋白质的分解代谢

★ 理论知识

课程 PPT

一、酶与辅酶

生物体内的各种生物化学反应,几乎都是在酶的催化下进行的。生物的生长、发育、繁殖、运动等生命活动都与酶的催化过程紧密相关,如果没有酶的参与,生命就不能存在。所以,酶是生命活动的产物,又是生命活动必不可少的条件之一。酶的化学本质是蛋白质,是由活细胞分泌的在体内和体外都具有催化功能的生物催化剂。

(一)酶的作用特点

1.酶催化作用的专一性

酶与化学催化剂之间最大的区别就是酶具有专一性,大多数酶对所作用的底物都有严格的要求,只能催化一种或一类相似的化学反应。酶的专一性可分为绝对专一性和相对专一性。

(1)绝对专一性　有些酶只能作用于一种底物,而不能作用于其他任何物质,这种专一性称绝对专一性。例如,*L*-乳酸脱氢酶催化丙酮酸加氢生成 *L*-乳酸,而 *D*-乳酸脱氢酶只能催化丙酮酸加氢生成 *D*-乳酸;麦芽糖酶只水解麦芽糖,而不能水解其他双糖。大多数酶都属于这一类。

(2)相对专一性　有些酶可以作用于一类结构相似的底物,这种专一性称为相对专一性。相对专一性可以分成基团专一性和键专一性。

具有相对专一性的酶作用于底物时,要求底物含有某一相同基团,这种相对专一性称为

族专一性或基团专一性。例如，α-D-葡萄糖苷酶要求必须有葡萄糖残基，即α-葡萄糖苷。有些酶对基团没有要求，但是却要求作用于底物相同的化学键，这种相对专一性称为键专一性。例如，酯酶催化酯键的水解生成醇和酸，对底物的基团没有严格的要求，对于不同的酯类，反应的速率不同。

2.酶催化作用的高效性

酶作为生物催化剂，能够显著地改变化学反应速率，具有很高的催化效率。酶的催化效率比一般化学催化剂高 $1\times10^{6}\sim1\times10^{13}$ 倍，比没有催化剂时的反应速率高 $1\times10^{8}\sim1\times10^{20}$ 倍。例如在一定条件下，1 mol 铁离子每分钟可催化 10^{-5} mol 过氧化氢分解成氧气和水；在相同条件下，1 mol 过氧化氢酶每分钟却可以催化 10^{5} mol 的过氧化氢分解，过氧化氢酶的催化效率是铁离子的 10^{10} 倍。据报道，在人的消化道如果没有酶的催化作用，在 37 ℃的体温下消化一顿午餐，大约需要 50 年。如果将唾液淀粉酶稀释 100 万倍后，仍具有消化能力。

3.反应条件温和

任何能使蛋白质变性的因素，如高温、高压、强酸、强碱、重金属盐、有机溶剂、紫外线和剧烈振荡等都会使酶变性失活，因此酶催化的反应只能在比较温和的常温、常压和 pH 接近中性的条件下进行。

4.酶的活性是可调控的

一般催化剂的催化能力是不变的，而酶的催化能力受很多因素的影响。底物浓度、产物浓度、pH、温度以及各种激素的浓度都影响酶的活性。酶活性的可调控性使酶能够适应生物体内复杂多变的环境条件和各种各样的生理需要。

(二)酶的组成和结构

1.酶的组成

根据化学组成，酶可分为单纯蛋白酶和结合蛋白酶两大类。单纯蛋白酶除了蛋白质外，不含其他物质，如蛋白酶、脂肪酶、淀粉酶等。结合蛋白酶除蛋白质外，还要结合一些对热稳定的非蛋白质小分子物质或金属离子作为辅因子，酶蛋白和辅因子结合后所形成的复合物称为全酶。根据辅因子与酶蛋白结合的紧密程度不同，又分成辅酶和辅基。与酶蛋白结合不紧密的辅因子称为辅酶，与酶蛋白结合紧密的辅因子称为辅基。在酶催化时，一定要有酶蛋白和辅因子共同存在才起作用，当单独存在时，均没有催化作用。

全酶＝酶蛋白＋辅因子

酶的辅因子是酶呈现其催化活性必不可少的。辅因子可以分为无机辅因子和有机辅因子。无机辅因子主要是指各种金属离子，它们在酶的催化过程中起着传递电子、稳定酶分子的构象、促进酶与底物的结合等作用。常见的无机辅因子有 Mg^{2+}、Zn^{2+}、Fe^{3+}、Cu^{2+}、Mn^{2+}、Ca^{2+} 等。有机辅因子是指酶中相对分子质量较小的有机化合物，它们在酶催化过程中起着传递电子、原子或基团的作用。常见的有机辅因子包括烟酰胺核苷酸、黄素核苷酸、铁卟啉、硫辛酸、辅酶 Q、辅酶 A 等(表 5-2)。

表 5-2　维生素与辅酶的关系

传递基团	辅酶/辅基名称	所含维生素
氢原子(质子)	NAD^+(烟酰胺腺嘌呤二核苷酸,辅酶Ⅰ)	烟酰胺(维生素 PP 之一)
	$NADP^+$(烟酰胺腺嘌呤二核苷酸磷酸,辅酶Ⅱ)	烟酰胺(维生素 PP 之一)
	FMN(黄素单核苷酸)	核黄素(维生素 B_2)
	FAD(黄素腺嘌呤二核苷酸)	核黄素(维生素 B_2)
羧基	TPP(焦磷酸硫胺素)	硫胺素(维生素 B_1)
酰基	CoA(辅酶 A)	泛酸(维生素 B_3)
烷基	钴胺素辅酶类	钴胺素(维生素 B_{12})
二氧化碳	生物素	生物素(维生素 B_7)
氨基	磷酸吡哆醛	吡哆醛(维生素 B_6 之一)
甲基、甲烯基等一碳基团	四氢叶酸	叶酸(维生素 B_{11})

根据酶蛋白的结构和分子大小可把酶分成 3 类:

(1)单体酶　单体酶只有一条多肽链,种类较少、结构简单,相对分子质量在$(1.3\sim3.5)\times10^4$之间,一般多是催化水解反应的酶。

(2)寡聚酶　寡聚酶由两个以上多肽链亚基组成,多肽链之间以非共价键相结合,彼此容易分离。大多数寡聚酶聚合形式是具有活性的,解聚形式是失活的。寡聚酶的相对分子质量一般大于3.5×10^4。如过氧化氢酶、己糖激酶、苹果酸酶、RNA 聚合酶等都是寡聚酶。

(3)多酶复合体　多酶复合体是几种酶靠共价键彼此结合而成的酶。多酶复合体的相对分子质量很大,如丙酮酸脱氢酶复合体由 60 个亚基 3 种酶组成,相对分子质量为4.6×10^6。脂肪酸合成酶复合体由 7 种酶和一个酰基载体蛋白构成。在多酶复合体中,每种酶起不同的催化作用,它催化一系列反应连续进行。

按催化反应的类型将酶分为氧化还原酶、转移酶、水解酶、裂解酶、异构酶、合成酶 6 大类。

2.酶的结构

酶的催化功能和特性是由酶的空间结构决定的。酶的特殊催化能力只局限于特定空间构象的区域,该区域的氨基酸能与底物结合,并将底物转变为产物,这个与酶活力直接相关的区域称为酶的活性中心。活性中心中包括两个功能部位:与底物结合的基团称为结合集团,一般由一个或几个氨基酸残基组成,它决定了酶的专一性;促进底物发生化学变化的基团称为催化基团,一般由 2～3 个氨基酸残基组成,它决定了酶催化反应的性质。两者的区别并不是绝对的,有些基团既有底物结合功能又有催化功能。酶分子中活性中心和活性中心以外的维持酶的空间结构完整性的基团称为必需基团,其余的基团称为非必需基团。非必需基团对酶的活性影响不大,但是与酶的运输、调控和寿命等有关。图 5-8 为酶的活性中心与必需基团示意图。

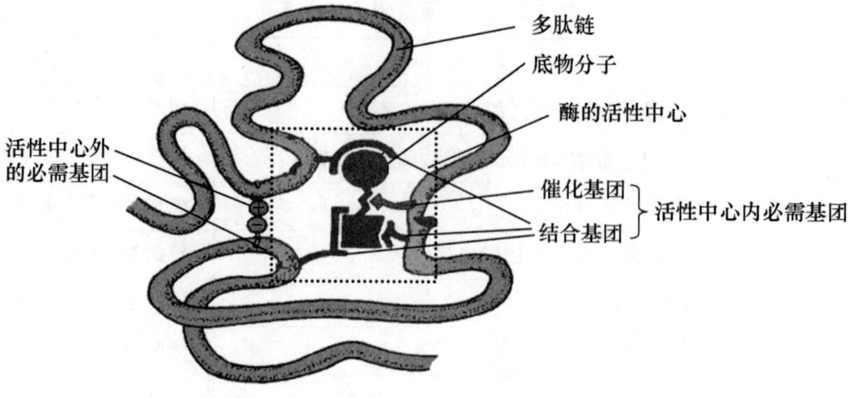

图 5-8 酶活性中心与必需基团示意图

(三)影响酶促反应的因素

1. 底物浓度的影响

在酶浓度及其他条件不变的情况下，底物浓度[S]是影响酶催化反应速率 v 的主要因素，在底物浓度较低的情况下，酶催化反应速率与底物浓度成正比，反应速率随着底物浓度的增加而加快但随着底物浓度增加，反应速率随底物浓度增加的程度变小，底物浓度对反应速率的影响逐渐变小，反应速率的上升不再与底物浓度成正比，而是达到最大值(v_{max} 趋于恒定，此时再增加底物浓度，反应速率不再改变(图 5-9)。

2. 酶浓度的影响

当底物浓度足够大时，酶促反应的速率 v 随酶浓度[E]增大而增大，如图 5-10 所示。当底物浓度很低时，底物与酶全部变成中间产物，这时增加酶的浓度，中间产物也不会增加，所以反应速率不会增大。

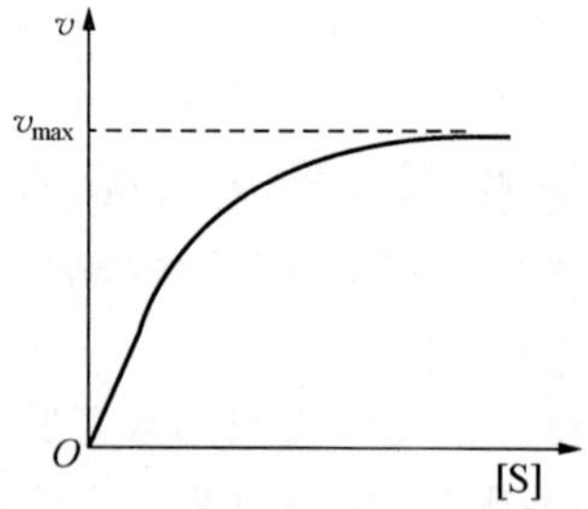

图 5-9 底物浓度对反应速率的影响

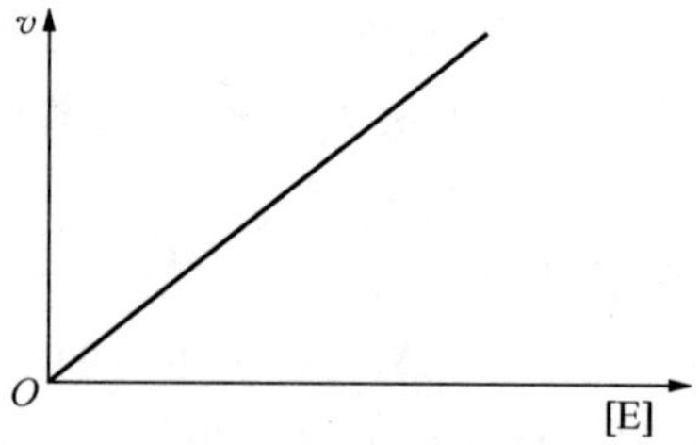

图 5-10 酶浓度对酶促反应速率的影响

3. 温度的影响

温度 t 对酶促反应速率 v 的影响很大，包括影响酶与底物的结合，影响酶的变性失活，影响酶的稳定程度，影响酶中基团的解离等。在一定的范围内，温度升高，酶促反应速率增大；当达到最适温度时，酶促反应速率达到最大；由于温度过高会使酶蛋白变性失活，超过最适温度，反应速率逐渐降低(图 5-11)。动物体内酶的最适温度一般为 35～45 ℃。大部分酶在 60 ℃以上即开始变性；80 ℃时，多数酶的变性不可逆转。

4. pH 的影响

pH 对酶催化作用的影响很大，每一种酶都有各自适宜的 pH 范围，在一定 pH 下，酶促反应具有最大速率，高于或低于此值，反应速率下降(图 5-12)。酶最大活力时的 pH 称为酶的最适 pH。pH 过高或过低，都可能引起酶的变性失活。因此，在酶促反应过程中，必须控制好 pH。大多数酶的最适 pH 在 5～8，动物体中酶的最适 pH 一般在 6.5～8.0，植物和微生物中酶的最适 pH 一般在 4.5～6.5。

pH 对酶促反应的影响主要有几个方面：

(1)破坏酶的空间结构，引起酶的失活。这种失活包括可逆以及不可逆两种情况。

(2)改变了酶蛋白中活性部位的解离状态。结合基团的解离状态受到影响，底物无法与酶蛋白结合；催化基团的解离受到影响，使底物不能被酶分子分解成产物。

(3)改变了底物的解离状态，可能导致底物不能与酶结合。

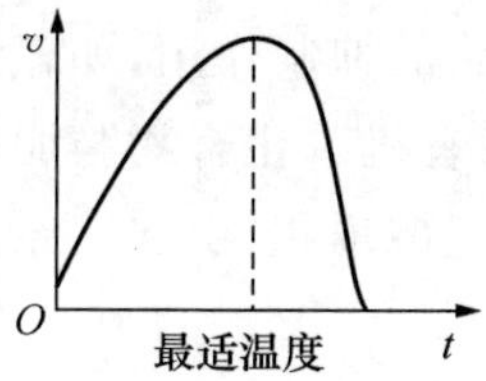

图 5-11 温度对反应速率的影响

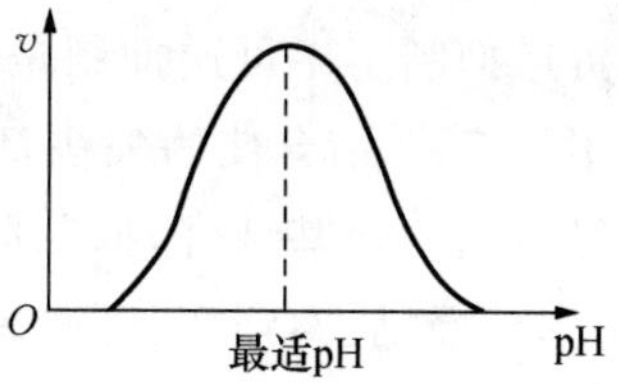

图 5-12 pH 对反应速率的影响

5. 激活剂和抑制剂对酶促反应的影响

(1)激活剂对酶促反应的影响 在某些物质的作用下，使无活性的酶原转变成有活性的酶，或者酶的活性增强的现象称为酶的激活作用。能够引起酶的激活作用的物质称为酶的激活剂，主要的激活剂有各种无机离子、有机分子和某些蛋白酶。无机离子如 Na^+、K^+、Ca^{2+}、Mg^{2+}、Zn^{2+}、Mn^{2+}、Cl^- 等，唾液淀粉酶受 Na^+ 和 Cl^- 的激活作用，活性增强。有机分子如半胱氨酸、谷胱甘肽等一些还原剂可还原金属离子，还有 EDTA 螯合金属离子能解除重金属对酶的抑制作用。蛋白酶如肠激酶激活胰蛋白酶原、胰蛋白酶激活胰凝乳蛋白酶原。

激活剂对酶的作用是相对的，即一种激活剂对某种酶有激活作用，对另一种酶可能有抑制作用，激活或抑制的效果也不一样。

(2)抑制剂对酶促反应的影响 在某些物质的作用下，酶的催化活性降低甚至丧失的现象称为酶的抑制作用。能够引起酶的抑制作用的物质称为酶的抑制剂，主要的抑制剂有各种无机离子、小分子有机物和蛋白质等，例如，Hg^{2+}、Ag^+、Pb^{2+} 和 As^{3+} 等重金属离子对许多酶有抑制作用，抗坏血酸(维生素 C)抑制蔗糖酶的活性，胰蛋白酶抑制因子抑制胰蛋白酶的活性等。抑制作用可分为可逆性抑制和不可逆抑制。

①可逆性抑制 可逆性抑制是指抑制作用可以通过一定的物理方法解除。例如，抗坏血酸对蔗糖酶的抑制作用可以通过添加半胱氨酸而解除。可逆性抑制又可根据其作用机制

和模式分为竞争性抑制和非竞争性抑制。

竞争性抑制是指抑制剂的结构与底物相似，能竞争性地与酶的活性中心结合，使底物与酶的结合机会下降，从而引起酶的活性受到抑制。磺胺类药物就是利用竞争性抑制作用的原理实现抑菌作用的。细菌不能利用环境中的叶酸，只能利用体内的对氨基苯甲酸在二氢叶酸合成酶的作用下合成二氢叶酸，再进一步合成四氢叶酸。磺胺类药物与对氨基苯甲酸结构相似，可竞争性地与二氢叶酸合成酶结合，从而抑制细菌体内二氢叶酸的合成，进而抑制细菌的生长繁殖。人和动物能利用环境中的叶酸，所以不受药物的影响。

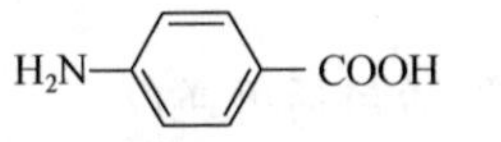

对氨基苯甲酸(细菌合成叶酸的底物)

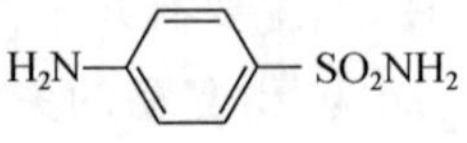

对氨基苯磺胺(磺胺类药物的结构)

非竞争性抑制是指抑制剂和酶的结合不影响底物与酶的结合，但由于抑制剂的结合使底物不能转变成产物，因此酶的活性降低。

②不可逆抑制　不可逆抑制是指不能通过物理方法解除的抑制作用，如氰化物与含铁卟啉的酶中的Fe^{2+}结合使酶失去活性，从而抑制细胞呼吸；有机磷化合物与胆碱酯酶活性中心的丝氨酸上的羟基结合，抑制胆碱酯酶的活性，使乙酰胆碱堆积，引起一系列神经中毒症状，如心率减慢、肌肉痉挛、呼吸困难等，严重时可导致死亡。

二、蛋白质的分解代谢

在生物体的新陈代谢中，蛋白质的代谢占十分重要的地位。人和动物需要不断地从食物中摄入蛋白质，才能使体内的蛋白质得到不断更新。但食物中的蛋白质必须先水解为氨基酸才能被生物体利用；蛋白质与非蛋白质之间的相互转化，也需要经过氨基酸才能实现，因此蛋白质的分解代谢实质是氨基酸的分解代谢。

(一)蛋白质的酶促降解

1. 蛋白质的酶促降解

蛋白质的酶促降解是指蛋白质在其相应水解酶的催化作用下，肽键断裂，经逐步水解，最后生成氨基酸的过程。

2. 蛋白质酶

蛋白质的水解酶类是能水解蛋白质分子中多肽链肽键的一类酶的总称，对水解肽键的位置和形成肽键的氨基酸残基有一定选择性。

(1)按分布分类，分为胞内蛋白质水解酶、胞外蛋白质水解酶。

(2)按来源分类，分为动物蛋白酶、植物蛋白酶和微生物蛋白酶。

(3)按最适 pH 分类，分为酸性蛋白酶，2～5；中性蛋白酶，7 左右；碱性蛋白酶，9.5～10.5。

(4)按切割位点分类，分为肽链内切酶，如胰蛋白酶、糜蛋白酶、胃蛋白酶、弹性蛋白酶；肽链端解酶(肽链外切酶)，如羧肽酶、氨肽酶。

(5)按活性中心和作用特点分类，分为丝氨酸蛋白酶、巯基蛋白酶、金属蛋白酶和天冬氨酸蛋白酶等。

3. 蛋白质的水解过程及产物

蛋白质在蛋白水解酶的作用下依次水解过程为：蛋白质→蛋白胨→多肽→小肽→氨基酸，小肽和氨基酸主要在小肠被吸收，进入体内氨基酸库。

(二)氨基酸的一般代谢

动物从食物中摄取的氨基酸为外源氨基酸，组织蛋白质降解产生的氨基酸和体内合成的氨基酸为内源氨基酸，外源氨基酸和内源氨基酸总称为氨基酸的代谢库。氨基酸的主要代谢去路是合成蛋白质和肽类。此外，可以转变为某些生物活性物质，如激素、嘌呤和嘧啶、卟啉、胆碱和胆胺等；也可以转变为糖或脂肪；还可以直接氧化分解供能。氨基酸分解代谢的途径主要有两条，即脱氨基作用和脱羧基作用。脱氨基作用是氨基酸分解代谢的主要途径。

1. 氨基酸的脱氨基作用

(1)L-谷氨酸氧化脱氨基作用　线粒体基质中存在 L-谷氨酸脱氢酶，该酶催化 L-谷氨酸氧化脱氨生成 α-酮戊二酸，反应可逆。一般情况下，反应偏向于谷氨酸的合成，但当谷氨酸浓度高，氨浓度低时，则有利于 α-酮戊二酸的生成，即催化 L-谷氨酸氧化脱氨。L-谷氨酸脱氢酶属不需氧脱氢酶，辅酶是 NAD^+ 或 $NADP^+$，特异性强，分布广泛，在肝脏中含量最为丰富，其次是肾、脑、心、肺等，在骨骼肌中最少。

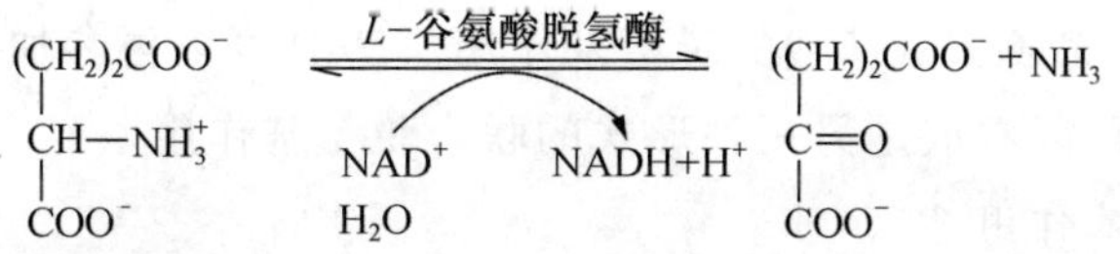

L-谷氨酸　　α-酮戊二酸

(2)转氨基作用　转氨基作用是在转氨酶的催化下，α-氨基酸的氨基转移到 α-酮酸的酮基上，生成相应的氨基酸，原来的氨基酸则转变为 α-酮酸。

α-氨基酸　α-酮酸　α-酮酸　α-氨基酸

转氨酶在动物体内分布广泛，除赖氨酸、苏氨酸、脯氨酸、羟脯氨酸外(例如，由于相应于赖氨酸的 α-酮酸不稳定，所以赖氨酸不能通过转氨作用生成)，体内大多数氨基酸都可以经转氨基作用生成。转氨基作用是可逆反应，因此也是体内合成非必需氨基酸的重要途径。

转氨酶的辅酶是磷酸吡哆醛，起着传递氨基的作用。磷酸吡哆醛在转氨酶的作用下，接受来自氨基酸的氨基生成磷酸吡哆胺，磷酸吡哆胺再将氨基转给 α-酮戊二酸，生成谷氨酸，而磷酸吡哆胺又再恢复成磷酸吡哆醛。

转氨酶在心肌细胞和肝脏中含量最高，因此经常用一些转氨酶的浓度作为疾病诊断指标。谷草转氨酶（AST）和谷丙转氨酶（ALT）都是细胞内酶，正常动物血清中含量甚微，若因疾病造成组织细胞破损或细胞膜通透性增加，则它们在血清中的浓度大大增高。例如，心肌坏死常引起血清 AST 含量升高，传染性肝炎引起血清 ALT 含量升高，所以，临床上两者可分别作为判断这两个组织功能正常与否的辅助指标。

（3）联合脱氨基作用　转氨基作用虽然是体内普遍存在的一种脱氨基方式，但它仅仅是将氨基转移到 α-酮酸分子上生成另一分子氨基酸，从整体上看，氨基并未脱去。而氧化脱氨基作用仅限于 *L*-谷氨酸，其他氨基酸并不能直接经这一途径脱去氨基。事实上，体内绝大多数氨基酸的脱氨基作用，是上述两种方式联合的结果，即氨基酸的氨基经转氨基作用转给 α-酮戊二酸生成 *L*-谷氨酸，又通过 *L*-谷氨酸氧化脱氨基作用脱掉氨基，是转氨基作用和谷氨酸氧化脱氨基作用偶联的过程，这种方式称为联合脱氨基作用。这是体内主要的脱氨基方式，反应可逆，也是体内合成非必需氨基酸的重要途径。

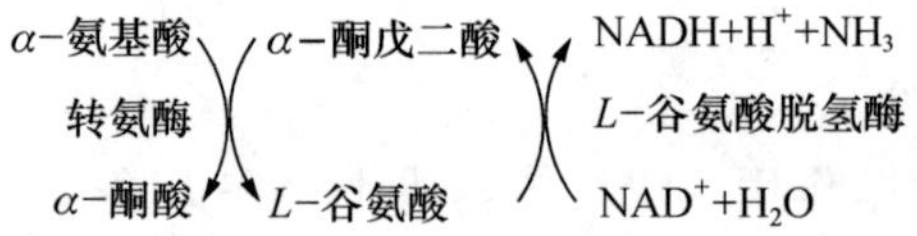

（4）嘌呤核苷酸循环　骨骼肌中谷氨酸脱氢酶活性很低，氨基酸可通过嘌呤核苷酸循环而脱去氨基，这是骨骼肌中的氨基酸主要的脱氨基方式。

氨基酸通过转氨基作用生成天冬氨酸，后者和次黄嘌呤核苷酸（IMP）反应生成腺苷酸代琥珀酸，然后裂解出延胡索酸，同时生成腺嘌呤核苷酸（AMP），AMP 又在腺苷酸脱氨酶催化下脱去氨基，最终完成了氨基酸的脱氨基作用。IMP 可以再参加循环。由此可见，嘌呤核苷酸循环实际上也可以看成是另一种形式的联合脱氨基作用。

2. 氨基酸的脱羧基作用

氨基酸脱羧生成伯胺是氨基酸分解代谢的另一途径。氨基酸在脱羧酶的作用下，脱去羧基，生成伯胺和 CO_2。

$$\underset{\displaystyle NH_3^+}{\underset{|}{RCHCOO^-}} \xrightarrow{\text{氨基酸脱羧酶}} R—CH_2—NH_2+CO_2$$

氨基酸脱羧后形成的胺类化合物有些是生物体的重要物质，如丝氨酸脱羧后生成胆碱，胆碱是构成磷脂的重要成分。有些胺类是有害的，鸟氨酸脱羧后生成的腐胺，赖氨酸脱羧后生成的尸胺，都是有毒物质。

（三）氨基酸代谢产物的转化

1. 氨的转化

氨基酸经脱氨基作用产生的氨是动物体氨的主要来源。其次，嘌呤、嘧啶的脱氨基作用及一些胺类物质的代谢也产生氨。另外，消化道细菌作用于未被消化的蛋白质及未被吸收的氨基酸会产生氨，血液中尿素扩散进入肠腔后经肠道细菌分解也产生氨。游离氨对动物组织有毒害作用，因此脱氨基后生成的氨不能在细胞内积累，必须转变为无毒的物质。

(1)尿素的生成　哺乳动物排除氨的主要途径是合成无毒的尿素。尿素主要在肝脏合成，肾和脑等组织也能合成。尿素的生成过程从鸟氨酸开始，最后又重新生成鸟氨酸，形成一个循环反应过程，称为鸟氨酸循环。反应过程如下：

①氨甲酰磷酸的合成　氨、二氧化碳、水和 ATP，在肝细胞的线粒体内由氨甲酰磷酸合成酶催化，合成氨甲酰磷酸。

②瓜氨酸的合成　线粒体内形成的氨甲酰磷酸经鸟氨酸氨甲酰基转移酶催化，将氨甲酰基转移给鸟氨酸形成瓜氨酸。鸟氨酸是在细胞液中形成的，需要经过特殊的内膜传递系统进入线粒体。

③精氨酸的合成　瓜氨酸在线粒体内合成后，被转运到线粒体外，在细胞液中经精氨[基]琥珀酸合成酶催化，与天冬氨酸反应，消耗 ATP 生成精氨[基]琥珀酸。后者再由精氨[基]琥珀酸裂解酶催化，裂解为精氨酸及延胡索酸。

反应生成的延胡索酸可转变为草酰乙酸，草酰乙酸经转氨基作用，由其他氨基酸接受氨基再转变为天冬氨酸，天冬氨酸再将氨基转给瓜氨酸。可见，天冬氨酸在尿素生成中起转运氨基的作用。

④精氨酸的水解　哺乳动物体内有精氨酸酶，它能催化精氨酸水解生成尿素和鸟氨酸。鸟氨酸可再进入线粒体，重复上述反应，形成一个循环反应过程(图 5-13)。

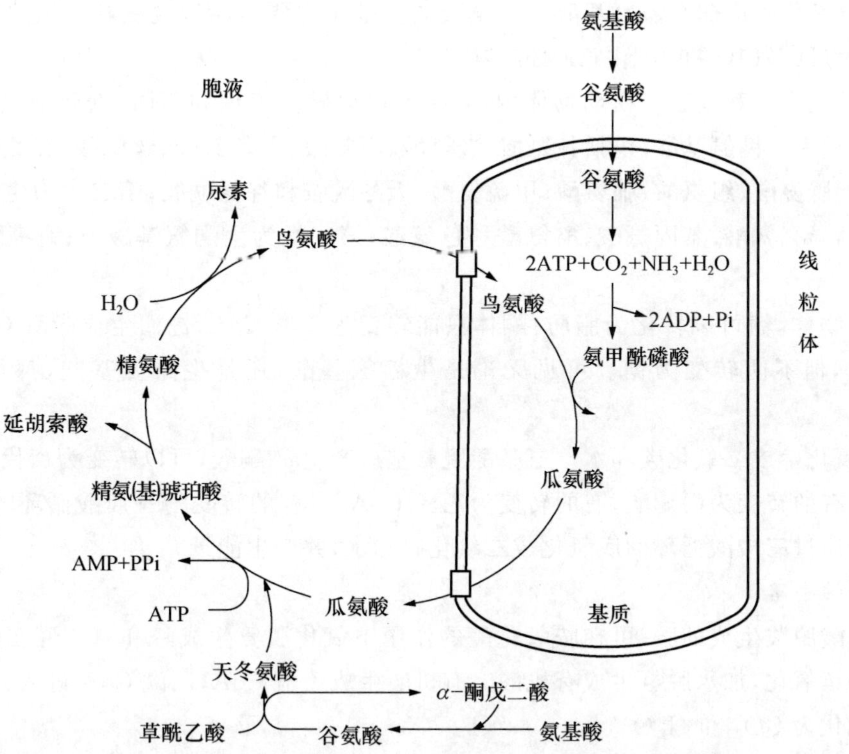

图 5-13　鸟氨酸循环

(2)尿酸的生成　家禽不能合成尿素，而是将大部分氨合成尿酸排出体外。尿酸的生成途径较复杂，它首先是利用氨基酸提供的氨基合成嘌呤，然后按嘌呤的分解代谢过程转变为尿酸。

(3)谷氨酰胺的生成　动物体内产生的氨除通过上述途径代谢转变外，也有一部分可在肝、肌肉、肾、脑等组织中与谷氨酸合成谷氨酰胺。此过程由谷氨酰胺合成酶催化，需要ATP供应能量。

形成谷氨酰胺，是机体迅速化解氨毒的一种方式，同时谷氨酰胺还起运输和贮存氨的作用。例如，大脑组织产生的氨首先形成谷氨酰胺以解氨毒，然后谷氨酰胺随血液运到其他组织中进一步代谢。可以运到肝脏释放氨用以合成尿素，也可以运到肾将氨释放出来而直接随尿排出。已知肾小管上皮细胞有谷氨酰胺酶，它能催化谷氨酰胺水解释放出氨，氨被分泌到肾小管腔内和 H^+ 结合成 NH_4^+，以铵盐的形式随尿排出，使体内酸不致积存，故还具有调节酸碱平衡的作用。

(4)合成氨基酸及其他含氮化合物　当机体需要合成氨基酸时，可利用贮存于谷氨酰胺中的氨或少量游离氨，通过联合脱氨基作用的逆过程合成一些氨基酸。氨也可以合成其他含氮化合物，如嘌呤类和嘧啶类化合物。

2. α-酮酸的转化

(1)氨基化生成非必需氨基酸　α-酮酸的氨基化主要是通过脱氨基作用的逆行过程而进行的，生成的氨基酸也只限于非必需氨基酸。

(2)转变为糖和脂肪　在动物体内，α-酮酸可以转变为糖和脂肪，据此把氨基酸分为3类。第一类为生糖氨基酸，包括甘氨酸、缬氨酸、丙氨酸、天冬氨酸、丝氨酸、谷氨酸、苏氨酸、精氨酸、半胱氨酸、组氨酸、脯氨酸、甲硫氨酸、天冬酰胺和谷氨酰胺；第二类为生糖兼生酮氨基酸，包括异亮氨酸、苯丙氨酸、酪氨酸和色氨酸；第三类为生酮氨基酸，只有亮氨酸和赖氨酸两种。

在动物体，糖可以转化为脂肪；酮体只能转变为乙酰 CoA，进而生成脂酰 CoA，参与脂肪的合成，但不能转变为糖。可见无论是生糖氨基酸，还是生酮氨基酸，都可以转变成脂肪。

(3)氧化生成二氧化碳和水　氨基酸脱氨基后产生α-酮酸，可以转变为糖代谢的中间产物。其中有的转变为丙酮酸，有的转变为乙酰 CoA，也有的转变为三羧酸循环的中间产物，最终都能通过三羧酸循环彻底氧化成二氧化碳和水，并产生能量。

3. 胺的去路

氨基酸脱羧生成的胺，可在胺氧化酶的作用下氧化脱氨生成醛和氨。醛在醛脱氢酶的作用下继续氧化，加水脱氢生成有机酸。有机酸生成乙酰 CoA，乙酰 CoA 进入三羧酸循环，最后被氧化为 CO_2 和 H_2O。

$$RCH_2NH_2 \xrightarrow{\text{胺氧化酶}} RCHO \xrightarrow{\text{醛脱氢酶}} RCOOH$$

★ 实验操作

一、酶促反应速率的影响因素

(一)实验仪器

试管和试管架,恒温水浴,吸量管(1 mL、2 mL、5 mL),滴管,量筒,玻璃棒,白瓷板,秒表,烧杯,棕色瓶,漏斗,纱布。

(二)药品与试剂

(1)0.5%淀粉溶液:将 0.5 g 可溶性淀粉加入少许蒸馏水中,搅拌成糊状,缓慢倒入沸腾的 60 mL 蒸馏水中,搅动煮沸 1 min,冷却至室温,加水至 100 mL,置冰箱中保存。

(2)碘液:称取 2 g 碘化钾,溶于 5 mL 蒸馏水中,再加入 1 g 碘,待碘完全溶解后,加蒸馏水 295 mL,混匀,贮于棕色瓶中。

(3)1%NaCl 溶液。

(4)1%$CuSO_4$ 溶液。

(5)磷酸缓冲溶液,按下表混合配制。

pH	5.0	6.8	8.0
0.2 $mol \cdot L^{-1}$ 磷酸氢二钠溶液体积/mL	5.15	7.72	9.72
0.1 $mol \cdot L^{-1}$ 柠檬酸溶液体积/mL	4.85	2.28	0.28

(三)操作步骤

1. 新鲜唾液稀释液(唾液淀粉酶液)的制备

实验人员进实验室自己制备,先用蒸馏水漱口,以清除食物残渣,再含 20 mL 蒸馏水,30 s 后放入小烧杯,如混浊则用 2 层纱布过滤。取滤液 10 mL 加水稀释 2 倍(稀释倍数可因人而异)混合均匀备用。

2. 温度对酶促反应的影响

取 4 支试管编号,按下表进行操作,立即放入对应温度的水浴中:

试管	0.5%淀粉/mL	稀释唾液/mL	反应温度	颜色变化
1	3	1	0 ℃	
2	3	1	0 ℃	
3	3	1	37～40 ℃	
4	3	1	90 ℃	

(1)在白瓷板各孔中滴入 1 滴碘液,每隔 1 min 用滴管从第 3 支试管中取出一滴反应液滴入碘液中,观察颜色变化。待颜色不变时,从水浴中取出第 1、3、4 管,待第 4 管冷却后,3 支试管同时各加入 1 滴碘液,观察颜色变化并记录。

(2)从 0 ℃水浴中取出第 2 管置于 37～40 ℃水浴中,10 min 后取出,加入 2 滴碘液,观察与第 1 管颜色相比有何变化并记录。

3. pH 对酶促反应的影响

取 1 支试管，加入 0.5%淀粉溶液 2 mL、pH 6.8 缓冲溶液 3 mL、稀释唾液 2 mL，摇匀后，向试管内插入 1 支玻璃棒，置 37 ℃水浴保温。每隔 1 min 用玻棒从试管中取出 1 滴反应液于白瓷板上，随即加入碘液 1 滴，检查淀粉水解程度。待反应液遇碘不变色时，从水浴中取出试管，立即加入碘液 1 滴，摇匀后，观察溶液的颜色，再次确认水解程度。记录反应液遇碘不变色的时间，此时间称为保温时间。若保温时间太短（2～3 min），说明酶液活力太高，应酌情稀释唾液；若保温时间太长（15 min 以上），说明酶液活力太低，应酌情减少稀释倍数，保温时间最好在 8～15 min。然后取 3 支试管编号，按下表操作：

mL

试管号	缓冲溶液			0.5%淀粉	稀释唾液（每隔 1 min 逐管加入）	观察结果
	pH 5.0	pH 6.8	pH 8.0			
1	3	0	0	2	2	
2	0	3	0	2	2	
3	0	0	3	2	2	

将上述各管溶液混合均匀后，再以 1 min 间隔依次将 4 支试管置于 37 ℃水浴中保温。达保温时间后，依次将各管迅速取出，并立即加入碘液 1 滴。观察各试管溶液的颜色并记录。分析 pH 对酶促反应的影响，确定最适 pH。

4. 激活剂、抑制剂对酶促反应的影响

取 3 支试管编号，按下表加入各试剂：

mL

试管号	0.5%淀粉溶液	1%NaCl 溶液	1%$CuSO_4$ 溶液	蒸馏水	稀释唾液	观察结果
1	2	1	0	0	1	
2	2	0	1	0	1	
3	2	0	0	1	1	

将上述各管溶液混合均匀后，向 1 号试管内插入 1 支玻璃棒，3 支试管同置于 37 ℃水浴保温 1 min 左右，用玻棒从 1 号试管中取出 1 滴混合液，检查淀粉水解程度（方法同步骤 2）。待混合液遇碘液不变色时，迅速从水浴中取出 3 支试管，各加碘液 1 滴。摇匀观察各试管溶液的颜色并记录，分析酶的激活和抑制情况。

二、蛋白质试样中氮含量的测定（凯氏定氮法）

（一）实验仪器

电子天平，凯氏烧瓶，玻璃珠，电炉，改良式半微量凯氏蒸馏器，微量滴定管，量筒，容量瓶，烧杯，移液管。

（二）药品与试剂

各种干燥粉碎的饲料样品，混合催化剂（$CuSO_4$ 与 Na_2SO_4 2∶3 混合），2%硼酸，浓硫酸，40%NaOH 溶液，0.1 mol·L^{-1} 盐酸标准溶液，甲基红-溴甲酚绿混合指示剂，蒸馏水。

(三)操作步骤

1. 样本的消化

称取饲料样本 0.5～1 g,准确至 0.000 2 g,以硫酸纸卷无损地移入 100 mL 洗净烘干并已标记的凯氏烧瓶中,加入 6.4 g 混合催化剂与试样混合,12 mL 浓硫酸和 2 粒玻璃珠,再盖上小漏斗,将凯氏烧瓶置于电炉上加热,在通风柜中消化(为防止消化时液体溅失,最好用凯氏消化架慢消化一夜)。先低温加热(100～200 ℃),注意防止泡沫浮起,待泡沫消失后,提高加热温度(约 400 ℃)至沸腾。消化时要经常转动凯氏烧瓶,如果有黑色炭粒不能全部消化,待烧瓶冷却后,补加少量浓硫酸后继续消化至溶液澄明无黑点并呈蓝绿色为止,移出电炉,放于凯氏消化架上冷却。

2. 转移

将试样消化液冷却,加少许蒸馏水,摇匀后无损地移入 100 mL 容量瓶,再用蒸馏水反复冲洗凯氏烧瓶数次,直至消煮液全部转入容量瓶中,冷却至室温后定容,作为试样分解液。

3. 蒸馏

安装好改良式半微量凯氏蒸馏器(图 5-14)后,用蒸馏水清洗蒸馏瓶反应室两次。将自来水由进水口注入蒸馏瓶夹层中,使水面高于蒸馏瓶的出水管 1 cm 左右,夹紧出水管的止水夹。将冷凝管下接的滴管插入装有硼酸溶液的接收瓶中的硼酸液面下。用移液管吸试样分解液 10 mL 由漏斗处注入反应室中,再把 10 mL 40%NaOH 溶液也由此注入,以少量蒸馏水冲洗漏斗后,夹紧漏斗下的止水夹,并用蒸馏水注满漏斗防止漏气。开通冷凝水,用酒精灯加热蒸馏瓶,使蒸馏瓶夹层内的水煮沸。从接收瓶中溶液瞬间变蓝开始计时,蒸馏 5 min,然后再移开液面蒸馏 1 min 后,移走接收瓶,将冷凝管管口插入装有蒸馏水的烧杯中,熄灭酒精灯,关闭冷凝水,杯内蒸馏水自动倒吸入反应室,反应室中的废液立即自动流到蒸馏瓶的夹层内,并从排水管排出。用洗耳球由冷凝管管口打气,将反应室中废液排出,再用洗瓶由漏斗加蒸馏水,按照上述方法将仪器洗涤 2～3 次,备用。

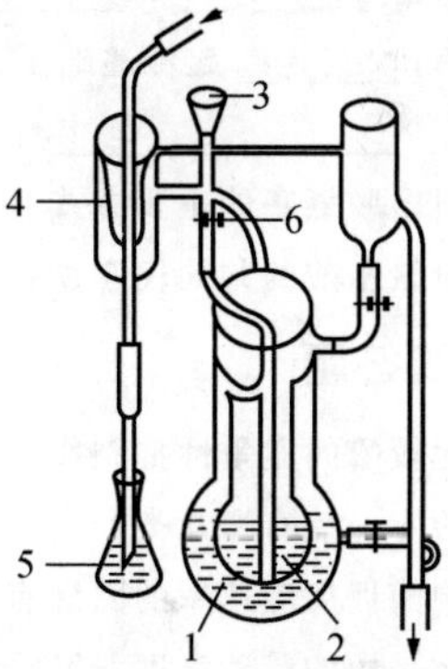

1. 蒸馏瓶夹层(外筒)　2. 蒸馏瓶反应室(内筒)
3. 小漏斗　4. 冷凝管　5. 接收瓶　6. 止水夹

图 5-14　改良式半微量凯氏蒸馏器

4. 滴定

在蒸馏后的吸收液中滴加 2 滴甲基红-溴甲酚绿混合指示剂,用 0.1 mol·L^{-1} 盐酸标准溶液滴定,至溶液由蓝色变成灰红色为终点,记录盐酸用量(mL)。

(四)结果计算

$$w(\mathrm{N})=\frac{(V_1-V_0)\times10^{-3}\cdot c(\mathrm{HCl})\times M(\mathrm{N})\times V_2}{m\times V_3}\times100\%$$

式中:V_1 为滴定时 HCl 的用量,mL;V_0 为空白滴定时 HCl 的用量,mL;V_2 为试样分解液总体积,mL;V_3 为试样分解液蒸馏用体积,mL;m 为样品重,g。

★ 思考练习题

一、名词解释

1.酶的活性中心　2.寡聚酶　3.激活剂

4.底物专一性　5.转氨基作用　6.联合脱氨作用

二、填空题

1.酶是________产生的，具有催化活性的________。

2.酶具有________、________、________和________等催化特点。

3.影响酶促反应速率的因素有________、________、________、________、________和________。

4.酶的活性中心包括________和________两个功能部位，其中________直接与底物结合，决定酶的专一性，________是促进底物发生化学变化的部位，决定催化反应的性质。

5.蛋白酶类按分布分类可分为：________；________。

6.全酶由________和________组成，在催化反应时，二者所起的作用不同，其中________决定酶的专一性和高效率，________起传递电子、原子或化学基团的作用。按所催化的化学反应的性质可分为________、________、________、________、________和________。

7.蛋白质脱氨基的主要方式有________、________和________。

8.一般氨基酸的共同代谢途径包括________作用和________作用。

三、简答题

1.试比较酶的竞争性抑制作用与非竞争性抑制作用的异同。

2.酶的专一性有哪几类？如何解释酶作用的专一性？

3.影响酶促反应速率的因素有哪些？它们是如何起作用的？

4.什么是酶的最适温度、最适 pH？它们是酶的特征物理常数吗？

5.氨基酸脱氨后产生的氨和 α-酮酸有哪些主要的去路？

6.为什么说转氨基反应在氨基酸合成和降解过程中都起重要作用？

自测练习

模块六

糖的定性定量分析

学习目标

1. 掌握单糖的组成及结构。
2. 掌握单糖、二糖、多糖的典型化学性质。
3. 掌握淀粉、纤维素、糖原在组成和结构上的区别。
4. 掌握糖在动物体内的代谢概况。
5. 理解糖的无氧氧化、有氧氧化及糖原分解与合成的化学反应过程。
6. 理解糖无氧氧化、有氧氧化和三羧酸循环的生理意义。
7. 掌握血糖测定的原理和意义。

单元一　糖的结构和性质

★ 理论知识

课程 PPT

一、糖的概念与分类

(一)糖的概念

糖类是自然界存在最多、分布最广泛的一类有机化合物,是动植物体的重要组成成分,例如植物体中所含的淀粉、纤维素,动物乳汁中的乳糖、肌肉和肝脏中的糖原、血液中的血糖等等,其中以植物体中最为丰富。糖类是一切生物体维持生命活动所需能量的主要来源。从化学结构上看,它们是多羟基醛或多羟基酮,以及能水解生成多羟基醛或多羟基酮的一类有机化合物。由于糖类物质均由 C、H、O 3 种元素组成,习惯上又称为"碳水化合物"。

(二)糖的分类

根据能否水解及水解的产物,糖类通常分为单糖、低聚糖(寡糖)和多糖三大类。单糖是最简单的糖类,不能再水解成更小的分子,易溶于水,可直接被动物体吸收利用。最常见的单糖有葡萄糖、果糖、核糖和半乳糖等。低聚糖是能水解成 2～10 个单糖分子的一类糖,按水解后所生成的单糖分子的数目，低聚糖分为二糖（双糖）、三糖、四糖、五糖等，其中最重要的是能水解成两分子单糖的二糖。多糖是能水解成10个以上单糖分子的一类糖，如淀粉、纤维素、糖原等。多糖的相对分子质量从几万到几百万不等。

二、单糖

（一）单糖的结构

1. 单糖的开链结构和构型

单糖的种类很多，按照分子中所含官能团的不同，单糖可分为两大类，即醛糖和酮糖。按照分子中碳原子的数目，单糖又可分为丙糖、丁糖、戊糖、己糖和庚糖等。单糖的这两种分类法常结合使用，例如含5个碳原子的醛糖称戊醛糖，含6个碳原子的酮糖称己酮糖。核糖属戊醛糖，果糖属己酮糖。

最简单的单糖是含3个碳原子的丙醛糖（甘油醛）和丙酮糖（二羟丙酮）。

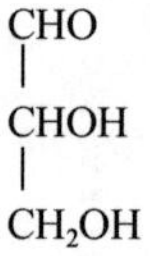

甘油醛

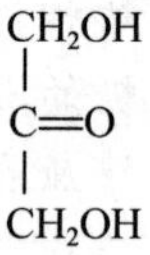

二羟丙酮

自然界中存在的比较重要的单糖有戊醛糖、己醛糖和己酮糖。

戊醛糖：

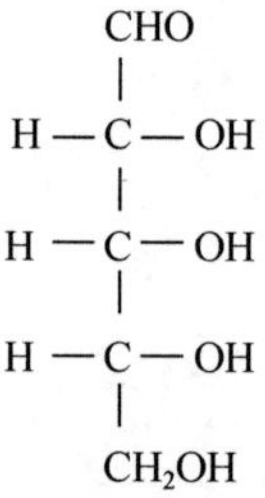

核糖

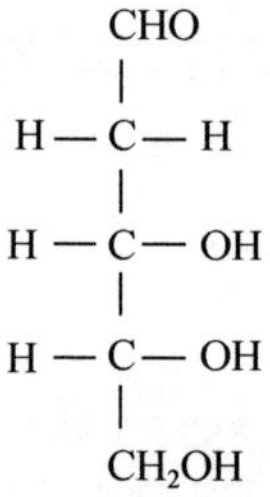

2-脱氧核糖

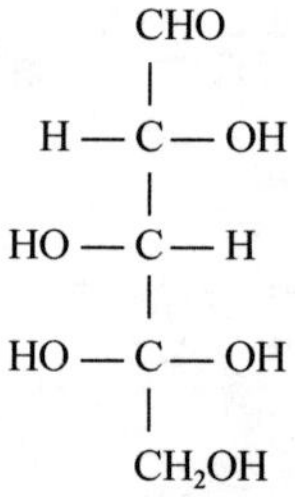

阿拉伯糖

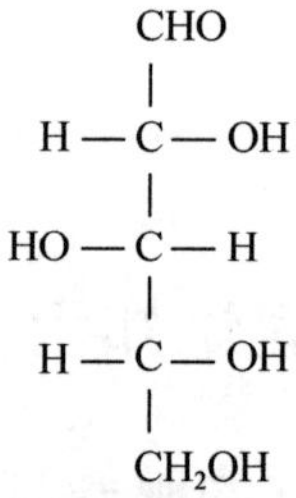

木糖

己醛糖：

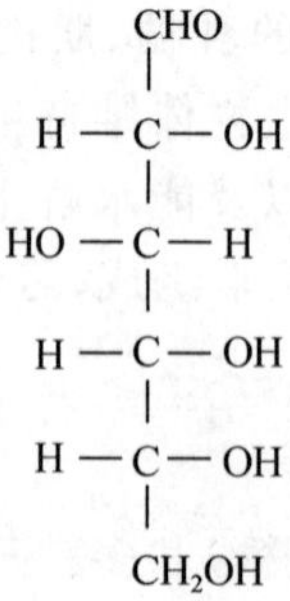

葡萄糖

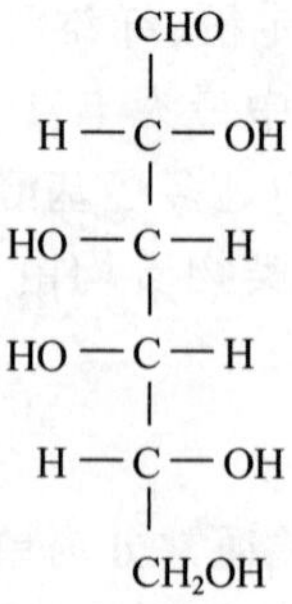

半乳糖

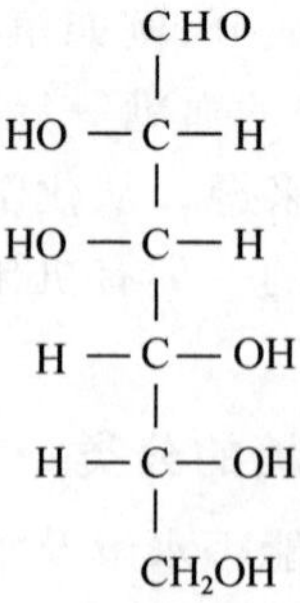

甘露糖

己酮糖：

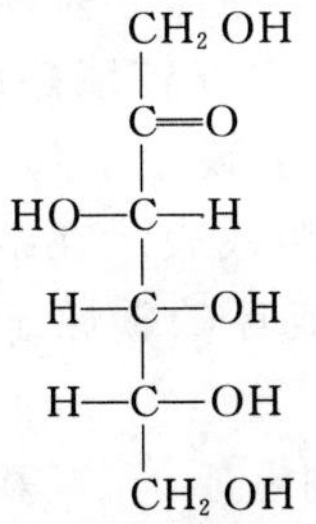

果糖

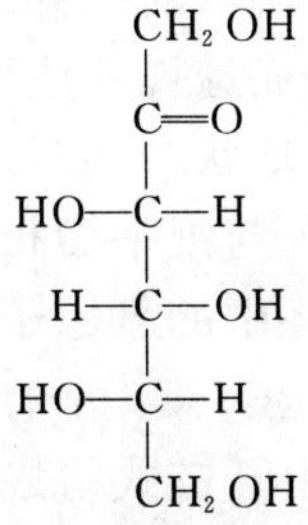

山梨糖

单糖的开链结构可用费歇尔(Fischer)投影式表示，即将碳链放在垂直线上，主链中第一号碳原子在上，"十"字线的交点代表链中碳原子，每个碳原子上各连接有一个氢原子和一个羟基(或连有两个氢原子)，分别位于碳链的左、右两侧。

依有机化学命名的规则编号碳原子，例如醛基碳为 C_1，而酮糖的羰基碳为 C_2。费歇尔投影式中编号最大的手性碳原子(和 4 个不相同的原子或基团相连的碳原子)上所连接羟基位于碳链左侧的称为 *L* 型糖，位于碳链右侧的称为 *D* 型糖。自然界存在的单糖多数是 *D* 型糖。

为书写方便，用费歇尔投影式表示糖的链状结构时，可用横线表示羟基，氢可省略。例如：

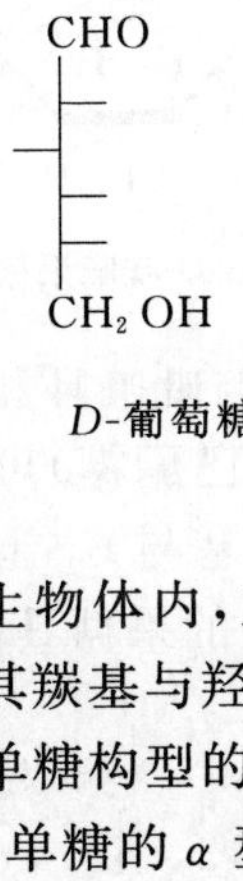

D-葡萄糖

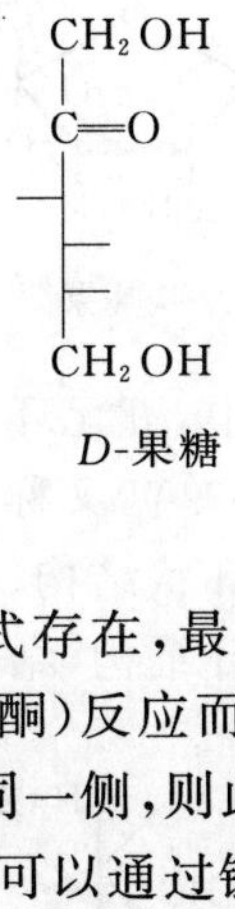

D-果糖

2. 单糖的环状结构

单糖在溶液中以及生物体内，主要是以环状结构形式存在，最常见的是五元环或六元环。单糖的环状结构是其羰基与羟基发生半缩醛(或半缩酮)反应而形成的。形成的半缩醛(或半缩酮)羟基与决定单糖构型的碳原子的羟基在碳链同一侧，则此种结构被称作 α 型；如果在异侧，则称为 β 型。单糖的 α 型和 β 型环状结构之间可以通过链状结构相互转化。

一般情况下，己醛糖形成的是六元环，例如 *D*-葡萄糖就可以形成下面两种环状半缩醛：

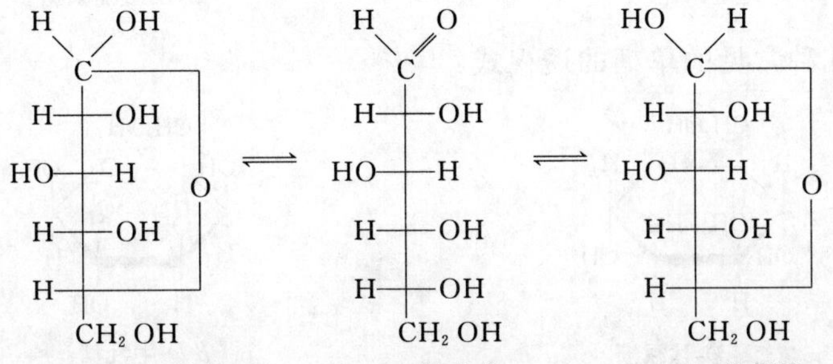

α-*D*-葡萄糖　　*D*-葡萄糖　　β-*D*-葡萄糖

在上述互变平衡体系中，α 型和 β 型环状结构之间互变必须通过醛式才能完成。

用费歇尔投影式所写的单糖的环状结构式，不能反映出原子和基团在空间的相互关系，所以应把环状结构写成透视式或称哈武斯（Haworth）式。它能较清楚地反映出糖分子空间构型的实际情况。将环状结构写成透视式时，把成环的 5 个碳原子和 1 个氧原子画成一个六角形（六元环），此环与纸平面相垂直。六角形中的三条粗线表示在纸面的前方，细线表示在纸面的后方，六元环中的氧原子写在纸平面的后右方，成环的碳原子可以省略不写，环上碳原子按顺时针编号，C_2、C_3 处于纸平面的前方。

例如，将葡萄糖由开链式写成环状结构式时，碳链左侧氢原子、羟基写在环平面上方，碳链右侧的氢原子、羟基写在环平面下方。

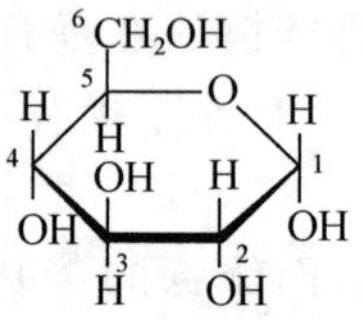

α-*D*-葡萄糖

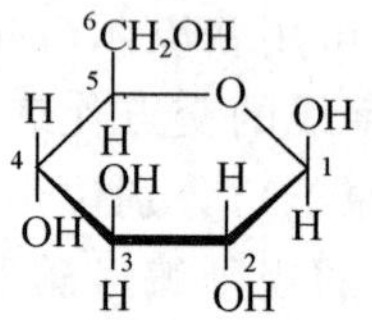

β-*D*-葡萄糖

依照上述同样的方法，可以从果糖的开链式写出其透视式，果糖的酮基与 C_5 上羟基缩合而形成五元环。

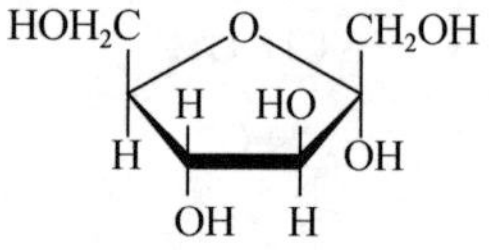

α-*D*-呋喃果糖

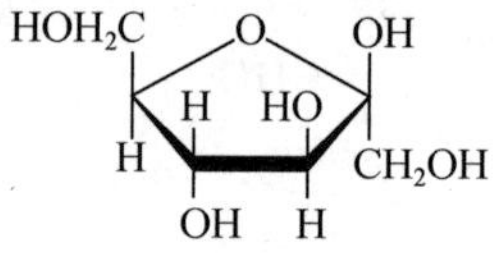

β-*D*-呋喃果糖

在单糖的环状结构中，五元环与呋喃环相似，六元环与吡喃环相似。因此五元环单糖又称为呋喃型单糖，六元环单糖又称为吡喃型单糖。果糖（己酮糖）可以形成呋喃环（五元环）和吡喃环（六元环）两种环状结构。果糖的吡喃环是由酮基与 C_1 上的醇羟基缩合而成。游离状态的果糖含有吡喃环结构，结合状态的果糖如蔗糖中的果糖具有呋喃环结构。

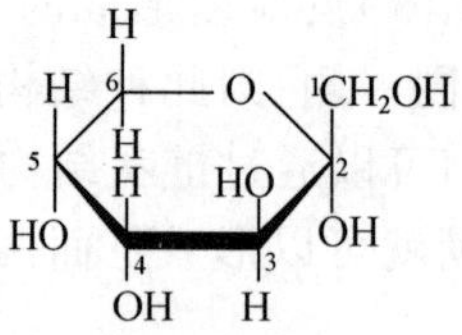

α-*D*-吡喃果糖

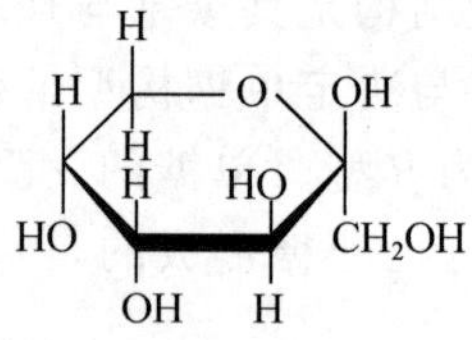

β-*D*-吡喃果糖

下面是其他几种常见的单糖的透视式：

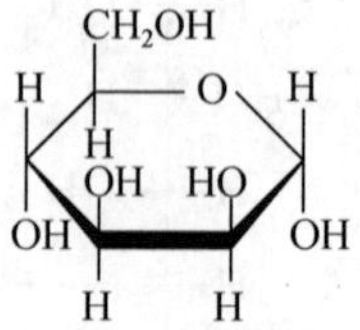

α-*D*-甘露糖

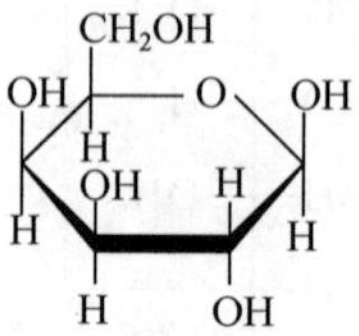

β-*D*-半乳糖

β-D-核糖　　　β-D-脱氧核糖

(二)单糖的性质

单糖是无色的晶体,有吸湿性,易溶于水,可溶于乙醇,但难溶于乙醚、丙酮、苯等有机溶剂。单糖都有旋光性,而且有变旋现象。单糖都有甜味,各种糖甜度大小不一。

单糖是多羟基醛或多羟基酮,因此它具有醇和醛、酮的某些性质,同时也由于分子内各基团的相互影响产生了一些新的性质。现将单糖的主要化学性质分别叙述如下。

1.氧化反应

葡萄糖虽然具有环状半缩醛结构,但在水溶液中与直链结构处于动态平衡中,因此葡萄糖能与托伦试剂、斐林试剂和班氏试剂等弱氧化剂作用,生成金属或金属的低价氧化物和葡萄糖酸。果糖在碱性条件下可异构化为葡萄糖,因此可以发生以上反应。利用单糖的还原性可进行单糖的定性定量测定。例如,临床上常用班氏试剂检验尿中是否含有葡萄糖,并根据氧化亚铜沉淀的颜色来判断葡萄糖含量,借以诊断糖尿病。

溴水是酸性氧化剂,可将醛糖氧化成糖酸;因为溴水呈酸性,不能使酮糖异构化为醛糖,所以酮糖不能被溴水氧化,因而可用溴水来区分醛糖和酮糖。

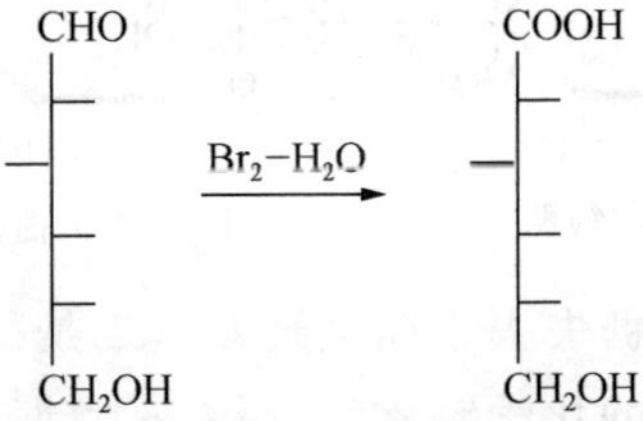

D-葡萄糖　　　D-葡萄糖酸

稀硝酸是强氧化剂,可把醛糖氧化为糖二酸;酮糖用稀硝酸氧化时,会导致羰基碳与相邻碳之间的键断裂生成含碳原子数较少的各种羧酸的混合物。

2.还原反应

单糖分子中的羰基在还原剂的作用下生成多元醇(糖醇),生物体内在酶的作用下完成此反应。

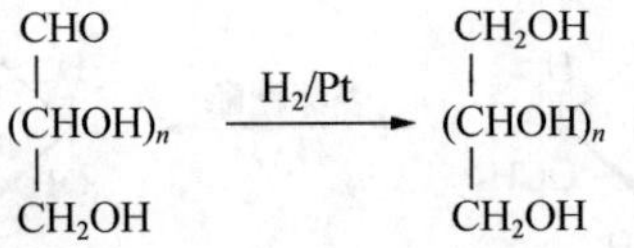

D-葡萄糖还原生成山梨醇,D-甘露糖还原生成甘露醇,D-果糖还原生成山梨醇与甘露醇的混合物。甘露醇在医药上是良好的利尿剂,能降低颅内压、眼内压,防治肾功能衰竭等,甘露醇注射液作为高渗透降压药,是临床抢救特别是脑部疾患抢救常用的一种药物。

3.酯化反应

单糖分子中都含有羟基,均可与酸形成酯。生物体内常见的糖的磷酸酯有葡萄糖-1-磷酸酯(1-磷酸葡萄糖)、葡萄糖-6-磷酸酯(6-磷酸葡萄糖)、果糖-6-磷酸酯(6-磷酸果糖)、果糖-

1,6-磷酸二酯(1,6-二磷酸果糖)。

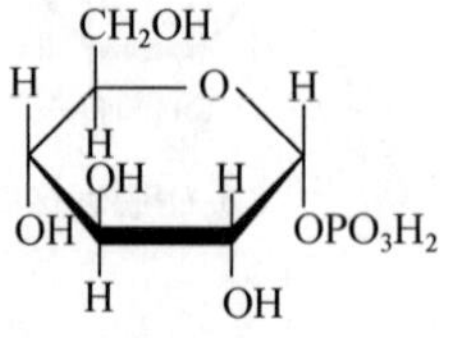

1-磷酸葡萄糖

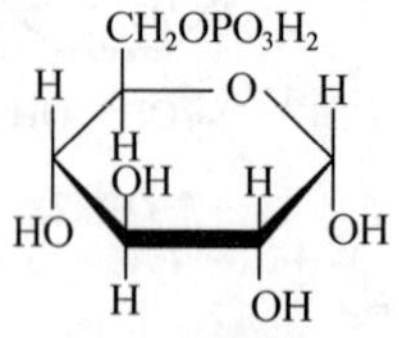

6-磷酸葡萄糖

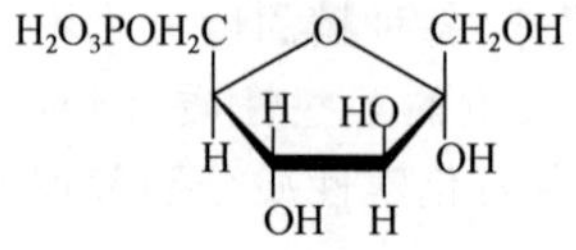

6-磷酸果糖

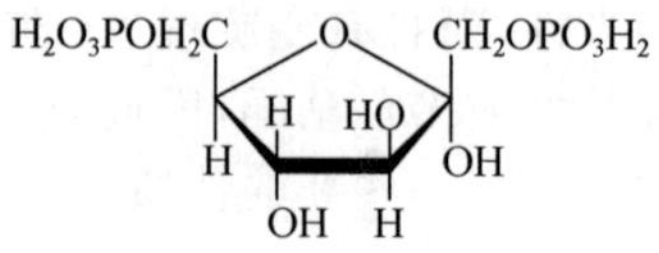

1,6-二磷酸果糖

4. 成苷反应

单糖的半缩醛(或半缩酮)羟基比其他羟基活泼,在干燥 HCl 作用下,与其他含有羟基的化合物如醇、酚或氨(胺)反应,脱去一分子水形成缩醛(或缩酮),称为糖苷,此反应称为成苷反应。如 *α*-*D*-葡萄糖在无水氯化氢催化下与甲醇反应可生成甲基-*α*-*D*-葡萄糖苷。

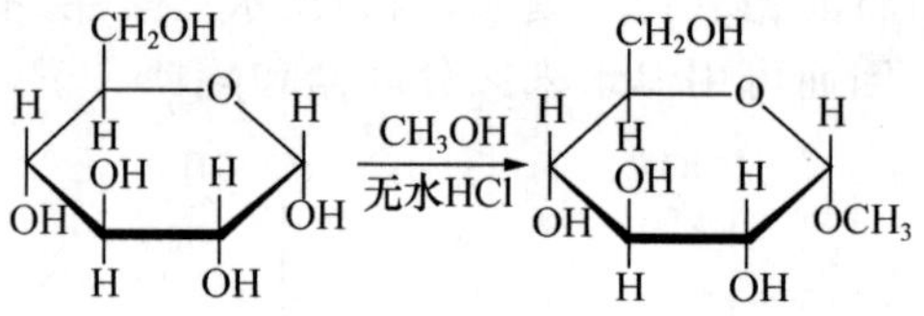

α-*D*-葡萄糖　　甲基-*α*-*D*-葡萄糖苷

糖苷分两部分,一是糖残基(糖失去半缩醛羟基),二是配基(非糖部分,可以很简单也可以很复杂);连接糖残基与配基间的化学键称为苷键,*α* 型糖形成的苷键称 *α*-苷键,*β* 型糖形成的苷键称 *β*-苷键;糖苷的命名是在糖分子名称(包括其构型)后面加上"苷",并将配基的名称加在糖名称前或后。

糖苷与其他缩醛(或缩酮)一样是比较稳定的化合物,分子中无半缩醛羟基,因此糖苷不能形成开链结构,不能被弱氧化剂氧化,无还原性;糖苷在碱性条件下能够稳定存在,但在酸或酶的作用下,可以水解为糖和其他含羟基的化合物。酶对糖苷的水解有专一性,如麦芽糖酶只能

甲基-*α*-*D*-葡萄糖苷　　*α*-*D*-葡萄糖

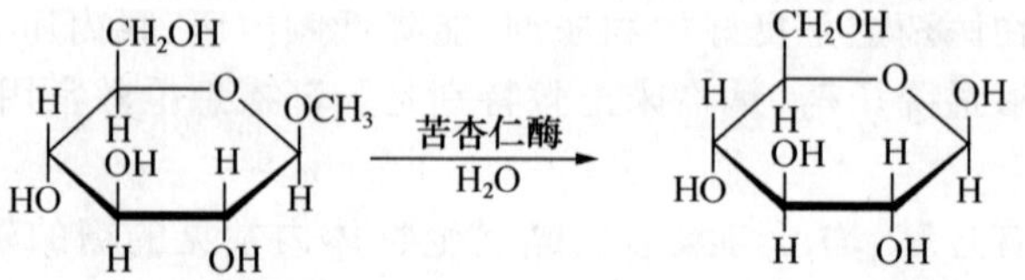

甲基-*β*-*D*-葡萄糖苷　　*β*-*D*-葡萄糖

水解 α-葡萄糖苷，不能水解 β-葡萄糖苷，苦杏仁酶只能水解 β-葡萄糖苷，不能水解 α-葡萄糖苷。

糖苷广泛存在于自然界中，多为中草药的有效成分，如有止痛作用的水杨苷，止咳作用的苦杏仁苷，降压作用的芦丁等。

5. 颜色反应

(1)α-萘酚反应(Molisch 反应)　在盛有糖的水溶液中加入 α-萘酚的酒精溶液，将试管倾斜成一定角度，沿管壁慢慢加入浓硫酸，不要摇动试管，则在硫酸与糖的溶液之间有明显的分层，且两层之间有紫红色物质生成。此反应非常灵敏，所有糖类(单糖、低聚糖和多糖)都有此反应，常用于糖类物质的鉴定。

(2)谢里瓦诺夫反应(Seliwanoff 反应)　在酮糖水溶液中加入间苯二酚的浓盐酸溶液，加热后很快能出现鲜红色，醛糖在同样条件下呈色反应缓慢，只有在糖浓度较高或煮沸时间较长时，才呈微弱的阳性反应。因此该反应快慢可用于醛糖和酮糖的鉴别。

(3)蒽酮反应　单糖和其他糖类都能与蒽酮的浓硫酸溶液作用生成绿色物质，利用这个反应可以定量测定糖类物质。

(三)几种重要的单糖及单糖衍生物

1. D-半乳糖

D-半乳糖为白色晶体，溶于水以及乙醇，具有还原性，熔点 165 ℃。半乳糖在人体中先转变成葡萄糖后被利用，母乳中的半乳糖是在体内重新合成的，而不是从食物中直接获得的。半乳糖是在肠道内吸收最快的单糖。D-半乳糖与葡萄糖结合成乳糖，存在于哺乳动物的乳汁中。D-半乳糖常以 D-半乳糖苷的形式存在于大脑和神经组织中，也是某些糖蛋白的重要成分。

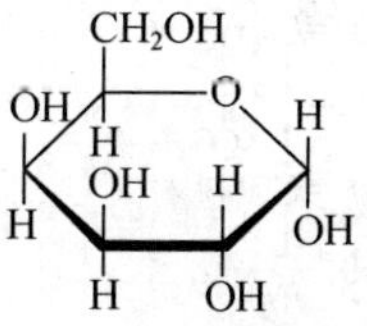

α-D-半乳糖

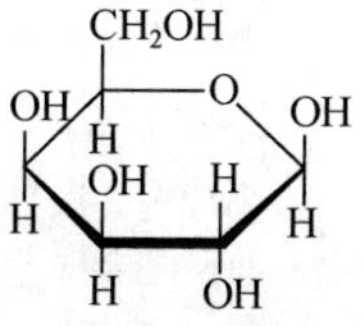

β-D-半乳糖

2. D-核糖、D-脱氧核糖

D-核糖、D-脱氧核糖是极其重要的戊醛糖，常与磷酸及嘌呤、嘧啶碱结合成核苷酸存在于核蛋白中，是核糖核酸和脱氧核糖核酸的重要组成成分。

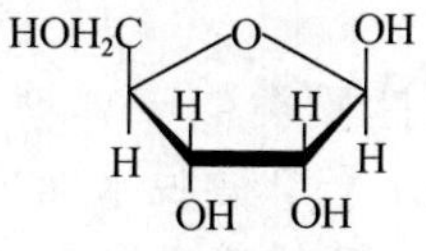

β-D-核糖

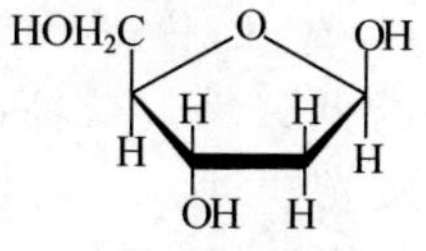

β-D-脱氧核糖

3. D-葡萄糖

D-葡萄糖是自然界分布最广的己醛糖。游离态的葡萄糖存在于葡萄等水果和动物的血液、淋巴液、脊髓液等中。结合态的葡萄糖存在于许多植物的种子、根、叶或花中。葡萄糖是生物体内新陈代谢不可缺少的营养物质，在医药上具有广泛的用途，在食品工业中用于制糖浆、糖果等。

4. D-果糖

果糖存在于水果和蜂蜜中，为无色结晶，易溶于水，可溶于乙醇与乙醚中。果糖是最甜的一种糖，甜度约为蔗糖的170%。果糖与葡萄糖在体内都能与磷酸作用生成磷酸酯，作为体内代谢重要的中间产物。1,6-二磷酸果糖是高能营养性药物，有增强细胞活力和保护细胞的作用，可作为急救心肌梗死及各类休克的辅助药物。

5. *D*-氨基糖

氨基糖又称糖胺，是单糖分子中的一个醇羟基被氨基取代后构成的化合物。广泛分布于天然多糖中的是氨基葡萄糖（葡糖胺）和氨基半乳糖（半乳糖胺）。重要的糖胺还有乙酰葡糖胺、胞壁酸、乙酰胞壁酸和唾液酸等。

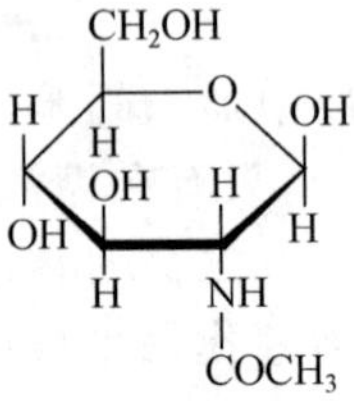

2-乙酰氨基-*D*-葡糖胺

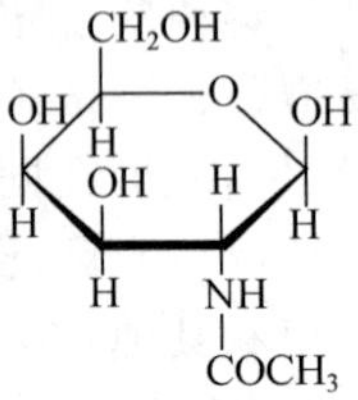

2-乙酰氨基-*D*-半乳糖胺

6. 维生素C

维生素C不属于糖类，但是它是由*D*-葡萄糖制备而来的，而且从结构上看是不饱和糖酸内酯，所以常将维生素C当作单糖的衍生物。维生素C存在于新鲜的蔬菜和水果中，在柠檬、柑橘和番茄中含量较多。人体自身不能合成维生素C，必须从食物中获得。人体若缺乏维生素C会出现维生素C缺乏症（坏血病），所以维生素C又称抗坏血酸。维生素C极易被氧化为去氢抗坏血酸，所以可用作食品的抗氧化剂。

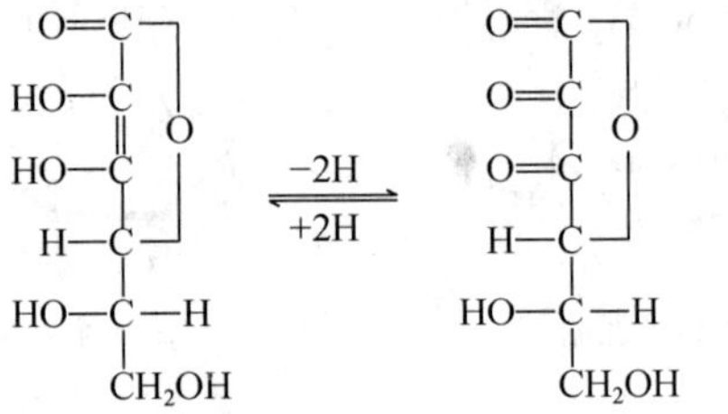

抗坏血酸　　去氢抗坏血酸

三、二糖

二糖是最为重要的一类低聚糖。二糖的物理性质类似于单糖，易溶于水，多数具有甜味，能形成结晶，有些具有旋光性等。二糖是由两分子单糖脱水而成的化合物，也可以看成是苷。它需要分解成单糖才能被机体吸收。组成二糖的单糖分子可以是相同的，也可以是不同的。最常见的二糖是蔗糖、麦芽糖和乳糖。

二糖既然是苷，则形成苷键的两个羟基中，必有一个是半缩醛羟基，另一个可以是半缩醛羟基或醇羟基。这样，两个单糖分子以苷键结合成二糖时，就有两种情况，即有一个半缩醛羟基不参与成苷形成还原性二糖，两个半缩醛羟基都参与成苷形成非还原性二糖。

（一）还原性二糖

1. 麦芽糖与纤维二糖

麦芽糖是由一分子 α-*D*-葡萄糖 C_1 上的半缩醛羟基与另一分子 α-*D*-葡萄糖 C_4 上的醇

羟基脱水，通过 α-1，4-糖苷键连接而成的二糖。纤维二糖是由一分子 β-D-葡萄糖 C_1 上的半缩醛羟基与另一分子 β-D-葡萄糖 C_4 上的醇羟基脱水形成的 β-1，4-糖苷键连接而成的二糖。它们的结构式如下：

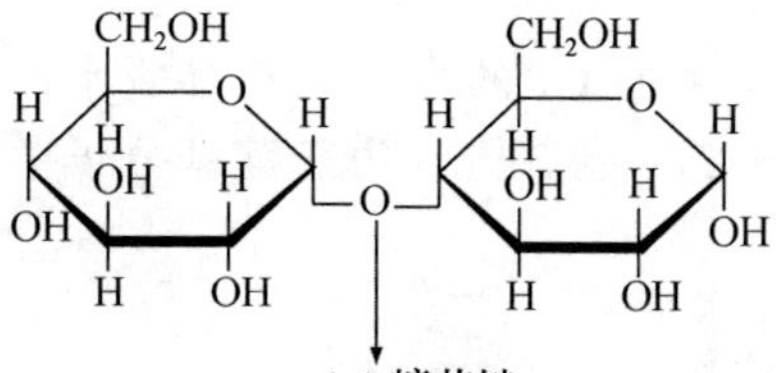

α-1,4-糖苷键

麦芽糖

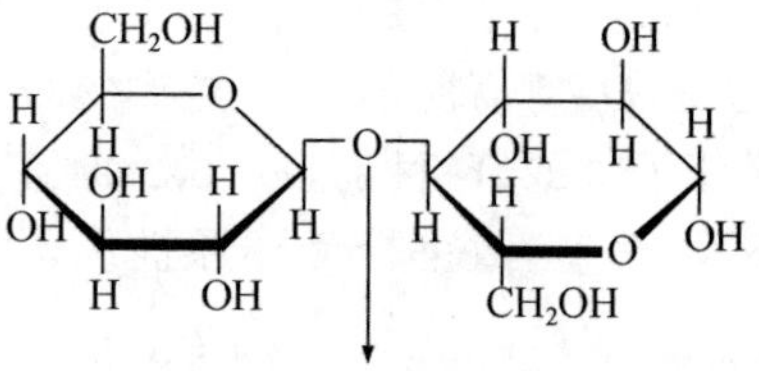

β-1,4-糖苷键

纤维二糖

麦芽糖和纤维二糖分子中都保留有一个半缩醛羟基，因此具有还原性。麦芽糖和纤维二糖都有 α 型和 β 型两种异构体。麦芽糖和纤维二糖分别是淀粉和纤维素的基本组成单位，在自然界并不以游离状态存在。用 β-淀粉酶水解淀粉可得到麦芽糖，用稀酸小心水解纤维素，可得到纤维二糖。

麦芽糖是无色晶体，其甜度约为蔗糖的 70%，可作营养品和微生物培养基的原料。

在动物体内，摄入饲料中的淀粉[$(C_6H_{10}O_5)_n$]被淀粉酶水解成麦芽糖，再经麦芽糖酶水解为 D-葡萄糖。麦芽糖在酸作用下也能水解。

$$2(C_6H_{10}O_5)_n + nH_2O \xrightarrow{\text{淀粉酶}} nC_{12}H_{22}O_{11}$$

$$C_{12}H_{22}O_{11} + H_2O \xrightarrow{\text{麦芽糖酶或酸}} 2C_6H_{12}O_6$$

2. 乳糖

乳糖主要存在于哺乳动物的乳汁中，人乳中含 5%～8%，牛乳中含 4%～6%，有些水果中也含有乳糖。乳糖被动物体小肠中乳糖酶(一种能水解 β-半乳糖苷的酶)水解生成 D-半乳糖和 D-葡萄糖。实验已经证明，乳糖是 β-D-吡喃半乳糖 C_1 半缩醛羟基与另一分子 α-D-吡喃葡萄糖的 C_4 羟基脱水，通过 β-1，4-糖苷键连接而成的二糖。其结构中有半缩醛羟基，具有还原性。

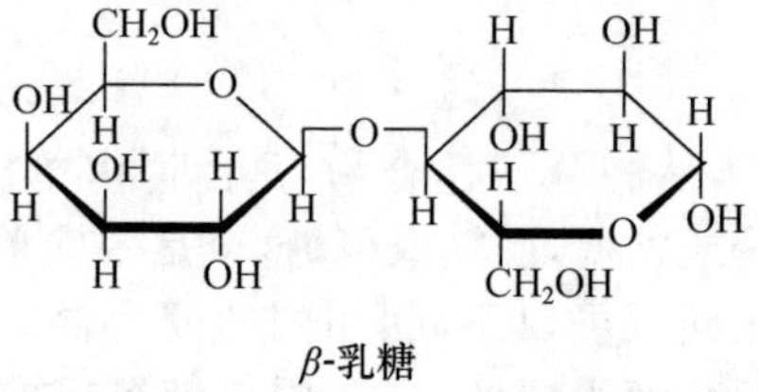

β-乳糖

乳糖是含一分子结晶水的白色结晶性粉末，熔点 202 ℃，其甜度只有蔗糖的六分之一。乳糖不易溶于水，因而在肠道中吸收较慢，有助于乳酸菌的生长繁殖，对预防幼龄动物肠道疾病有益。

(二)非还原性二糖

两个单糖分子都以其半缩醛羟基脱水形成二糖。这样的二糖，分子中不再含半缩醛羟基，不能开环再出现醛基，无变旋现象，也无还原性，称为非还原性二糖。重要的非还原性二糖有以下几种：

1. 蔗糖

蔗糖由一分子葡萄糖和一分子果糖缩合而成，是我们日常生活中最常食用的糖。白糖、红糖、砂糖都是蔗糖。蔗糖广泛地分布在各种植物中，甘蔗中约含 26%，甜菜中约含 20%，故又称甜菜糖，各种植物的果实中几乎都含有蔗糖。

蔗糖是 α-D-葡萄糖用 C_1 的半缩醛羟基与 β-D-果糖 C_2 的半缩酮羟基脱水而组成的二糖，故蔗糖分子中的苷键既是 α-1,2-糖苷键，又是 β-2,1-糖苷键。由于蔗糖分子中已无半缩醛（或半缩酮）羟基，故蔗糖无还原性。

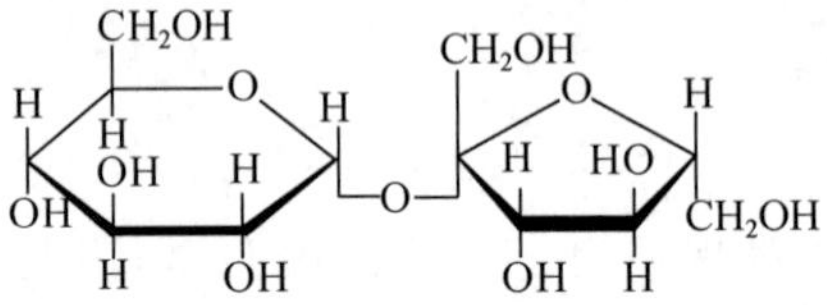

蔗糖

蔗糖为无色晶体，熔点 186 ℃，易溶于水，难溶于乙醇。蔗糖在稀酸或酶作用下水解后得到等量的 D-葡萄糖和 D-果糖的混合物，水解后的混合物称为转化糖。促使蔗糖水解的酶称为转化酶。蜂蜜的主要成分是转化糖，甜度为 127。

2. 海藻糖

海藻糖又叫酵母糖，是自然界中分布较广的一种非还原性二糖，存在于海藻、昆虫血液以及真菌体内。海藻糖是各种昆虫血液中的主要血糖。它是两分子 α-D-葡萄糖彼此均在 C_1 上的两个半缩醛羟基之间脱水通过 α-1,1-糖苷键结合而成的，分子中没有半缩醛羟基，所以无还原性。

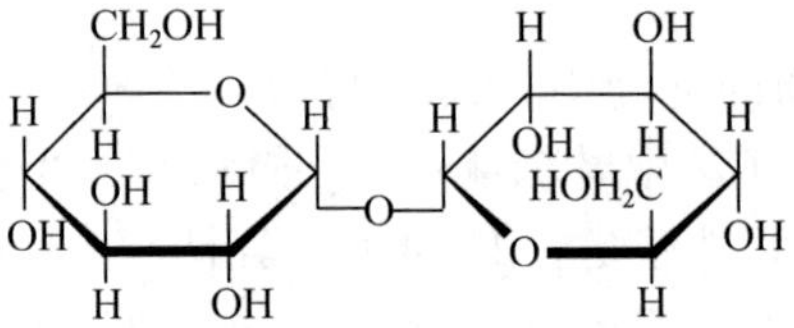

海藻糖

四、多糖

多糖又称多聚糖，是一类天然高分子化合物，是由许多单糖分子以糖苷键结合而成的。自然界组成多糖的单糖有己糖或戊糖，醛糖或酮糖，或是一些单糖的衍生物，如糖醛酸、氨基糖等。组成多糖的单糖可以相同也可以不同：相同的较为常见，称为均多糖（或匀多糖），如淀粉、糖原、纤维素等都是由葡萄糖组成的；以不同单糖组成的多糖称杂多糖，如半纤维素、黏多糖、果胶质等。

由于单糖在连接过程中失去了大部分半缩醛羟基，所以多糖没有还原性，但是在酸或酶的催化作用下能够水解。在水解过程中往往生成一系列复杂的中间产物，从相对分子质量较小的多糖直到二糖，水解最终产物为单糖。多糖大部分为无定形粉末，没有甜味，无一定熔点，大多数不易溶于水，难溶于醇、醚、氯仿等有机溶剂。

（一）淀粉

淀粉是绿色植物进行光合作用的产物，存在于植物的块茎或种子中，是人和单胃动物能量的主要来源。大米约含淀粉75%，玉米约含淀粉50%，大麦和小麦含60%～65%，马铃薯约含20%。淀粉为白色无定形粉末，无臭无味，不溶于冷水和乙醇、乙醚等有机溶剂，在沸水中变为黏稠状液体。

淀粉的基本构成单位为α-D-葡萄糖，葡萄糖脱去水分子后经由糖苷键连接在一起所形成的共价聚合物就是淀粉分子，即淀粉属于多聚葡萄糖，可以写成$(C_6H_{10}O_5)_n$，n为不定数。根据结构的不同，淀粉可分为直链淀粉和支链淀粉。天然淀粉中一般同时含有直链淀粉和支链淀粉，而且两者的比例相当稳定。直链淀粉占淀粉的20%～30%，溶于热水而不成糊状，称糖淀粉，支链淀粉占淀粉的70%～80%，溶于热水膨胀呈糊状，称胶淀粉。

1. 直链淀粉

直链淀粉能被淀粉酶水解生成麦芽糖，表明其是以α-D-葡萄糖为结构单位，通过α-1,4-糖苷键结合而成的糖链。直链淀粉一般平均由250～300个D-葡萄糖残基组成。

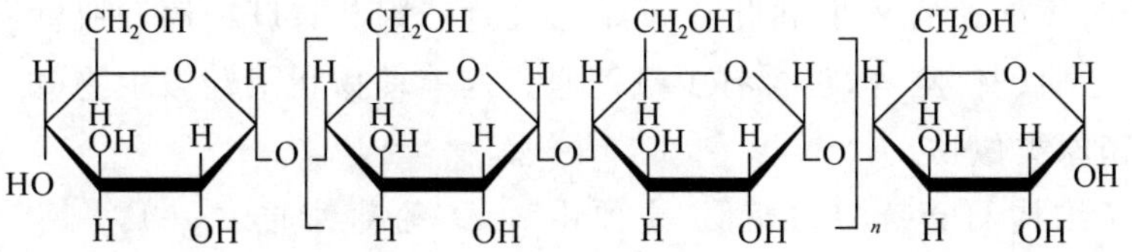

直链淀粉的形状并不是伸展状态的直链，而是卷曲成螺旋结构，每一个螺圈约有6个葡萄糖结构单位，见图6-1。

直链淀粉遇碘显深蓝色，正是由于直链淀粉的螺旋结构所形成的通道正好能容纳碘分子，并依靠范德华力使碘与淀粉生成蓝色包结化合物(图6-1)。该反应非常灵敏，加热蓝色消失，冷却后又出现。

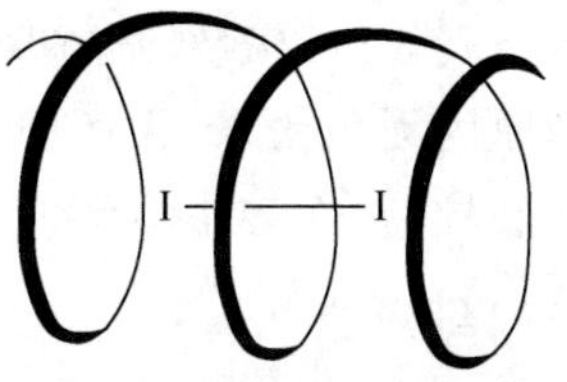

图6-1　直链淀粉螺旋状结构示意图

2. 支链淀粉

支链淀粉是由葡萄糖通过α-1,4-糖苷键和α-1,6-糖苷键结合而成的化合物，相隔20～25个葡萄糖单位有一个分支，分支处葡萄糖残基之间以α-1,6-糖苷键相连。

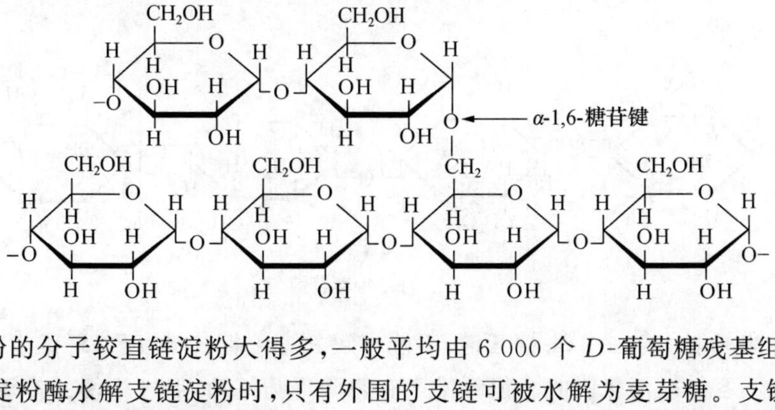

支链淀粉的分子较直链淀粉大得多，一般平均由6 000个D-葡萄糖残基组成，遇碘显紫红色。用β-淀粉酶水解支链淀粉时，只有外围的支链可被水解为麦芽糖。支链淀粉分子中众多短链纵横交错，比直链淀粉结构复杂且大得多，图6-2为支链淀粉的结构示意图。

淀粉在酸或酶的作用下进行水解，可得一系列产物，最后得到 *D*-葡萄糖。

淀粉→蓝色糊精→红色糊精→无色糊精→麦芽糖→葡萄糖

淀粉和糊精遇碘溶液可产生不同颜色，此种颜色加热时消失，冷却后又重新出现。糊精能溶于水，其水溶液有黏性，可用作黏合剂及纸张、布匹等的上胶剂。无色糊精有还原性。

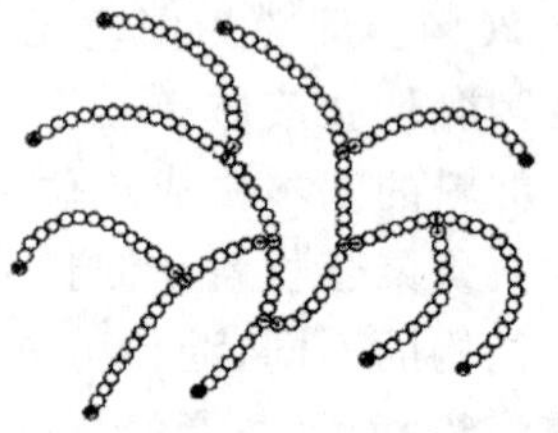

图 6-2 支链淀粉结构示意图

(二)糖原

糖原又称动物淀粉，食物中的淀粉经消化所得葡萄糖以糖原的形式储存于骨骼肌和肝脏中，是动物的贮备多糖。哺乳动物体内，糖原主要存在于骨骼肌(约占整个身体糖原的 2/3)和肝脏(约占 1/3)中，因此有肝糖原和肌糖原之分。其他大部分组织中，如心肌、肾、脑等，也含有少量糖原。低等动物和某些微生物(如真菌、酵母)中，也含有糖原或糖原类似物。

糖原的分子结构与支链淀粉相似，主要由 α-*D*-葡萄糖通过 α-1,4-糖苷键连接组成糖链，并通过 α-1,6-糖苷键连接产生支链。糖原分子中分支比支链淀粉更多、更复杂，平均每间隔 6～7 个葡萄糖残基就是一个分支点。相对分子质量范围从几百万至几千万。

糖原为无色粉末，无还原性，溶于热水而产生乳白色胶体溶液，对碱耐受性比较强，与碘反应呈红棕色，在醇中溶解度小，加乙醇于水溶液中可使糖原沉淀析出。

(三)纤维素

纤维素是植物细胞壁的主要成分，构成植物支持组织，也是自然界中分布最广、含量最多的一种多糖。棉花、各种木材、亚麻和黄麻都含有大量的纤维素，其中棉花中的纤维素含量高达 98%。

纤维素的分子式$(C_6H_{10}O_5)_n$，是结构单位 β-*D*-葡萄糖以 β-1,4-糖苷键组成的大分子多糖，是纤维二糖的高聚体，相对分子质量 50 000～2 500 000，相当于 300～15 000 个葡萄糖基。纤维素分子能借助分子间氢键像麻绳一样拧在一起，形成坚硬的、不溶于水的纤维状高分子。

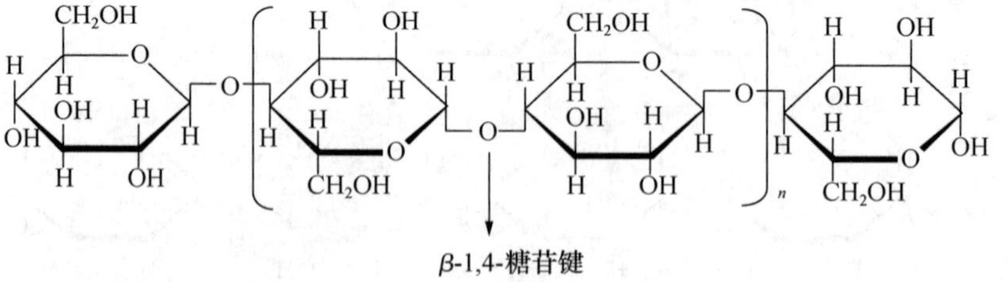

由于淀粉酶只能水解 α-1,4-糖苷键，不能水解 β-1,4-糖苷键，所以纤维素在人和单胃动物的胃肠道中不容易被消化吸收。但纤维素有刺激胃肠蠕动、促进排便的作用，所以食物中具有一定量的纤维素是有益的。草食动物消化道中微生物所分泌的纤维素酶，可使纤维素水解生成葡萄糖，再经发酵转化为乙酸、丙酸、丁酸等低级脂肪酸，被肠道吸收利用，所以草食动物能以含纤维素较多的稻草、秸秆等为主要饲料。

天然纤维素为无臭、无味的白色丝状物。纤维素不溶于水、稀酸、稀碱和有机溶剂。但能溶于浓硫酸、二氧化硫、氢氧化钠溶液中。纤维素比淀粉难水解，需要在高温高压下和无机酸共热才能水解。

(四)半纤维素

半纤维素是与纤维素、木质素共存于植物细胞壁中的一类多糖，主要存在于植物的木质化部分，如秸秆、种皮、坚果壳、玉米穗轴等，构成半纤维素的单糖基有葡萄糖、果糖、甘露糖、半乳糖、阿拉伯糖、木糖、鼠李糖、糖醛酸等，分子结构未定。

★ 实验操作——糖的性质实验

(一)实验仪器

试管，250 mL 烧杯，酒精灯，表面皿，玻璃棒，pH 试纸。

(二)药品与试剂

1%淀粉溶液，2%蔗糖溶液，2%葡萄糖溶液，2%果糖溶液，2%麦芽糖，班氏试剂 ，托伦试剂，浓硫酸，谢里瓦诺夫试剂(见附录 4)，浓盐酸，斐林试剂Ⅰ和Ⅱ，莫立许试剂(见附录 4)，碘溶液，10%氢氧化钠溶液。

(三)操作步骤

1. 糖的还原性

(1)与斐林试剂的反应　取斐林试剂Ⅰ和Ⅱ各 2.5 mL 混合均匀后，分装于 5 支试管，编号，放在水浴中温热。再分别滴加葡萄糖、果糖、麦芽糖、蔗糖和淀粉溶液各 5 滴，摇匀，水浴加热 2～3 min，观察并解释发生的变化。

(2)与班氏试剂的反应　取试管 5 支，编号，各加班氏试剂 1 mL，用小火微微加热到沸腾，再分别加入上述的各种糖溶液各 5 滴，摇匀，水浴加热 2～3 min，观察并解释发生的变化。

(3)与托伦试剂的反应　取管壁干净的试管 5 支，编号，各加托伦试剂 2 mL，再分别加入上述各种糖溶液各 5 滴，把试管放在 60 ℃的热水浴中加热数分钟，观察并解释发生的变化。

2. 糖的颜色反应

(1)α-萘酚反应　取试管 5 支，编号，分别加入葡萄糖、果糖、麦芽糖、蔗糖和淀粉溶液各 1 mL，再各加 2 滴莫立许试剂，摇匀。把盛有糖溶液的试管倾斜成 45°角，沿管壁慢慢加入浓硫酸 1 mL，使硫酸与糖溶液之间有明显的分层，观察两层之间的颜色变化。数分钟内如无颜色出现，可在水浴上温热再观察变化(注意不要振动试管)并加以解释。

(2)谢里瓦诺夫反应　取试管 5 支，编号，各加谢里瓦诺夫试剂 1 mL，再分别加入上述各种糖溶液各 5 滴，摇匀，浸在沸水浴中 2 min。观察并解释发生的变化。

(3)淀粉与碘的反应　往试管中加 4 mL 水、1 滴碘液和 1 滴淀粉溶液，观察颜色变化。

将此溶液稀释到浅蓝色，加热，再冷却。观察并解释发生的变化。

3. 糖的水解

(1)在试管中加入蔗糖溶液 4 mL，浓盐酸 1 滴，摇匀，放在沸水浴中加热 3～5 min。放冷，取出 2 mL，用氢氧化钠溶液中和至弱碱性，加班氏试剂 1 mL，摇匀，放在水浴中加热，观察并解释发生的变化。

(2)在试管中加入淀粉溶液 4 mL，浓盐酸 2 滴，摇匀。放在沸水浴中加热，当溶液遇碘不变色时，放冷，取出 2 mL，用氢氧化钠溶液中和至弱碱性，加班氏试剂 1 mL，摇匀，放在水浴中加热，观察并解释发生的变化。

(四)实验现象记录

实验项目	实验现象	原因分析
糖与斐林试剂的反应		
糖与班氏试剂的反应		
糖与托伦试剂的反应		
α-萘酚反应		
谢里瓦诺夫反应		
淀粉与碘的反应		
蔗糖的水解反应		
淀粉的水解反应		

★ 思考练习题

一、选择题

1. 下列物质中，水解的最终产物中不含葡萄糖的是(　　)。

A. 蔗糖　　B. 淀粉　　C. 纤维素　　D. 油脂

2. 下列物质中，不能发生银镜反应的是(　　)。

A. 蔗糖　　B. 麦芽糖　　C. 纤维素　　D. 葡萄糖

3. 下列糖中，既能发生银镜反应又能发生水解反应的是(　　)。

A. 蔗糖　　B. 麦芽糖　　C. 果糖　　D. 葡萄糖

二、填空题

1. α-D-葡萄糖和 β-D-葡萄糖的哈武斯式分别是__________、________。

2. α-D-呋喃果糖和 β-D-呋喃果糖的哈武斯式分别是__________、________。

三、简答题

1. 蔗糖、乳糖、麦芽糖各由哪两种单糖、以什么键结合而成？是否有还原性？

2. 在糖的还原性试验中，蔗糖与斐林试剂、班氏试剂或托伦试剂长时间加热后，也可能会得到阳性结果，这是什么原因？

3. 斐林试剂与班氏试剂有哪些异同点？

4.淀粉、纤维素和糖原在组成和结构上有何区别?

5.为什么纤维素只能作为草食动物的主要饲料而不能作为单胃动物的主要饲料?

6.为了检验病人是否患有糖尿病,可以把患者尿液加到新制备的班氏试剂中加热,若产生砖红色沉淀,则证明有糖尿病,这种检验方法的原理是什么?

7.如何用化学方法鉴定下列各组化合物?

(1)葡萄糖和蔗糖

(2)麦芽糖和蔗糖

(3)葡萄糖和果糖

(4)麦芽糖和淀粉

单元二　糖在动物体内的代谢

★ 理论知识

课程 PPT

一、糖的生理功能

(一)构成组织细胞的成分

糖普遍存在于动物各组织中,是构成组织细胞的成分。例如,核糖和脱氧核糖是细胞中核酸的组成成分,黏多糖是结缔组织基质的组成物质,糖与脂类形成的糖脂是细胞膜与神经组织的成分等。此外,一些特殊的复合糖和寡糖在动植物及微生物体内具有重要的生理功能,与机体免疫、细胞识别、信息传递等紧密相关。

(二)主要的能源和碳源

糖在动物体内主要作为能源和碳源。在正常的情况下,糖是生物体主要的供能物质,1 g葡萄糖完全氧化分解可以释放出约16.7 kJ的能量,生物体内能量的70%主要来自糖的分解。有些器官(如大脑)必须直接利用葡萄糖供能。此外,母畜妊娠时胎儿必须利用葡萄糖,泌乳时需大量的葡萄糖合成乳糖。糖在分解过程中形成的中间产物又可以提供合成脂类和蛋白质等物质所需的碳架。如葡萄糖分解代谢的中间产物丙酮酸可以转化为丙氨酸而成为合成蛋白质的原料;丙酮酸转化成的乙酰辅酶A,是合成高级脂肪酸的原料,也是合成胆固醇等脂类的原料。

二、糖代谢的概况

(一)动物体内糖的来源

1.由消化道吸收

主要是饲料中的淀粉及少量蔗糖、乳糖和麦芽糖等,在消化道中转化为葡萄糖等单糖被吸收。

2. 由非糖物质转化而来

动物体可以由非糖物质合成糖，称为糖的异生作用。

在家畜饲料中淀粉和纤维素是糖的主要来源。但由于不同家畜的消化特点不同，获得糖的方式有所不同。例如，猪为单胃杂食动物，其饲料中淀粉含量丰富，所以猪体内糖的主要来源是由消化道吸收葡萄糖；而反刍动物饲料中以草为主，糖源是纤维素，它被瘤胃中的微生物发酵，分解为乙酸、丙酸和丁酸等低级脂肪酸后被吸收。由于反刍动物瘤胃的特点，饲料中的淀粉也被发酵成低级脂肪酸吸收。所以反刍动物由肠道吸收的糖很少，主要靠糖的异生作用将吸收的低级脂肪酸转变为糖供给需要。马、骡、驴、兔等则介于猪、牛之间，即由消化道吸收一部分葡萄糖，另一部分是由发达的盲肠发酵纤维素等形成的低级脂肪酸经糖异生作用形成糖。

(二)血糖及其调节

糖代谢是生物体内基本的代谢活动，它不仅在能量产生、利用和储存中起着非常重要的作用，其中间产物还可以为其他物质的合成代谢提供碳骨架。

血液中所含的糖，除微量半乳糖、果糖及其磷酸酯外，几乎全部是葡萄糖。因此，血糖主要是指血液中所含的葡萄糖。它分布于红细胞和血浆中。体内各组织、细胞都需要从血液中获得葡萄糖作为能源。有些组织，如大脑，几乎完全靠葡萄糖氧化供能。血糖浓度下降，则会影响各组织的生理功能。因此保持血糖水平相对稳定具有重要意义。

1. 血糖的来源和去路

经过消化道消化吸收而来的饲料中的糖是血糖的根本来源。另外，肝糖原分解生成的葡萄糖，是空腹时血糖的主要来源，非糖物质经过糖异生作用生成的葡萄糖，是长期饥饿时血糖的主要来源。血糖的去路有 4 种：一是在细胞内氧化分解供能，这是血糖的主要去路；二是在肝、肌肉、肾等组织合成糖原；三是转变为核糖、脂肪、非必需氨基酸等其他物质；四是病理状态下从尿中排出。尿中排出葡萄糖不是血糖的正常去路，在正常生理情况下，葡萄糖虽然通过肾小球滤过，但是又在肾小管中将原尿中的葡萄糖几乎全部吸收入血，而在某些情况下，当血糖浓度超过肾小管对糖的最大重吸收能力即肾糖阈时，尿中才会排出糖，称为糖尿。

2. 血糖的调节

每种动物的血糖含量各不相同，但对每种动物而言血糖浓度是恒定的。血糖浓度的相对恒定，是在神经、激素和组织器官的调节下，使其来源和去路互相平衡而实现的。

(1)组织器官的调节　肝脏及肝外组织在维持血糖水平相对稳定上起主要作用，其中肝脏是调节血糖浓度最重要的器官，原因是肝细胞储存的糖原多，含有糖原代谢及糖异生过程的酶类，葡萄糖又可以自由透过肝细胞膜。当血糖浓度升高时，葡萄糖直接促进肝脏摄取较多的葡萄糖，用于合成糖原及转为脂肪。当血糖浓度偏低时，肝脏通过糖原分解及糖异生作用补充血糖。肝脏对血糖浓度的调节作用是在神经及激素的控制下进行的。

(2)激素的调节　调节血糖浓度的激素主要有胰岛素、胰高血糖素、肾上腺素、甲状腺素、肾上腺皮质激素及生长素。这些激素中，胰岛素是唯一的降血糖激素，同时胰岛素也是唯一促进糖原、脂肪、蛋白质合成的激素，其他都是升血糖激素。这些激素使细胞内一系列酶激活，导致糖原分解与合成速度的变化。在正常情况下通过神经系统的调节，使血糖升高和降低的两类激素互相对抗，互相制约，使血糖来源和去路保持动态平衡，血糖浓度维持在一定水平上。当血糖浓度低于正常时，一方面交感神经兴奋，肾上腺素等激素分泌增加，使血糖浓度升高；另一方面，低血糖本身又可刺激胰岛 α 细胞分泌胰高血糖素，结果血糖升高。当血糖浓度升高时，高血糖可直接刺激胰岛 β 细胞分泌胰岛素，使血糖降低。

三、糖在动物体内的分解代谢

葡萄糖进入血液后，经血液循环运送到全身各组织细胞并分解供能，葡萄糖在动物体内的分解代谢主要有糖的无氧分解、糖的有氧分解、磷酸戊糖途径 3 条途径。

(一)糖酵解(糖的无氧分解)

1. 糖酵解的概念

糖的无氧分解代谢又称无氧氧化或糖酵解，是指在不需氧的条件下，体内组织细胞中的葡萄糖或糖原分解为乳酸并释放少量能量的过程，糖酵解可用 EMP 表示。参与糖酵解的酶类均存在于细胞液中，因此无氧分解全过程均在细胞液中进行。

2. 糖酵解的反应过程

糖酵解过程十分复杂，其全过程可分为 4 个阶段。

第一阶段：葡萄糖或糖原转化成 1,6-二磷酸果糖。这个阶段的主要变化是磷酸化及异构化，经磷酸化的糖不能透过细胞膜，可防止糖渗出细胞膜，是糖的活化过程。

(1)6-磷酸葡萄糖的生成　葡萄糖在 ATP 和 Mg^{2+} 作用下，由酶催化生成 6-磷酸葡萄糖(G-6-P)。每生成 1 mol G-6-P 消耗 1 mol ATP，反应不可逆，这是糖酵解过程的第一个限速步骤。

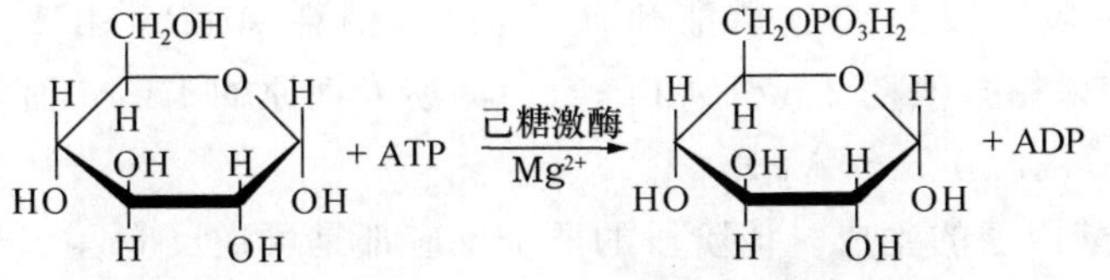

催化此反应的酶有两种。一种是己糖激酶。此酶分布广泛，特异性不高，不仅可催化葡萄糖磷酸化，还可催化许多其他己糖及其衍生物磷酸化，但对葡萄糖亲和力高。G-6-P 可反馈抑制己糖激酶的活性。另一种是葡萄糖激酶，它只存在于肝脏中。葡萄糖激酶的特异性高，只催化葡萄糖磷酸化，不作用于其他己糖。它对葡萄糖亲和力低，只有葡萄糖浓度高时，才发挥其催化作用。当葡萄糖浓度升高时，葡萄糖激酶发挥作用，使大量的葡萄糖生成 G-6-P，进而合成肝糖原贮存；当糖浓度正常时，肝脏葡萄糖磷酸化速度减慢，保证其他组织对葡萄糖的正常利用。

糖无氧分解代谢由细胞内的淀粉或糖原开始时，淀粉或糖原分子中的葡萄糖单位在磷酸化酶催化下，磷酸化成 1-磷酸葡萄糖(G-1-P)，此过程不消耗 ATP。1-磷酸葡萄糖再经磷酸葡萄糖变位酶的催化生成 G-6-P。

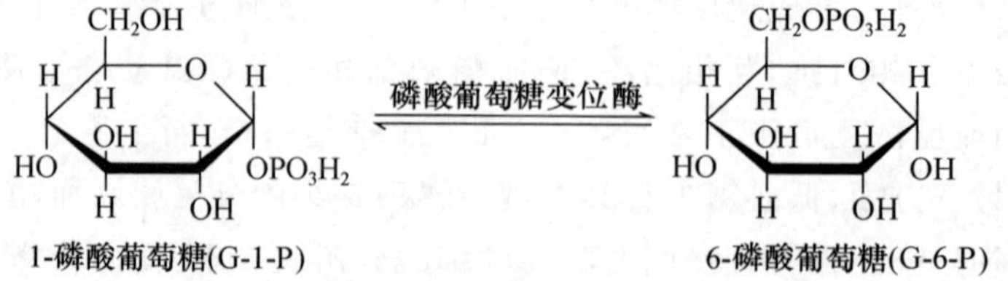

(2)6-磷酸果糖的生成　6-磷酸葡萄糖在磷酸己糖异构酶的催化下，生成 6-磷酸果糖(F-6-P)，此反应是可逆反应。

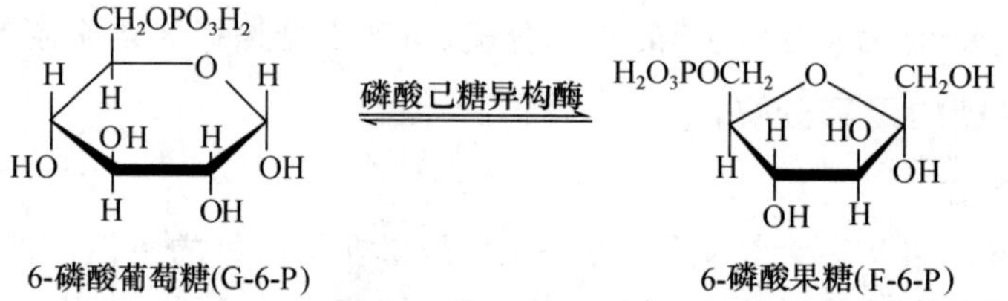

(3)1,6-二磷酸果糖的生成　6-磷酸果糖在 ATP 和 Mg^{2+} 存在下，由磷酸果糖激酶催化生成 1,6-二磷酸果糖(FBP)，此反应消耗一分子 ATP。反应不可逆，这是糖酵解过程的第二个限速步骤。

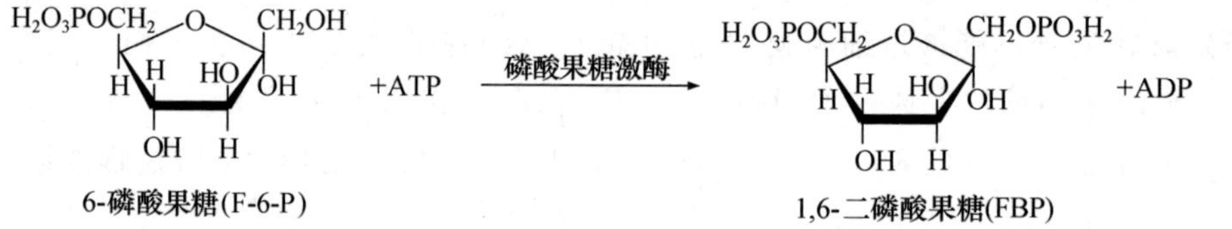

糖酵解第一阶段主要是通过磷酸化使糖活化，消耗 ATP。由 1 mol 葡萄糖转化为 1 mol 1,6-二磷酸果糖共消耗 2 mol ATP；若由淀粉或糖原的 1 mol 葡萄糖单位生成 1 mol 1,6-二磷酸果糖，只消耗 1 mol ATP。

第二阶段：磷酸丙糖的生成。该阶段的两个反应都是可逆反应。

(4)磷酸丙糖的生成　1,6-二磷酸果糖经醛缩酶催化，裂解为 2 mol 磷酸丙糖，即 3-磷酸甘油醛和磷酸二羟丙酮。

(5)磷酸丙糖异构化　3-磷酸甘油醛和磷酸二羟丙酮在磷酸丙糖异构酶的催化下，可以互相转变。由于 3-磷酸甘油醛不断进入下一步反应，所以磷酸二羟丙酮则很容易经异构反应变为 3-磷酸甘油醛。实际上 1 mol 葡萄糖经一系列化学变化转变为 2 mol 的 3-磷酸甘油醛。

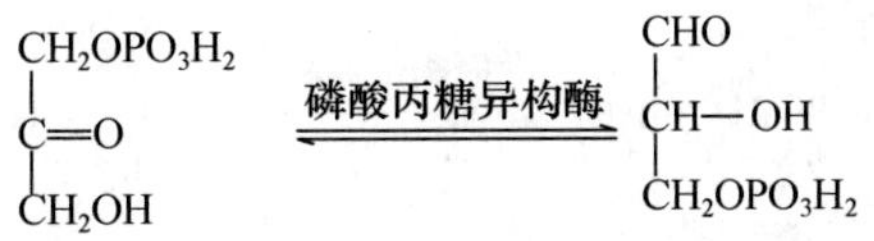

磷酸二羟丙酮　　3-磷酸甘油醛

第三阶段:丙酮酸生成。该阶段是糖酵解释放能量的过程,包括5步反应。

(6)1,3-二磷酸甘油酸的生成　3-磷酸甘油醛在3-磷酸甘油醛脱氢酶催化下,以辅酶Ⅰ(NAD^+)为受氢体进行脱氢氧化,同时被磷酸化生成含有高能磷酸键的1,3-二磷酸甘油酸。这是糖酵解过程中唯一的氧化反应,此反应脱下的氢在无氧的情况下可用于丙酮酸的加氢还原(发酵)。

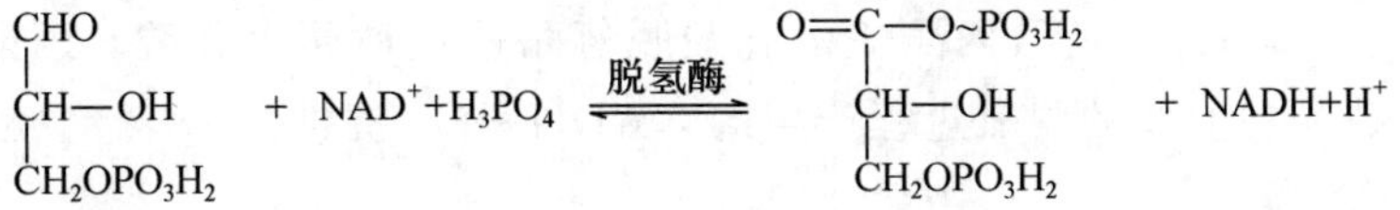

3-磷酸甘油醛　　1,3-二磷酸甘油酸

(7)3-磷酸甘油酸的生成　1,3-二磷酸甘油酸再经磷酸甘油酸激酶催化,将高能磷酸键转移给ADP形成ATP,而本身则转变为3-磷酸甘油酸。这是糖无氧分解过程中第一次通过底物水平磷酸化生成ATP。

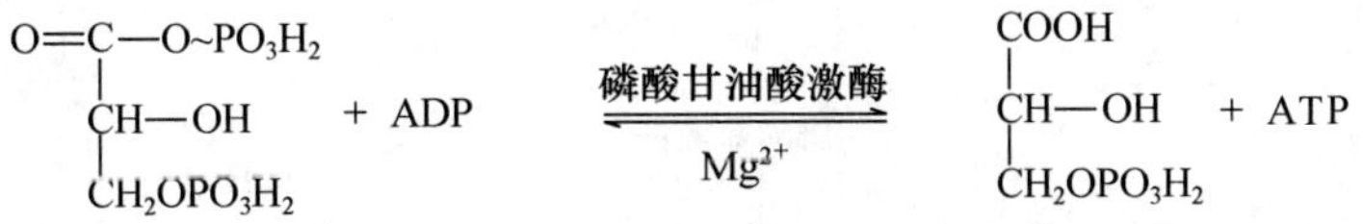

1,3-二磷酸甘油酸　　3-磷酸甘油酸

(8)2-磷酸甘油酸的生成　3-磷酸甘油酸在变位酶的催化下形成2-磷酸甘油酸。

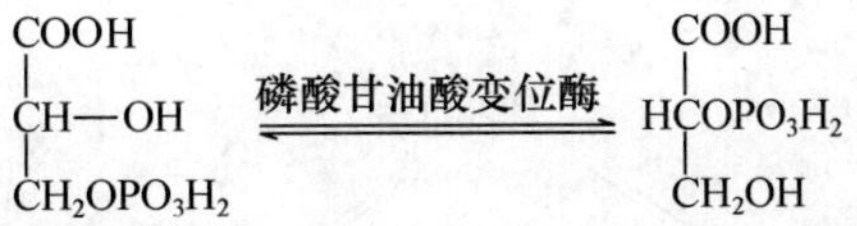

3-磷酸甘油酸　　2-磷酸甘油酸

(9)磷酸烯醇式丙酮酸的生成　2-磷酸甘油酸又在烯醇化酶作用下进行脱水反应,同时引起分子内能量重新分配,生成含有高能磷酸键的磷酸烯醇式丙酮酸。

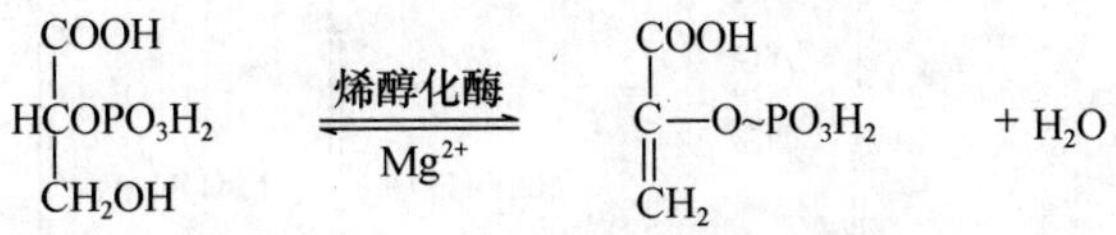

2-磷酸甘油酸　　磷酸烯醇式丙酮酸(PEP)

(10)烯醇式丙酮酸的生成　磷酸烯醇式丙酮酸在丙酮酸激酶催化下,将高能磷酸键转移给ADP生成ATP和烯醇式丙酮酸。这是糖无氧分解过程中第二次底物水平磷酸化生成ATP。此反应不可逆,这是糖酵解中的第三个限速反应步骤。

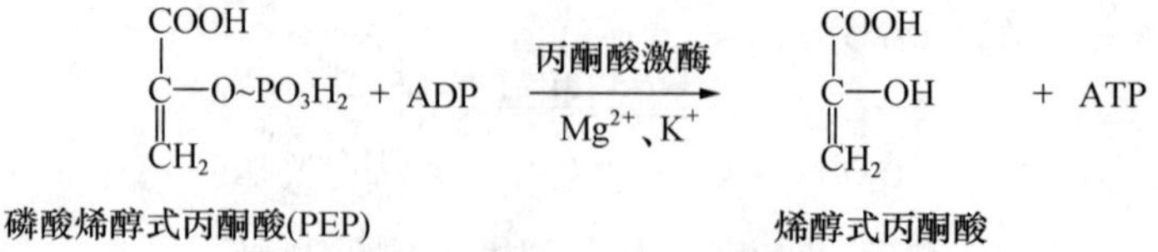

(11)丙酮酸的生成　烯醇式丙酮酸不稳定，可经分子重排转变为丙酮酸。

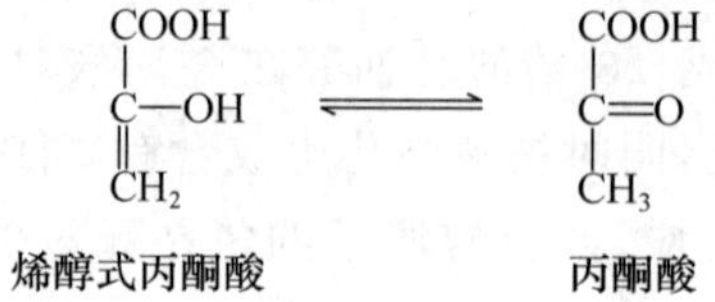

第四阶段：丙酮酸还原成乳酸。

(12)乳酸发酵　在缺氧情况下，丙酮酸由乳酸脱氢酶催化还原为乳酸。丙酮酸还原为乳酸需要 2H，由 3-磷酸甘油醛的脱氢过程产生的 $NADH+H^+$ 提供。

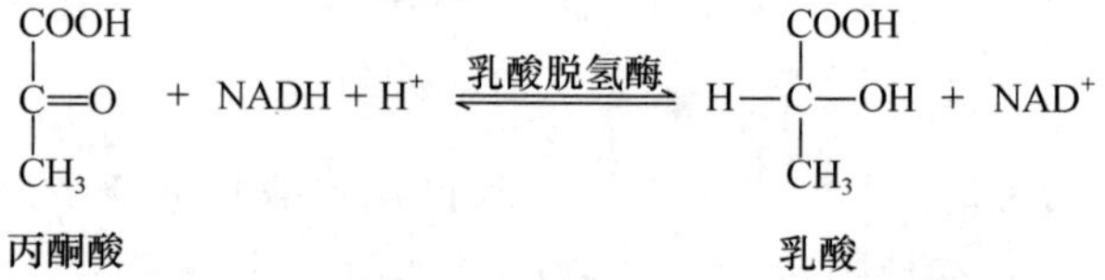

糖无氧分解反应过程如图 6-3 所示。

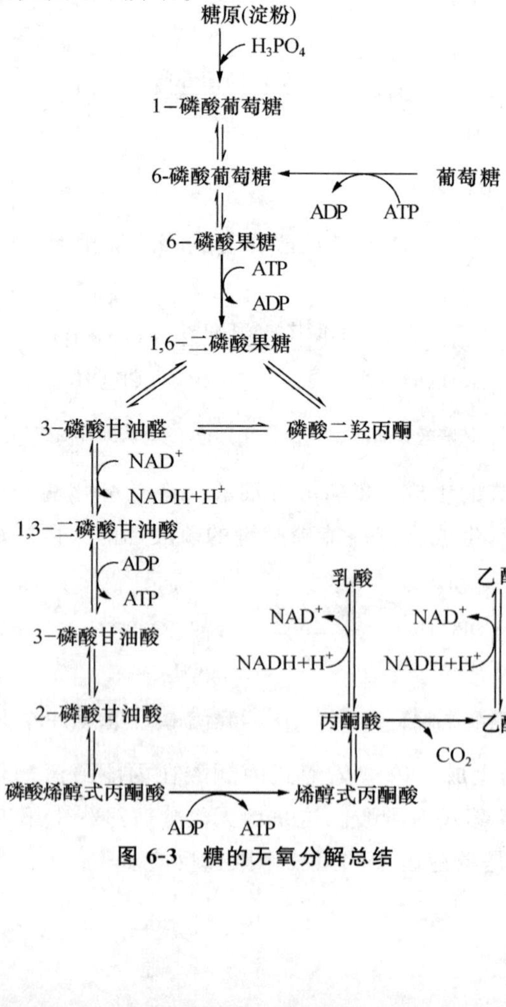

图 6-3　糖的无氧分解总结

在动物和少数高等植物细胞液中含有乳酸脱氢酶，人和动物在剧烈运动时由于肌肉组织相对缺氧，进行无氧分解，形成大量乳酸，引起肌肉酸痛。乳酸菌可进行乳酸发酵，把糖转变为乳酸，如酸奶、泡菜等都是利用乳酸发酵制成的。高等植物在缺氧条件下能进行乙醇发酵，如水果、蔬菜等在贮藏过程中乙醇发酵强烈会造成霉烂。微生物进行的乙醇发酵较为普遍，乙醇发酵在食品工业中起着关键性作用。

糖无氧分解的特点是在氧供应不足情况下分解糖，生成少量能量，供机体需要。1 mol 葡萄糖经无氧分解可生成 4 mol ATP，反应过程消耗 2 mol ATP，可净剩 2 mol ATP。如果从淀粉或糖原的葡萄糖单位开始进行无氧分解，也可产生 4 mol ATP，但仅消耗 1 mol ATP，所以可净剩 3 mol ATP。此过程释放能量不多，但仍有重要的生理意义。

3. 糖酵解的生理意义

(1)糖酵解是机体在缺氧情况下迅速获得能量以供急需的有效方式。例如剧烈运动时，骨骼肌处于相对缺氧状态，则糖酵解过程加强，以补充运动所需的能量。某些病理情况下，如严重贫血、失血、休克、呼吸障碍、循环障碍等，因氧供应不足，组织细胞也可增强糖无氧分解，以获得少量能量。

(2)在氧供应充足的条件下，红细胞、睾丸、视网膜、皮肤、肾髓质、白细胞等，其所需能量仍由糖无氧分解过程中底物水平磷酸化产生的 ATP 提供。红细胞缺少线粒体，不能进行有氧分解，维持红细胞结构和功能所需的能量全部依赖糖无氧分解获得；而神经、白细胞、骨髓等代谢极为活跃的组织，即使不缺氧也常由糖酵解供应能量。

(3)糖的无氧代谢是糖氧化的必经途径，在有氧的情况下，丙酮酸可进一步氧化成 CO_2 和 H_2O。

(二)糖的有氧分解

1. 糖有氧分解的概念

葡萄糖或糖原的葡萄糖单位在有氧情况下彻底氧化生成二氧化碳和水，并释放大量能量的反应过程，称为糖的有氧分解，又称有氧氧化。糖的有氧分解释放的能量远大于糖酵解释放的能量，所以糖的有氧分解是体内糖分解产能的主要途径。

2. 糖有氧分解的反应过程

糖的有氧分解代谢过程可分为四个阶段：第一阶段与糖酵解相同，即由葡萄糖或糖原的葡萄糖单位分解生成丙酮酸，反应在胞液中进行；第二阶段由丙酮酸氧化脱羧生成乙酰辅酶 A(乙酰 CoA)，反应在线粒体中进行；第三阶段由乙酰 CoA 经三羧酸循环(TCA)氧化分解，反应在线粒体中进行；第四阶段由前面反应脱下的氢经呼吸链氧化成水并产生 ATP，反应在线粒体内进行。糖的有氧分解实际上是丙酮酸在有氧条件下的彻底氧化分解，它与糖酵解是在丙酮酸生成以后才有分歧的。

(1)丙酮酸氧化脱羧生成乙酰 CoA　丙酮酸进入线粒体后氧化脱羧，并与 CoA 结合生成乙酰 CoA，该反应由丙酮酸脱氢酶系催化，是一个不可逆反应。这是联系糖酵解与三羧酸循环的中间环节。

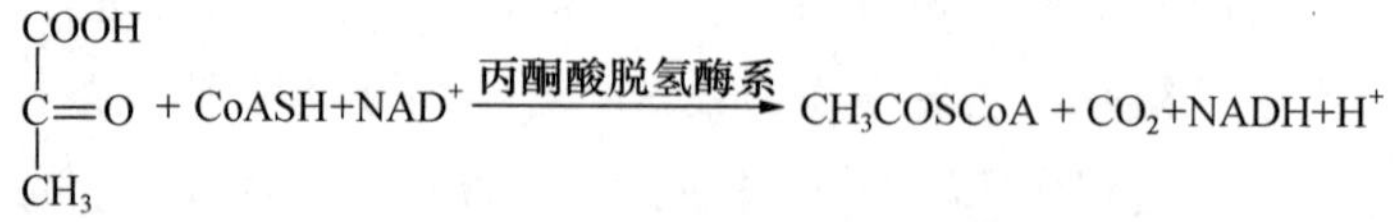

丙酮酸 乙酰辅酶A

丙酮酸脱氢酶系包括丙酮酸脱氢酶(辅酶是 TPP)、二氢硫辛酸乙酰基转移酶(辅酶是硫辛酸和 CoA)和二氢硫辛酸脱氢酶(含有 FAD 和 NAD^+)。三者组成一个有一定构型的复合体,使酶的催化效率和调节能力显著提高。在上述酶复合体中,TPP 含有维生素 B_1,CoA 含有泛酸,FAD 含有维生素 B_2,NAD^+ 含有烟酰胺。

(2)三羧酸循环　乙酰 CoA 彻底氧化分解是通过三羧酸循环完成的。所谓三羧酸循环是指乙酰 CoA 和草酰乙酸缩合生成柠檬酸,柠檬酸经一系列化学反应过程又生成草酰乙酸的循环过程,在此过程中乙酰 CoA 彻底分解为 CO_2 和 H_2O,并产生能量。由于循环反应由柠檬酸开始,而柠檬酸是含有 3 个羧基的酸,故此循环称三羧酸循环或柠檬酸循环。

在柠檬酸合成酶催化下,乙酰 CoA 与草酰乙酸缩合生成柠檬酰 CoA,后者再水解成柠檬酸和 CoA,此过程不可逆,是三羧酸循环的第一个限速步骤;柠檬酸在乌头酸酶催化下,先脱水再水化反应生成异柠檬酸,为下一步氧化脱羧作准备;在异柠檬酸脱氢酶催化下,异柠檬酸脱氢后迅速脱羧生成 α-酮戊二酸,这是三羧酸循环第一次脱羧生成 CO_2 的反应,使六碳化合物转变为五碳化合物,脱下的 2H 由 NAD^+ 传递;α-酮戊二酸受 α-酮戊二酸脱氢酶复合体催化,生成琥珀酰 CoA,这是三羧酸循环的第二次脱羧,使五碳化合物转变为四碳化合物;由琥珀酰 CoA 合成酶(也称琥珀酸硫激酶)催化,在 H_3PO_4 和 GDP 存在下,琥珀酰 CoA 生成琥珀酸,高能硫酯键的能量转移给 GDP 生成 GTP,这是三羧酸循环中唯一进行底物水平磷酸化的反应,生成的 GTP 可直接利用,也可转化成 ATP;琥珀酸在琥珀酸脱氢酶的催化下脱氢生成延胡索酸,反应脱下的 2H 由 FAD 传递;延胡索酸水化生成苹果酸;苹果酸在苹果酸脱氢酶的作用下脱氢生成草酰乙酸,脱下的 2H 由 NAD^+ 传递。生成的草酰乙酸再与乙酰 CoA 反应,开始下一轮的三羧酸循环反应。三羧酸循环的反应过程如图 6-4 所示。

三羧酸循环每进行一次使 1 mol 乙酰 CoA 氧化分解,产生 2 mol CO_2、1 mol GTP、3 mol $NADH+H^+$ 和 1 mol $FADH_2$。代谢过程中从底物上脱下的氢原子在线粒体中经呼吸链传递,最终与氧结合生成水,并经氧化磷酸化产生 ATP。实验证明,线粒体内 1 mol $NADH+H^+$ 经呼吸链氧化可生成 3 mol ATP,1 mol $FADH_2$ 经呼吸链氧化可生成 2 mol ATP,所以,三羧酸循环每循环一次可产生 12 mol ATP。

3. 糖的有氧分解的生理意义

(1)氧化供能　1 mol 葡萄糖在体内彻底氧化成 CO_2 和 H_2O 时,可净生成 38(或 36) mol ATP,是机体所需能量的主要来源。因此一般生理条件下,许多组织细胞皆从糖的有氧代谢获得能量。其产能情况见表 6-1。

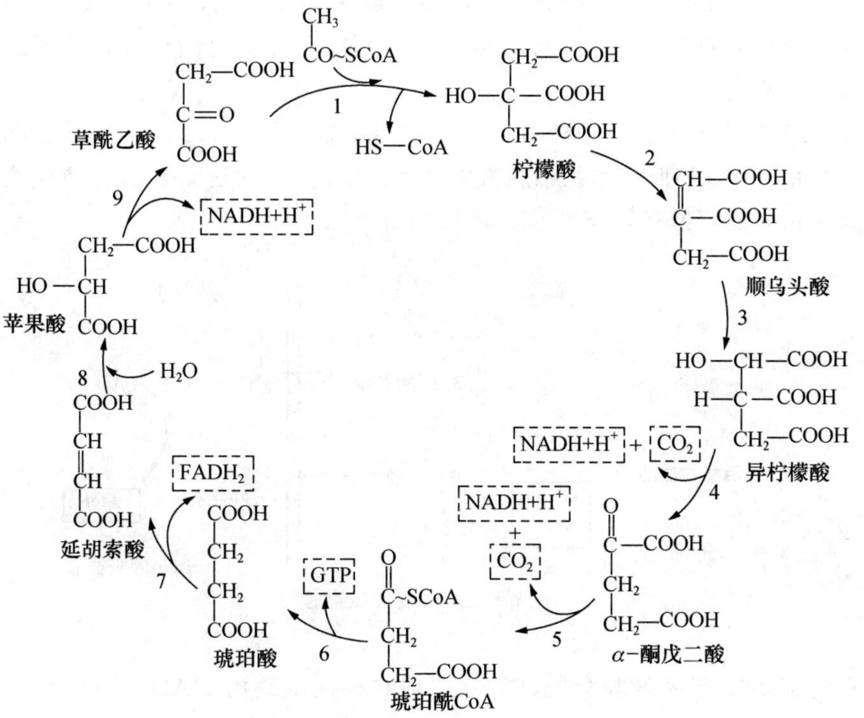

1.柠檬酸合成酶　2.乌头酸酶　3.乌头酸酶　4.异柠檬酸脱氢酶　5.α-酮戊二酸脱氢酶复合体
6.琥珀酰 CoA 合成酶　7.琥珀酸脱氢酶　8.延胡索酸酶　9.苹果酸脱氢酶

图 6-4　三羧酸循环

表 6-1　葡萄糖有氧氧化产生 ATP 统计

反应过程	生成 ATP 数	备注
葡萄糖＋ATP→6-磷酸葡萄糖＋ADP	−1	1 mol 葡萄糖生成 2 mol 磷酸丙糖
6-磷酸果糖＋ATP→1,6-二磷酸果糖＋ADP	−1	
3-磷酸甘油醛＋NAD^+＋Pi→1,3-二磷酸甘油酸＋NADH＋H^+	3×2(或 2×2)	
1,3-二磷酸甘油酸＋ADP→3-磷酸甘油酸＋ATP	1×2	
磷酸烯醇丙酮酸＋ADP→烯醇丙酮酸＋ATP	1×2	
丙酮酸＋NAD^+→乙酰 CoA＋NADH＋H^+＋CO_2	2×3	
异柠檬酸＋NAD^+→α-酮戊二酸＋NADH＋H^+＋CO_2	2×3	
α-酮戊二酸＋NAD^+→琥珀酰 CoA＋NADH＋H^+＋CO_2	2×3	
琥珀酰 CoA＋GDP＋Pi→琥珀酸＋GTP	1×2	
琥珀酸＋FAD→延胡索酸＋$FADH_2$	2×2	
苹果酸＋NAD^+→草酰乙酸＋NADH＋H^+	2×3	
总 计	38 或 36	

不同的组织中，1 mol 葡萄糖氧化分解，净生成 ATP 分子数稍有差别。原因是 3-磷酸甘油醛脱氢反应生成的 NADH，不能直接进入线粒体，只能通过间接方式进入线粒体，这种间接方式称为穿梭。

NADH 有两种穿梭方式。一种为 3-磷酸甘油穿梭（图 6-5），最终将氢传递给线粒体内膜的辅酶 FAD。脑、骨骼肌等组织细胞液中生成的 NADH 通过 3-磷酸甘油穿梭方式氧化，故这些组织 1 mol 葡萄糖有氧分解可净生成 36 mol ATP。

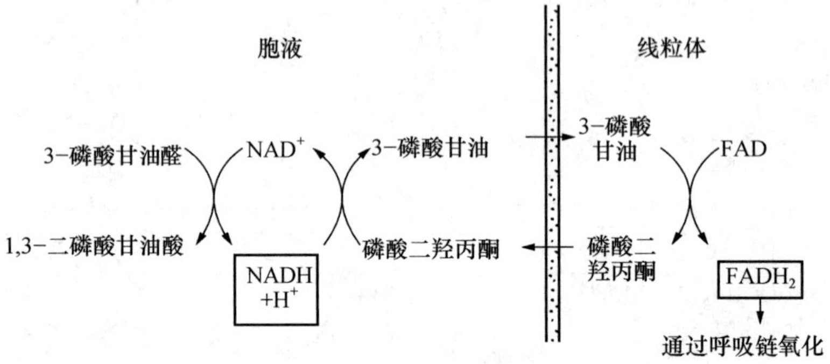

图 6-5 3-磷酸甘油穿梭

另一种是苹果酸-天冬氨酸穿梭（图 6-6），线粒体内最终由 NAD^+ 传递氢。肝、肾、心等组织细胞液中生成的 NADH 通过苹果酸-天冬氨酸穿梭方式进入线粒体彻底氧化，因此这些组织 1 mol 葡萄糖有氧分解可净生成 38 mol ATP。

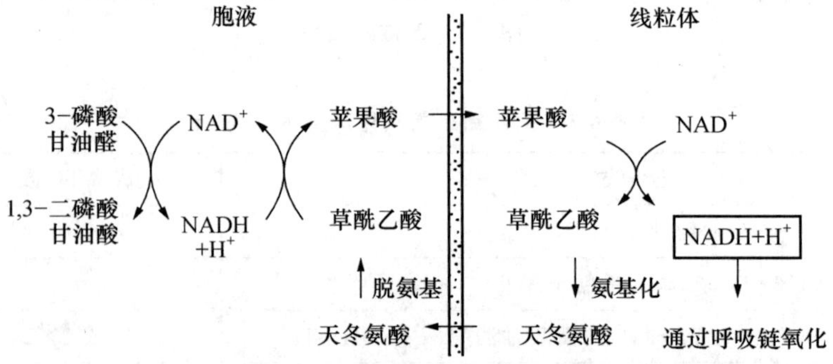

图 6-6 苹果酸-天冬氨酸穿梭

（2）三羧酸循环是糖、脂肪和蛋白质在体内彻底氧化的共同途径 糖和脂肪酸可以转化成乙酰 CoA，经三羧酸循环彻底氧化成 CO_2 和 H_2O。蛋白质水解产物氨基酸可以转化成乙酰 CoA 或三羧酸循环的中间产物，进而经三羧酸循环氧化。因此，三大营养物质都经三羧酸循环彻底氧化生成 CO_2 和 H_2O，为机体提供能量。

（3）糖有氧分解代谢是体内物质代谢的主线 糖有氧分解途径与糖代谢的其他途径联系密切，如糖无氧代谢、磷酸戊糖途径、糖异生作用等。此外，脂肪的合成和分解，氨基酸的代谢都与糖的有氧代谢的中间产物紧密连接，因此，糖有氧分解可以看成是机体内物质代谢的中枢。

（三）磷酸戊糖途径

1. 磷酸戊糖途径的概念

磷酸戊糖途径又叫磷酸己糖旁路，用 HMP 表示。这是糖分解代谢的另一条重要途径。整个反应过程在胞液中进行。

2. 磷酸戊糖途径的反应过程

磷酸戊糖途径反应从 6-磷酸葡萄糖起始，反应过程比较复杂，大体可分为氧化阶段与非氧化阶段两个阶段。

（1）氧化阶段　此阶段包括三步反应。

①6-磷酸葡萄糖氧化。在 6-磷酸葡萄糖脱氢酶（辅酶为 $NADP^+$）催化下，6-磷酸葡萄糖氧化生成 6-磷酸葡萄糖酸内酯。

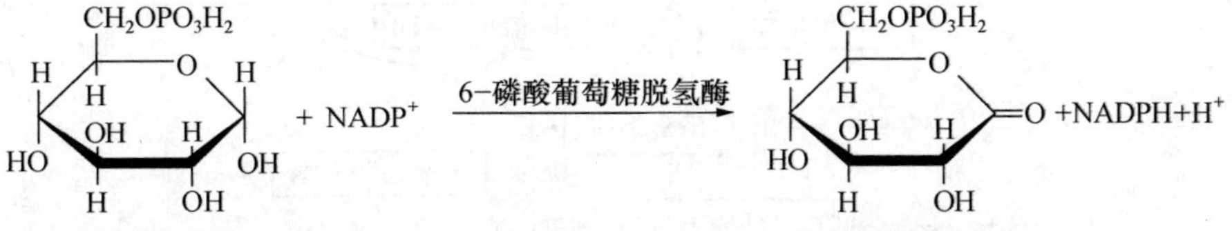

6-磷酸葡萄糖　　6-磷酸葡萄糖酸内酯

②6-磷酸葡萄糖酸内酯水解。6-磷酸葡萄糖酸内酯在内酯酶催化下水解生成 6-磷酸葡萄糖酸，此反应是可逆反应。

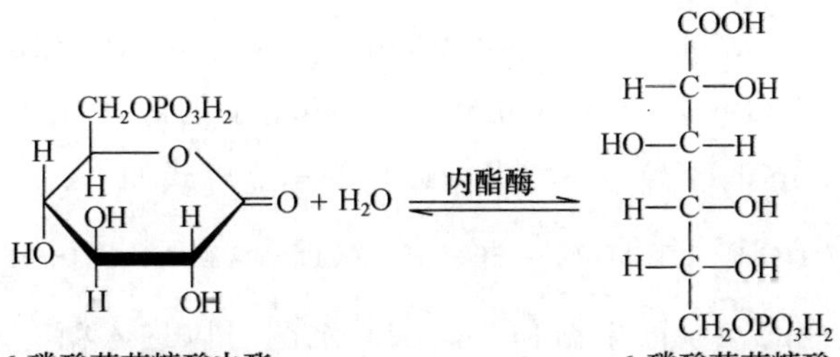

6-磷酸葡萄糖酸内酯　　6-磷酸葡萄糖酸

③6-磷酸葡萄糖酸氧化。在 6-磷酸葡萄糖酸脱氢酶的催化下，6-磷酸葡萄糖酸氧化脱羧生成 5-磷酸核酮糖和还原型辅酶Ⅱ（$NADPH+H^+$）。

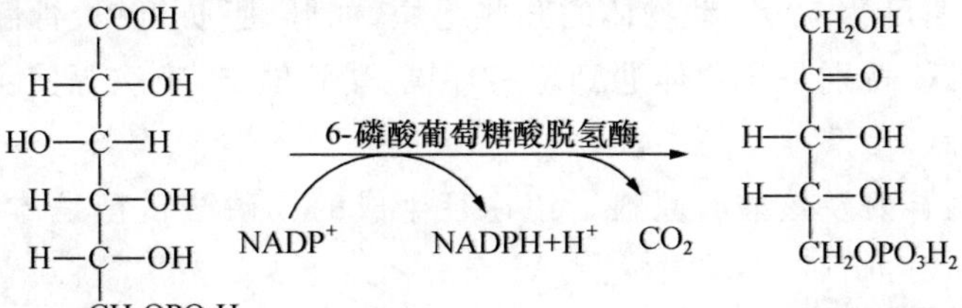

5-磷酸核酮糖

（2）非氧化阶段　此阶段反应都是可逆反应。

5-磷酸核酮糖异构为 5-磷酸核糖和 5-磷酸木酮糖。这些磷酸戊糖相互反应，发生分子间的基团转移和重排，经三、四、五、六、七碳糖等一系列中间物，重新生成 6-磷酸葡萄糖（G-6-P）。非氧化阶段的整体反应可以理解为由 6 mol 5-磷酸核酮糖转化为 5 mol 6-磷酸葡萄糖，如图 6-7 所示。

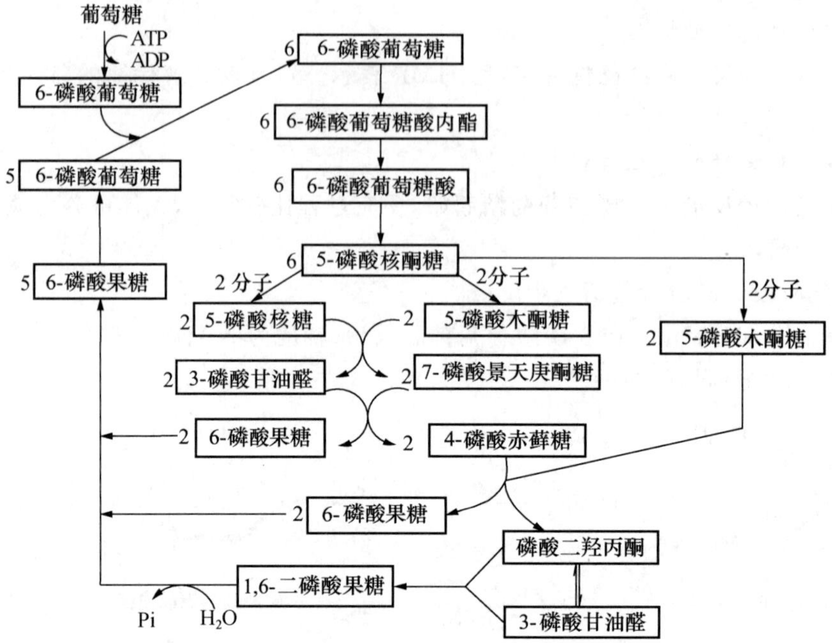

图 6-7 磷酸戊糖途径

在磷酸戊糖途径的反应过程中，6 mol 6-磷酸葡萄糖(G-6-P)经磷酸戊糖途径(HMP)循环一次，重新生成 5 mol G-6-P，产生 6 mol CO_2(相当于彻底消化 1 mol G-6-P)和 12 mol $NADPH+H^+$，消耗 7 mol H_2O。磷酸戊糖途径的总反应式如下：

$$6G\text{-}6\text{-}P + 7H_2O + 12NADP^+ \rightarrow 5G\text{-}6\text{-}P + 6CO_2 + 12(NADPH+H^+) + H_3PO_4$$

磷酸戊糖途径生成的 6-磷酸果糖和 3-磷酸甘油醛可以进入糖有氧氧化或糖酵解途径，所以，磷酸戊糖途径与糖酵解和有氧氧化是相互联系的。

3. 磷酸戊糖途径的生理意义

(1)磷酸戊糖途径是糖主流代谢的辅助性通路和戊糖降解的途径　高等植物在成熟期磷酸戊糖途径的代谢可达 50%；动物体的某些组织，如肝、脂肪组织、骨髓、肾上腺皮质等磷酸戊糖途径也很活跃，特别是生物体遇到恶劣环境、受到损伤、染病等使主流代谢被阻时，磷酸戊糖途径进行活跃。

(2)提供合成核苷酸及核酸的原料　该途径生成的 5-磷酸核糖是体内合成各种核苷酸及核酸的原料。

(3)提供细胞代谢所需的 NADPH　NADPH 有 3 个方面的用途：细胞内脂肪酸及胆固醇等物质的生物合成中都需要 NADPH 作为供氢体；NADPH 是谷胱甘肽还原酶的辅酶，对维持红细胞膜的完整性有重要作用；NADPH 参与肝内的生物转化反应。

(四)糖异生作用

1. 糖异生作用的概念

由非糖物质转变为葡萄糖或糖原的过程称为糖异生作用。能转变为糖的非糖物质主要是生糖氨基酸、乳酸、丙酮酸和甘油等。在正常生理情况下，肝脏是糖异生的主要器官，饥饿时，肾脏也成为糖异生的重要器官，其他组织和器官不能进行糖异生作用。

2. 糖异生途径的反应过程

糖异生途径基本上是糖酵解途径的逆反应。但是，在糖酵解途径中有三步反应是不可逆的(称为能障)，所以，糖异生途径必须通过另外的酶催化，才能绕过能障逆行生成糖原或葡萄糖。

(1)丙酮酸羧化支路　丙酮酸不能直接逆转为磷酸烯醇丙酮酸。但丙酮酸可以在丙酮酸羧化酶的催化下生成草酰乙酸，然后在磷酸烯醇丙酮酸羧化激酶催化下，草酰乙酸脱羧并从 GTP 获得磷酸生成磷酸烯醇丙酮酸，此过程称为丙酮酸羧化支路，是消耗能量的循环反应。乳酸和三羧酸循环中的成员在转变为糖时，都需通过这条支路。

(2)1,6-二磷酸果糖转变为6-磷酸果糖　1,6-二磷酸果糖不能在磷酸果糖激酶的催化下生成6-磷酸果糖，但由于1,6-二磷酸果糖酶的存在，使这一反应得以进行。

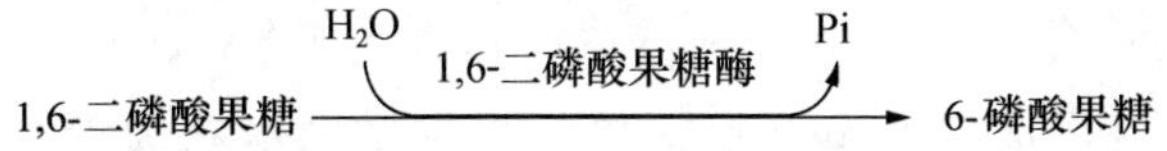

(3)6-磷酸葡萄糖水解生成葡萄糖　在6-磷酸葡萄糖酶催化下，6-磷酸葡萄糖水解为葡萄糖。

3. 糖异生的生理意义

(1)血糖的重要来源　糖异生对维持空腹和饥饿时血糖浓度的相对恒定具有重要作用。在禁食时，仅靠肝糖原分解维持血糖浓度，则只需10多个小时糖原即可耗尽。此后机体主要靠糖异生来维持血糖相对恒定，这对保证脑组织的正常功能有重要意义。

(2)体内乳酸利用的主要途径　剧烈运动后，骨骼肌中产生大量乳酸，乳酸很容易通过细胞膜弥散入血，通过血液循环进入肝脏，经糖异生作用转变为葡萄糖。肝脏糖异生作用生成的葡萄糖又输送入血液循环，再被肌肉摄取利用。这一过程称为乳酸循环。糖异生作用对乳酸的再利用、肝糖原更新、补充糖的消耗以及防止乳酸中毒等都起作用。

(3)协助氨基酸代谢　大多数氨基酸是生糖氨基酸，这些生糖氨基酸可以分别转变为丙酮酸、α-酮戊二酸和草酰乙酸等，参加糖异生作用。实验证明，进食蛋白质后，肝糖原的含量增加。禁食晚期，由于组织蛋白分解增强，血中氨基酸含量升高，糖异生作用十分活跃，是饥饿时维持血糖的主要原料来源。可见氨基酸转变为糖是氨基酸代谢的重要途径之一。

★ 实验操作——血糖含量的测定(磷钼酸显色法)

(一)实验仪器

试管和试管架,小漏斗,吸量管(1 mL、10 mL)、锥形瓶(25 mL),血糖管(25 mL),分光光度计,恒温水浴箱(100 ℃),电炉。

(二)药品与试剂

(1)10%钨酸钠溶液:称取钨酸钠 100 g,蒸馏水溶解并稀释至 1 000 mL。此液以 1%酚酞为指示剂试之应为中性(无色)或微碱性(粉红色)。

(2)0.66 mol·L^{-1}硫酸溶液:取 2 份 1 mol·L^{-1} H_2SO_4,加 1 份水。

(3)碱性铜试剂:在 400 mL 水中加入无水碳酸钠 40 g;在 300 mL 水中加入酒石酸 7.5 g;在 200 mL 水中加入结晶硫酸铜 4.5 g。以上分别加热溶解,冷却后将酒石酸溶液倒入碳酸钠溶液中,再倒入硫酸铜溶液,并加水至 1 000 mL。混合均匀,贮存于棕色瓶中。

(4)磷钼酸试剂:取钼酸 35 g 和钨酸钠 10 g,加入 10%NaOH 溶液 400 mL 及蒸馏水 400 mL,混合后煮沸 20~40 min,以除去钼酸中存在的氨(直至无氨味为止),冷却后加入浓磷酸(80%)250 mL,混合均匀,最后以蒸馏水稀释至 1 000 mL。

(5)0.25%苯甲酸溶液。

(6)葡萄糖贮存标准溶液(10 mg·mL^{-1})。将少量无水葡萄糖置于硫酸干燥器内一夜后,精确称取此葡萄糖 1 g,用 0.25%苯甲酸溶液溶解并移入 100 mL 容量瓶内,再用 0.25%苯甲酸溶液定容,置冰箱中可长期保存。

(7)葡萄糖应用标准液(0.1 mg·mL^{-1})。准确吸取葡萄糖贮存标准液 1.0 mL,置 100 mL 容量瓶内,用 0.25%苯甲酸溶液定容。

(8)抗凝血。

(三)操作步骤

1.钨酸法制备 1∶10 全血无蛋白滤液

(1)取干燥、洁净的 25 mL 锥形瓶 1 只,准确加入蒸馏水 7 mL。

(2)用吸管吸取抗凝血 1 mL,用滤纸擦去管壁外血液,将吸管插入锥形瓶底部,缓缓放出血液。勿使血液黏附于吸管管壁,放完血液后,将吸管提高,吸取上层清液再吹入,反复洗管 3 次。充分混合,使红细胞完全溶血。

(3)取 0.66 mol·L^{-1} 的硫酸溶液 1 mL ,边加边摇,充分混合均匀,此时血液由鲜红变成棕色,静置 5~10 min,使其酸化完全。

(4)取 10%钨酸钠 1 mL,边加边摇,血液由透明变成凝块状,如振摇亦不再发生泡沫,说明蛋白质已完全变性沉淀。

(5)放置约 5 min 后,用优质不含氮的滤纸(以奈氏试剂试之不显黄色或棕色)过滤或离心(2 500 r/min,10 min),即得完全澄清无色的无蛋白血滤液。用此法制得的无蛋白血滤液为 10 倍稀释的血滤液,即每毫升血滤液相当于 0.1 mL 全血。

2. 血糖的测定

取 3 支 25 mL 血糖管，编号，在血糖管中按下表进行操作。将各管混合均匀后，用分光光度计在 620～640 nm 波长处以空白管调节“0”点比色。

mL

试剂	空白	标准	样品
无蛋白滤液	—	—	1.0
蒸馏水	2.0	1.0	1.0
葡萄糖标准溶液	—	1.0	—
碱性铜试剂	2.0	2.0	2.0
混合，置于 100 ℃恒温水浴箱中保温 8 min，流动水中冷却 5 min(勿摇动)			
磷钼酸试剂	2.0	2.0	2.0
混匀，放置 2 min(使 CO_2 逸出)			
以蒸馏水稀释至	25	25	25

(四)结果计算

按下式计算 100 mL 全血中所含血糖质量：

$$m=\frac{A_1\rho_0}{A_0}\div 0.1\times 100$$

式中：m 为 100 mL 全血中所含血糖质量，mg；ρ_0 为葡萄糖标准液浓度，即 0.1 mg · mL^{-1}；A_1 为未知液吸光度；A_0 为标准液吸光度；0.1 即 1 mL 无蛋白血滤液相当于 0.1 mL 全血；100 即 100 mL 全血。

(五)注意事项

(1)正常畜禽在饲喂前采血，病畜禽要在补糖前采血，否则结果偏高。

(2)采血后最好在 2～4 h 内测定完毕。若放置过久，由于红细胞的酵解作用，会使结果偏低；如果不能及时测定，应制成无蛋白血滤液置于冰箱内保存。

(3)在本法的无蛋白血滤液中，除含有葡萄糖外，尚有微量的其他还原物质，故测定结果比实际血糖含量高约 10%。

(4)严格掌握煮沸的温度和时间。必须是沸水时放入血糖管，并开始计算时间，到 8 min 时取出立即放入冷水浴中冷却 5 min，在取放过程中切勿摇动血糖管，以免 Cu_2O 被氧化而使结果偏低。

(5)磷钼酸试剂如果出现蓝色，表示试剂本身已被还原，不能再用，应重新配制。

(6)碱性铜试剂如出现砖红色沉淀，则不宜使用，须重新配制。

(7)沉淀由鲜红变为暗棕色，是因钨酸钠与 H_2SO_4 作用生成钨酸，在适当酸度时，使血红蛋白变性、沉淀。如血沉淀后不变暗棕色或重滤后仍浑浊，系因血中所加抗凝剂过多，可在钨酸与血混合液中加入 10% H_2SO_4 1～2 滴，待变为暗棕色后再滤。

★ 思考练习题

一、名词解释

1. 糖酵解　　2. 糖的有氧氧化　　3. 磷酸戊糖途径
4. 糖异生作用　　5. 血糖　　6. 三羧酸循环

二、填空题

1. 调节血糖最主要的激素分别是________和________。
2. 糖的分解代谢主要有以下三种途径：________、________和________。
3. 1 mol 乙酰 CoA 进入三羧酸循环彻底氧化，共产生________ mol ATP。
4. 糖异生的原料是________、________、________、________和__________。
5. 当下列各底物完全氧化时，产生的 ATP 各是多少？
①丙酮酸　(　　)　　②1,6-二磷酸果糖　(　　)
③磷酸烯醇式丙酮酸　(　　)　　④1-磷酸葡萄糖　(　　)
6. 5 mol 的葡萄糖经 EMP 途径净生成______ mol ATP，1 mol 的葡萄糖经有氧分解净生成______ mol ATP。
7. 位于糖酵解、糖异生、磷酸戊糖途径、糖原合成和糖原分解各条代谢途径交汇点上的化合物是________。
8. 糖酵解中催化底物水平磷酸化的两个酶是________和________。
9. 三羧酸循环过程中有____次脱氢和____次脱羧反应，产生_________ mol ATP。
10. 丙酮酸脱氢酶系由丙酮酸脱羧酶、________和________组成。

三、选择题

1. 糖酵解过程的终产物是(　　)。
A. 丙酮酸　　B. 葡萄糖　　C. 果糖　　D. 乳糖　　E. 乳酸
2. 糖酵解过程中 NADH ＋ H^+ 的代谢去路：(　　)。
A. 使丙酮酸还原为乳酸　　B. 经 α-磷酸甘油穿梭系统进入线粒体氧化
C. 经苹果酸穿梭系统进入线粒体氧化　　D. 2-磷酸甘油酸还原为 3-磷酸甘油醛
E. 以上都对
3. 下列通过调节可使血糖浓度下降的激素是(　　)。
A. 肾上腺素　　B. 胰高血糖素　　C. 生长素　　D. 糖皮质激素　　E. 胰岛素
4. 三羧酸循环的第一步反应产物是(　　)。
A. 柠檬酸　　B. 草酰乙酸　　C. 乙酰 CoA　　D. CO_2　　E. NADH＋H^+
5. 糖有氧氧化的最终产物是(　　)。
A. CO_2＋H_2O＋ATP　　B. 乳酸　　C. 丙酮酸　　D. 乙酰 CoA　　E. 柠檬酸
6. 成熟红细胞主要以糖酵解供能的原因是(　　)。
A. 缺氧　　B. 缺少 TPP　　C. 缺少辅酶 A　　D. 缺少线粒体　　E. 缺少微粒体
7. 经三羧酸循环彻底氧化为 CO_2 和 H_2O 并产生能量的物质有(　　)。
A. 乳酸　　B. α-磷酸甘油　　C. 生糖氨基酸　　D. 乙酰 CoA　　E. 以上都是
8. 每摩尔葡萄糖有氧氧化生成 36 或 38 mol ATP 的关键步骤是(　　)。
A. 苹果酸氧化为草酰乙酸　　B. 异柠檬酸氧化为 α-酮戊二酸
C. 丙酮酸氧化为乙酰 CoA　　D. 3-磷酸甘油醛氧化为 1,3-二磷酸甘油酸
E. 1,3-二磷酸甘油酸水解为 3-磷酸甘油酸

9. 下列关于胰岛素对糖代谢影响的叙述中错误的是(　　)。

A. 促进糖的异生　　B. 促进糖变为脂肪

C. 促进细胞膜对葡萄糖的通透性　　D. 促进糖原合成

E. 促进肝葡萄糖激酶的活性

10. 1 mol 葡萄糖无氧酵解时净生成(　　)mol ATP。

A. 1　　B. 2　　C. 3　　D. 4　　E. 5

11. 1 mol 的葡萄糖经有氧分解和无氧分解净得的 ATP 数之比最接近于(　　)。

A. 2∶1　　B. 9∶1　　C. 13∶1　　D. 19∶1

12. 糖的有氧分解和无氧分解的相同点是(　　)。

A. 都能将糖彻底分解　　B. 都需要酶催化　　C. 都需要氧参加　　D. 都有丙酮酸这个中间产物

13. 下列哪种过程不是发生在线粒体中的?(　　)

A. EMP　　B. 呼吸链　　C. TCA　　D. 氧化磷酸化

14. 下列化合物除哪一个外都含有高能磷酸键?(　　)。

A. ADP　　B. 磷酸肌酸　　C. 6-磷酸葡萄糖　　D. 磷酸烯醇式丙酮酸　　E. 乙酰 CoA

15. 糖的异生作用最终生成(　　)。

A. 葡萄糖　　B. 乳酸　　C. 1-磷酸葡萄糖　　D. 丙酮酸　　E. 甘油

16. 由已糖激酶催化反应的逆反应所需的酶是(　　)。

A. 果糖二磷酸酶　　B. 葡萄糖-6-磷酸酶　　C. 磷酸果糖激酶 Ⅰ

D. 磷酸果糖激酶 Ⅱ　　E. 磷酸化酶

17. $NADPH+H^+$ 的主要来源是(　　)。

A. EMP　　B. HMP　　C. TCA　　D. 氧化磷酸化

18. 糖异生过程中代替糖酵解中的已糖激酶催化相反的生化反应的酶是(　　)。

A. 磷酸烯醇丙酮酸羧化激酶　　B. 果糖二磷酸酶 Ⅰ　　C. 丙酮酸羧化酶

D. 葡萄糖-6-磷酸酶　　E. 磷酸化酶

19. 不能经糖异生途径可合成葡萄糖的物质是(　　)。

A. α-磷酸甘油　　B. 丙酮酸　　C. 乳酸　　D. 乙酰 CoA　　E. 生糖氨基酸

20. 能抑制糖异生的激素是(　　)。

A. 生长素　　B. 胰岛素　　C. 肾上腺素　　D. 胰高血糖素　　E. 糖皮质激素

21. 下列不参与三羧酸循环的酶是(　　)。

A. 延胡索酸酶　　B. 异柠檬酸脱氢酶　　C. 琥珀酸硫激酶　　D. 丙酮酸脱氢酶　　E. 顺乌头酸酶

22. 糖异生作用是生成糖代谢中下列哪种物质的过程?(　　)

A. 葡萄糖　　B. 麦芽糖　　C. 蔗糖　　D. 果糖　　E. 1-磷酸葡萄糖

23. 由氨基酸生成糖的过程称为(　　)。

A. 糖酵解　　B. 糖原分解作用　　C. 糖原生成作用　　D. 糖异生作用　　E. 以上都不是

24. 不能调节升高血糖浓度的激素是(　　)

A. 胰岛素　　B. 胰高血糖素　　C. 肾上腺素　　D. 糖皮质激素　　E. 甲状腺素

25. 正常静息状态下,体内大部分血糖主要被下列哪一器官利用?(　　)

A. 肝　　B. 脑　　C. 肾　　D. 脂肪　　E. 肌肉

四、简答题

1. 糖有哪些生理功能?

2. 血糖浓度如何维持恒定? 有何意义?

3. 动物体内血糖有哪些来源和去路？
4. 糖酵解过程中产生的 NADH＋H^+ 是如何进入线粒体经呼吸链氧化的？
5. 糖酵解、糖的有氧分解和磷酸戊糖途径的生理意义分别是什么？
6. 糖异生作用的生理意义是什么？
7. 简述三羧酸循环的生理意义。

单元三　糖原代谢

★ 理论知识

课程 PPT

糖原是体内糖的贮存形式，它对维持血糖的恒定具有重要意义。动物体内糖原主要存在于肝脏和肌肉中。肝糖原占肝重量的 3%～6%，肌糖原占肌肉重量的 0.5%左右，而肌肉重量占整个体重的 2/3，所以肌糖原总量多于肝糖原。

参与糖原合成和分解代谢的酶类均存在于细胞液中，所以糖原合成和分解代谢在胞液内进行。

一、糖原的合成

以葡萄糖或其他单糖（如果糖、半乳糖等）为原料合成糖原的过程称为糖原合成。糖原主要是在肝脏、肌肉等组织中合成，包括下列几个反应步骤。

1. 葡萄糖磷酸化生成 6-磷酸葡萄糖

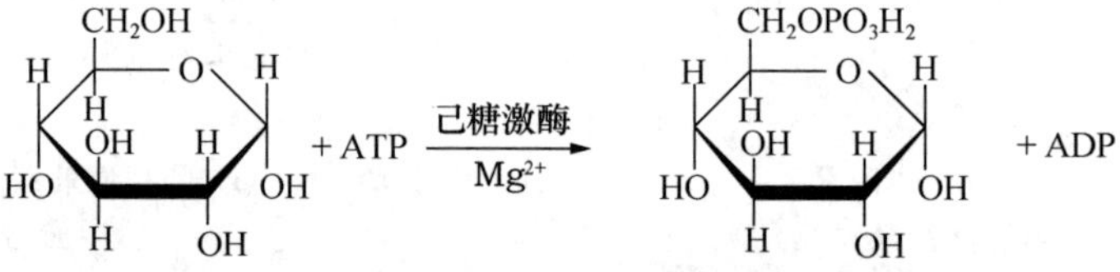

葡萄糖　　6-磷酸葡萄糖(G-6-P)

2. 6-磷酸葡萄糖转变为 1-磷酸葡萄糖

6-磷酸葡萄糖(G-6-P)　　1-磷酸葡萄糖(G-1-P)

3. 1-磷酸葡萄糖生成尿苷二磷酸葡萄糖（UDPG）

$$\text{G-1-P} + \text{UTP} \xrightarrow{\text{UDPG 焦磷酸化酶}} \text{UDPG} + \text{PPi(焦磷酸)}$$

4. 以 α-1,4-糖苷键相连的葡萄糖聚合物的形成

糖原合成时需要体内原有的小分子糖原参与，此小分子糖原称为“引物”。在糖原合酶的催化下，将 UDPG 中的葡萄糖转移至糖原引物上，新加入的葡萄糖残基以 α-1,4-糖苷键和糖原引物连接，每反应一次，糖原引物即增加一个葡萄糖单位。

$$\text{UDPG} + \text{糖原}(G_n) \xrightarrow{\text{UDPG 焦磷酸化酶}} \text{糖原}(G_{n+1}) + \text{UDP}$$

（n 表示糖原底物中葡萄糖残基的数目）

5. 合成具有 α-1,6-糖苷键分支的糖原

糖原合酶只能催化合成 α-1,4-糖苷键，不能形成分支。糖原分支酶将 α-1,4-糖苷键连接的葡萄糖链中的一段（6 或 7 个葡萄糖单位）转移，并以 α-1,6-糖苷键与原糖链中的葡萄糖残基连接形成分支链。如图 6-8 所示，这样就形成了具有分支的糖原分子。

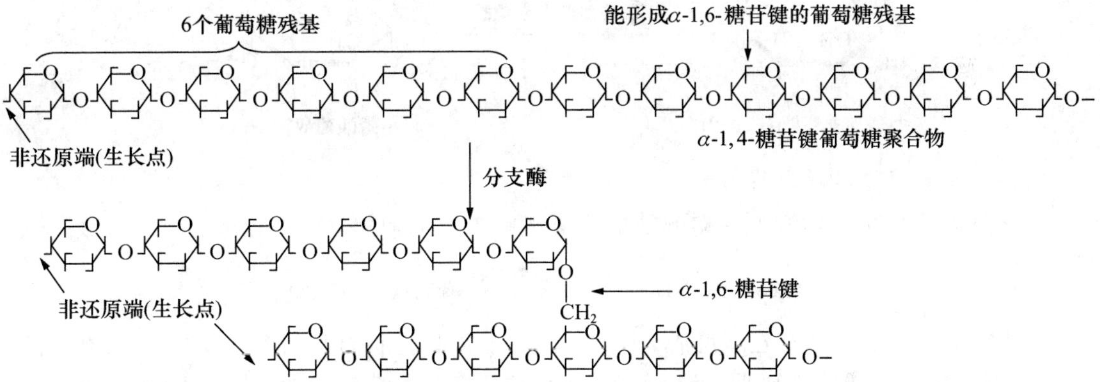

图 6-8　糖原分支形成示意图

二、糖原的分解

糖原分解为葡萄糖的过程称为糖原分解代谢。糖原分解的步骤并非糖原合成的逆过程，反应过程如下：

1. 糖原分解为 1-磷酸葡萄糖

糖原分解从糖原分子非还原端开始。磷酸化酶作用于 α-1,4-糖苷键，使糖原磷酸解成 G-1-P。由于磷酸化酶不能催化 α-1,6-糖苷键断键，所以磷酸解反应到距分支点约 4 个葡萄糖残基时，磷酸化酶的催化作用停止。剩下 4 个葡萄糖残基由转移酶催化，将其中 3 个葡萄糖残基转移到邻近的糖链上，并以 α-1,4-糖苷键相连。剩下一个由 α-1,6-糖苷键相连的葡萄糖则由脱支酶（α-1,6-糖苷酶）催化，水解生成游离葡萄糖。如图 6-9 所示。通过磷酸化酶和脱支酶的协同催化，糖原分子中的葡萄糖残基便一个一个脱落生成 G-1-P 和少量的游离葡萄糖。

2. 1-磷酸葡萄糖转变成 6-磷酸葡萄糖

1-磷酸葡萄糖在变位酶催化下转变成 6-磷酸葡萄糖。

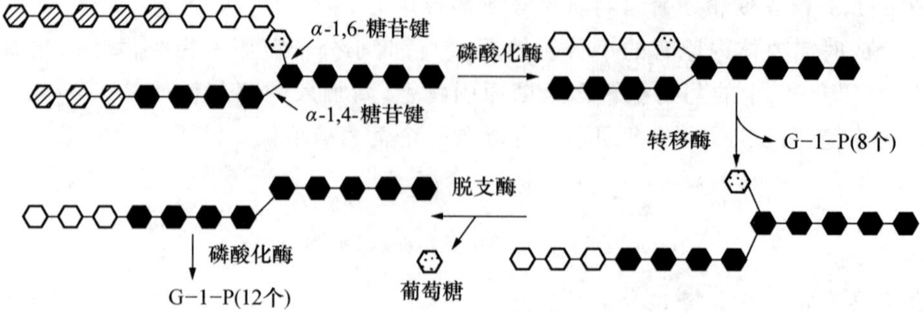

图 6-9　糖原分解示意图

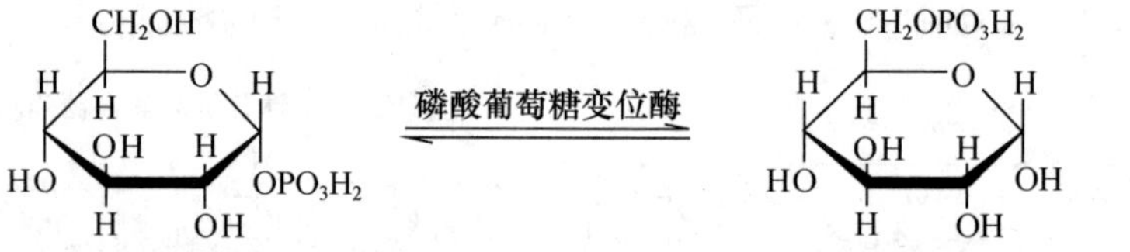

1-磷酸葡萄糖(G-1-P)　　　　6-磷酸葡萄糖(G-6-P)

3. 6-磷酸葡萄糖水解为葡萄糖

6-磷酸葡萄糖在6-磷酸葡萄糖酶的催化下水解生成葡萄糖。

$$\text{6-磷酸葡萄糖} + H_2O \xrightarrow{\text{6-磷酸葡萄糖酶}} \text{葡萄糖} + H_3PO_4$$

6-磷酸葡萄糖酶主要存在于肝脏，小部分存在于肾脏。肌肉及脑等组织中无此酶，所以只有肝、肾的糖原可以补充血糖。肌糖原不能直接分解为葡萄糖，它只能通过酵解生成乳酸经血液到肝，再经糖异生作用合成葡萄糖或肝糖原，这是肌糖原间接补充血糖的途径。

★ 实验操作——肝糖原的提取与定性

(一)实验仪器

研钵，电炉，离心机和离心管，滤纸，小试管和试管架，广泛 pH 试纸，托盘天平，烧杯，玻璃棒。

(二)药品与试剂

净石英砂，10％三氯醋酸溶液，5％三氯醋酸溶液，95％乙醇，浓盐酸，20％NaOH 溶液，I-KI 溶液，班氏试剂。

(三)操作步骤

1. 肝糖原提取

(1)制备无蛋白匀浆液　将一只饱腹的实验兔当头击毙，立即取出肝脏，迅速以滤纸吸去附着的血液。称取约 2 g，置研钵中，加石英砂少许及 10％三氯醋酸溶液 2 mL，研磨 5 min。再加 5％三氯醋酸溶液 4 mL，继续研磨 1 min，至肝脏组织已充分磨成糜状为止，然后以 2 500 r/min 离心 10 min。上清液即为无蛋白匀浆液。

(2)糖原的提取　小心地将离心管上清液转入另一有刻度的离心管中并量取体积，加入同体积的95%乙醇，混匀，静置10 min，此时糖原呈絮状沉淀析出。沉淀溶液以2 500 r/min离心10 min。弃去上清液，并将离心管倒置于滤纸上1～2 min。沉淀即为糖原。

(3)制备糖原溶液　在沉淀内加入蒸馏水1 mL，用细玻璃棒搅拌沉淀至溶解，即得糖原溶液。

2.糖原的鉴定

(1)显色反应　取2支小试管，一支加糖原溶液10滴，另一支加蒸馏水10滴，然后两管中各加碘溶液1滴，混匀，比较两管溶液颜色有何不同，解释现象。

(2)糖原酸解　在剩余的糖原溶液内，加浓盐酸3滴，放在沸水浴中加热10 min以上。取出冷却，然后用20%NaOH溶液中和至中性(用pH试纸试验)。在上述溶液内，加班氏试剂 2 mL，再置沸水浴中加热5 min，取出冷却。观察沉淀的生成，解释现象。

(四)注意事项

(1)实验兔或大鼠在实验前必须饱食，因为空腹时肝糖原含量易于减少或耗尽。

(2)肝脏离体后，肝糖原会迅速分解。因此在杀死动物后，所得肝脏必须迅速以三氯醋酸处理以防肝糖原分解。

★ 思考练习题

一、选择题

1.糖原合成的关键酶是(　　)。

A.磷酸葡萄糖变位酶　B. UDPG焦磷酸化酶　C. 糖原合成酶　D. 磷酸化酶

2.一般情况下，体内含糖原总量最高的器官是(　　)。

A.肝　B. 肾　C.脑　D.肌肉　E. 心脏

3.糖原分解的产物是(　　)。

A. UDPG　B. 1-磷酸葡萄糖　C. 6-磷酸葡萄糖　D.葡萄糖

E. 1-磷酸葡萄糖及葡萄糖

4.糖原合成酶催化葡萄糖分子间形成的化学键是(　　)。

A. α-1,6-糖苷键　B. β-1,6-糖苷键　C. α-1,4-糖苷键　D. β-1,4-糖苷键

E. α-1,β-4-糖苷键

5.饥饿一天时血糖的主要来源途径是(　　)。

A. 肠道吸收　B. 肝糖原分解　C.肌糖原分解　D.肾小管重吸收

E. 糖异生

二、简答题

1.为什么肝糖原可以直接补充血糖的不足而肌糖原不能直接补充血糖？

2.提取肝糖原时，实验动物在实验前为什么必须是饱食的？

3.在杀死实验动物后，离体肝脏为什么要迅速用三氯醋酸处理？

自测练习

模块七
脂类的定性定量分析

【学习目标】

1. 掌握油脂的典型化学性质。
2. 理解皂化值、碘值、酸值的概念及在油脂品质鉴定中的意义。
3. 掌握脂类的生理功能，了解脂类在动物体内的代谢过程。
4. 理解脂肪酸 β-氧化过程及其生理意义。
5. 学会油脂皂化值及酸值的测定方法。
6. 通过完成肝脏中酮体的生成实验，掌握酮体的生成过程及生理意义。

单元一　脂类的结构和性质

★ 理论知识

课程 PPT

脂类是油脂（甘油三酯）和类脂及其衍生物的总称。油脂和类脂化合物广泛存在于生物体中，是维持生命活动不可缺少的物质。油脂包括动物脂肪和植物油，例如牛油、猪油、豆油、花生油等。类脂化合物通常是指磷脂、蜡和甾族化合物等，从化学组成上看，它们属于不同类的物质，但它们在物理性质方面都具有不溶于水而易溶于有机溶剂的特点，与油脂类似，因此叫作类脂化合物。

一、油脂的组成和结构

油脂是油和脂肪的总称。通常把在常温下呈固态或半固态的油脂称为脂肪，呈液态的称为油。油脂普遍存在于动植物体内，是动植物体生命活动所需能量的来源之一。油脂的主要成分是甘油和三分子高级脂肪酸形成的酯。

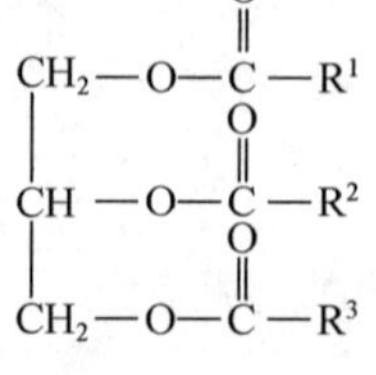

其中 R^1、R^2、R^3 都相同的油脂叫作单纯甘油酯，不完全相同的油脂叫作混合甘油酯。天然油脂大多是由多种不同的脂肪酸形成的混合甘油酯的混合物。

组成油脂的高级脂肪酸绝大部分是含偶数碳原子的直链羧酸。在饱和脂肪酸中以软脂酸的存在最广，它含在绝大部分油脂中；其次是月桂酸和硬脂酸。在不饱和脂肪酸中，最常见的是含 16 和 18 个碳原子的烯酸，如油酸、亚油酸、亚麻酸、桐油酸等。这些不饱和脂肪酸，由羧基开始，第一个双键的位置大多在 C_9 和 C_{10} 之间，桐油酸的 3 个双键是共轭的。动物脂肪中饱和高级脂肪酸甘油酯含量较高，而植物油中不饱和脂肪酸甘油酯含量较高。表 7-1 是油脂中常见的高级脂肪酸。

表 7-1　油脂中常见的高级脂肪酸

俗名	系统命名	结构式
月桂酸	十二酸	$CH_3(CH_2)_{10}COOH$
软脂酸	十六酸	$CH_3(CH_2)_{14}COOH$
硬脂酸	十八酸	$CH_3(CH_2)_{16}COOH$
棕榈油酸	9-十六碳烯酸	$CH_3(CH_2)_5CH=CH(CH_2)_7COOH$
油酸	9-十八碳烯酸	$CH_3(CH_2)_7CH=CH(CH_2)_7COOH$
亚油酸	9,12-十八碳二烯酸	$CH_3(CH_2)_4CH=CHCH_2CH=CH(CH_2)_7COOH$
亚麻酸	9,12,15-十八碳三烯酸	$CH_3(CH_2CH=CH)_3(CH_2)_7COOH$
桐油酸	9,11,13-十八碳三烯酸	$CH_3(CH_2)_3(CH=CH)_3(CH_2)_7COOH$

在表 7-1 中，亚油酸和亚麻酸是哺乳动物自身不能合成的，必须从食物中摄取，所以称为必需脂肪酸。

二、油脂的化学性质

（一）水解作用

油脂在酸、碱的作用下可以发生水解反应。在酸性条件下水解生成甘油和脂肪酸，反应是可逆的。在过量碱（如 NaOH）的作用下水解生成甘油和高级脂肪酸盐，油脂可完全水解。高级脂肪酸的钠盐俗称肥皂，因此，常把油脂在碱性条件下的水解反应叫作皂化反应。

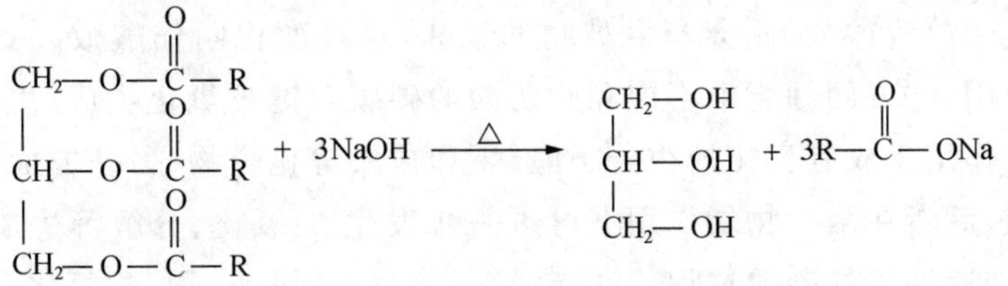

使 1 g 油脂完全皂化所需要的氢氧化钾的质量（单位：mg），叫作皂化值。每种油脂都有一定的皂化值，因而可根据皂化值的大小检验油脂的质量。不纯的油脂皂化值偏低，这是由于油脂中含有较多不能皂化的杂质。另外，根据皂化值的大小，还可以判断油脂中所含脂肪酸的平均相对分子质量。皂化值越大，脂肪酸的平均相对分子质量越小。常见油脂中脂肪酸的含量及皂化值等见表 7-2。

表 7-2 常见油脂中脂肪酸的含量和皂化值、碘值

油脂名称	脂肪酸含量/%				皂化值/mg	碘值/g
	软脂酸	硬脂酸	油酸	亚油酸		
牛油	24～32	14～32	35～48	2～4	190～200	30～48
猪油	28～30	12～18	41～48	3～8	195～208	46～70
花生油	6～9	2～6	50～57	13～26	185～195	83～105
大豆油	6～10	2～4	21～29	50～59	189～194	127～138
棉籽油	19～24	1～2	23～32	40～48	191～196	103～115

动物体内油脂的水解，是在脂肪酶的催化下进行的。

(二)加成反应

油脂中的不饱和高级脂肪酸甘油酯，因含有碳碳双键，可以与氢、卤素等发生加成反应。

1. 加氢

含不饱和脂肪酸的油脂，在催化加氢后，可以转化为半固态的脂肪，这个过程叫作油脂的氢化或硬化。加氢后的油脂叫作氢化油或硬化油。

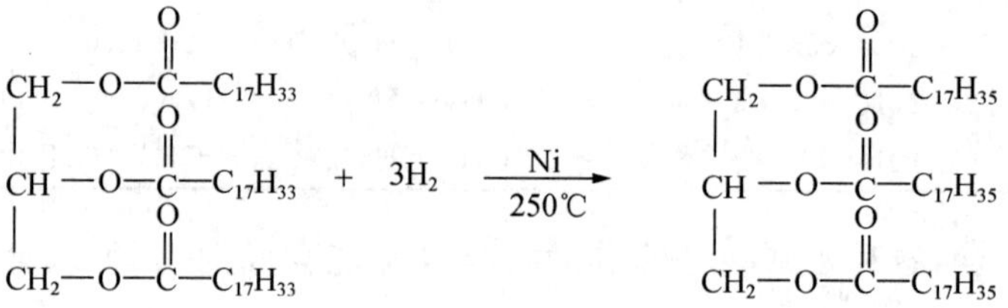

三油酸甘油酯　　三硬脂酸甘油酯

2. 加碘

油脂中的碳碳双键与碘的加成反应常用来测定油脂的不饱和程度。一般将 100 g 油脂所能吸收的碘的质量(单位:g)，叫作碘值。碘值大，表示油脂中不饱和酸的含量高，或不饱和程度高。碘值是油脂性质的重要参数，也是油脂分析的重要指标。常见油脂的碘值见表 7-2。

(三)油脂的酸败

油脂在空气中放置过久，便会产生难闻的气味，这种变化叫作酸败。受空气中的氧、水分或微生物的作用，一方面油脂中不饱和脂肪酸的碳碳双键被氧化生成过氧化物，这些过氧化物再经分解等作用生成有臭味的小分子醛、酮和羧酸等化合物；另一方面油脂被水解成游离的高级脂肪酸，后者在微生物的作用下可进一步发生 β-氧化、分解等生成小分子化合物。光、热或潮湿可加速油脂的酸败过程。油脂酸败产生的低级醛、酮、酸等化合物，不但气味难闻，而且氧化过程中产生的过氧化物能使一些脂溶性维生素被破坏。

油脂中游离脂肪酸含量常用酸值表示。中和 1 g 油脂中的游离脂肪酸所需氢氧化钾的质量(单位:mg)，叫作油脂的酸值。各种油脂都含有少量游离脂肪酸，但油脂酸败后，游离脂肪酸增多，所以酸值低的油脂品质较好。酸败后的油脂有毒性和刺激性，通常酸值大于 6 的油脂不宜食用。为了防止油脂的酸败，油脂应贮存于密闭容器中，放置在阴凉处。也可以

添加少量适当的抗氧化剂(如维生素 E 等)。

三、类脂的组成和结构

(一)磷脂

磷脂广泛存在于植物的种子、动物的脑、卵、肝和微生物体中,有卵磷脂、脑磷脂和神经鞘磷脂等。

卵磷脂和脑磷脂的母体结构是磷脂酸,即甘油分子中的 3 个羟基有两个与高级脂肪酸形成酯,另一个 α 位上的羟基与磷酸形成酯。磷脂酸中磷酸上的一个羟基与胆碱或胆胺分别形成卵磷脂和脑磷脂。

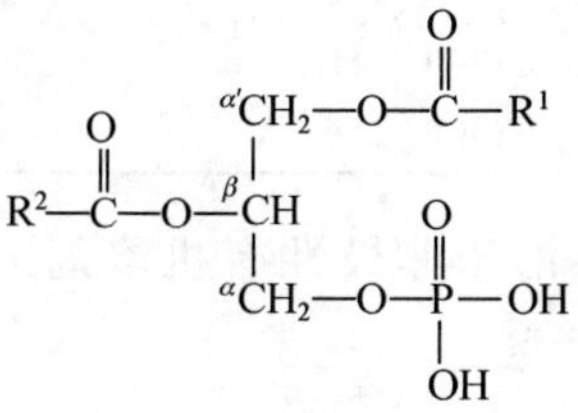

*L-α-*磷脂酸

$HOCH_2CH_2N^+(CH_3)_3OH^-$

胆碱

$HOCH_2CH_2NH_2$

胆胺

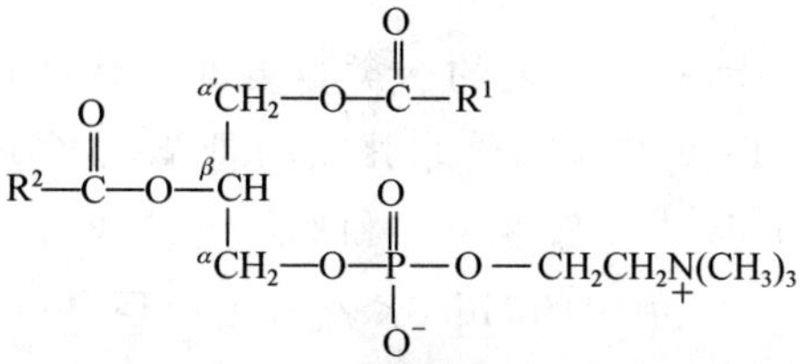

*L-α-*卵磷脂

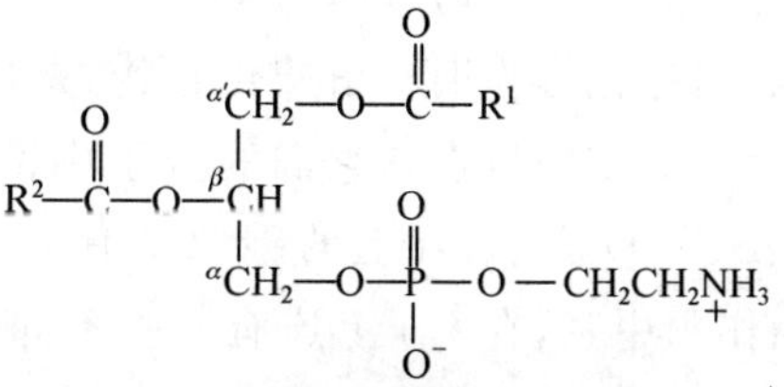

*L-α-*脑磷脂

卵磷脂中的脂肪酸通常是软脂酸、硬脂酸、油酸、亚油酸、亚麻酸和花生四烯酸,脑磷脂中的脂肪酸通常是软脂酸、硬脂酸、油酸和少量的花生四烯酸。

神经鞘磷脂简称鞘磷脂,主要存在于动物神经组织中,它与蛋白质、多糖构成神经纤维或轴突的保护层。它是由磷酸、胆碱、脂肪酸和鞘氨醇组成的。

组成鞘磷脂的脂肪酸有软脂酸、硬脂酸、二十四酸和神经酸(15-二十四碳烯酸)等。

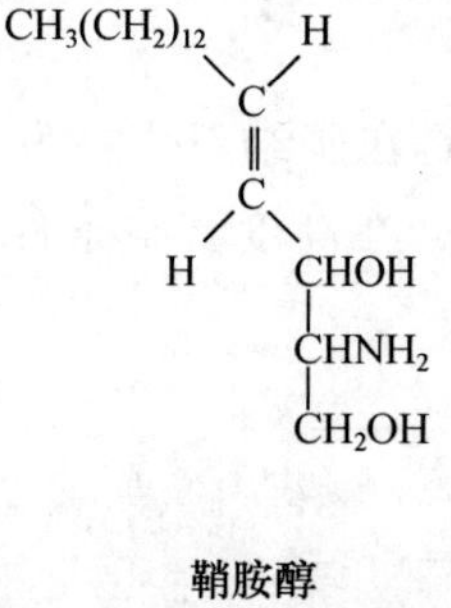

鞘胺醇

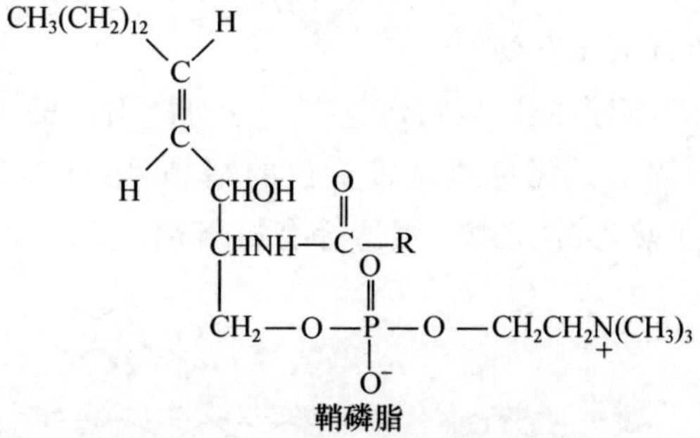

鞘磷脂

磷脂分子中同时存在着疏水基和亲水基,能降低水的表面张力,具有表面活性,是一种良好的乳化剂,在细胞膜内能使油脂乳化,有助于油脂的输送、消化和吸收。

(二)蜡

蜡的主要成分是高级脂肪酸与高级一元醇生成的酯,其中的脂肪酸和醇大都在 16 个碳以上,并且都含偶数碳原子。

蜡广泛存在于动植物界,按其来源分为植物蜡和动物蜡。植物蜡存在于植物的叶、茎和果实的表面,是防止细菌侵入和水分散失的保护层。动物蜡存在于动物的分泌腺、皮肤、毛皮、羽毛和昆虫外骨骼的表面,也起保护作用。表 7-3 列出了几种重要的蜡。

表 7-3　几种重要的蜡

名称	熔点/℃	主要成分	来源
虫蜡	81.3～84	$C_{25}H_{51}COOC_{26}H_{53}$	白蜡虫
蜂蜡	62～65	$C_{15}H_{31}COOC_{30}H_{61}$	蜜蜂腹部
鲸蜡	42～45	$C_{15}H_{31}COOC_{16}H_{33}$	鲸鱼头部
巴西棕榈蜡	83～86	$C_{25}H_{51}COOC_{30}H_{61}$	巴西棕榈

在常温下蜡为固态,比脂肪硬而脆,不溶于水,可溶于非极性有机溶剂。由于植物及昆虫的体表有一蜡层,因此,施用农药时应选用脂溶性药剂。

(三)甾族化合物

1. 甾族化合物的母体结构

类固醇化合物旧称甾族化合物,是广泛存在于动植物体内的一类重要的天然产物。这类化合物的结构特点是它们的分子中都含有一个环戊烷与氢化菲并联的骨架,4 个环分别以 A、B、C、D 表示,环上的碳原子有固定的编号顺序。一般在 C_{10} 和 C_{13} 上各连有一个甲基,叫作角甲基,在 C_{17} 上连有一些不同的取代基。甾字中的"田"字表示 4 个环,"巛"表示两个角甲基和 C_{17} 上的取代基。

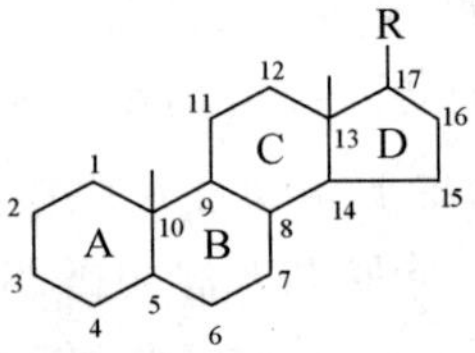

甾族化合物的基本骨架

2. 重要的甾族化合物

(1)胆固醇(胆甾醇)　胆固醇是一种动物固体醇,最初是在胆结石中被发现的,所以称为胆固醇。胆固醇是无色或略带黄色的结晶,熔点 148.5 ℃,在高度真空条件下可升华,微溶于水,易溶于热乙醇、乙醚、氯仿等有机溶剂。

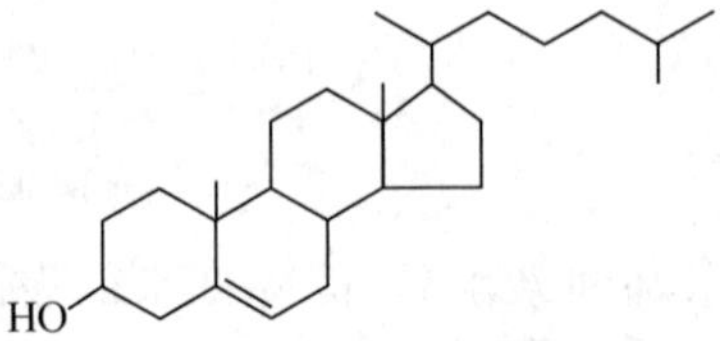

胆固醇

胆固醇广泛分布于动物细胞中，它既是细胞膜的成分之一，又是动物合成胆汁酸、类固醇化合物和维生素D等生物活性物质的前体，在体内起着重要作用。

(2)7-脱氢胆固醇和麦角固醇　7-脱氢胆固醇是动物固醇，与胆固醇在结构上的差异是 C_7～C_8 间有双键。7-脱氢胆固醇存在于动物皮肤中，当受到紫外线照射时，它的B环开环而转化为维生素 D_3。因此多晒日光是获得维生素 D_3 的最简易方法。

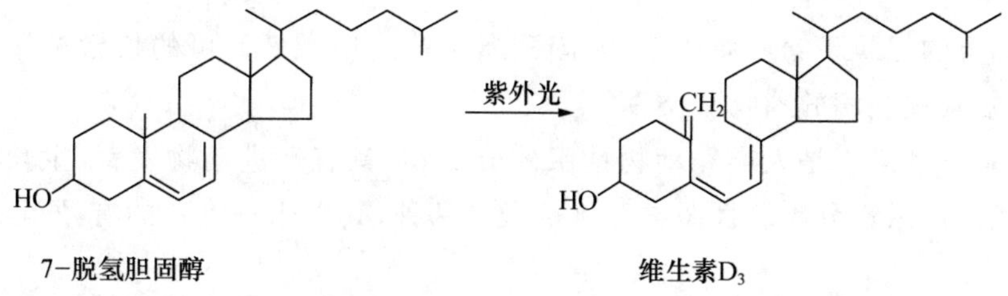

麦角固醇是一种植物固醇，存在于酵母和某些植物中。与7-脱氢固醇相比，麦角固醇在 C_{24} 上多了一个甲基，在 C_{22}～C_{23} 间是一个双键。经紫外线照射，它的B环开环而转化为维生素 D_2。

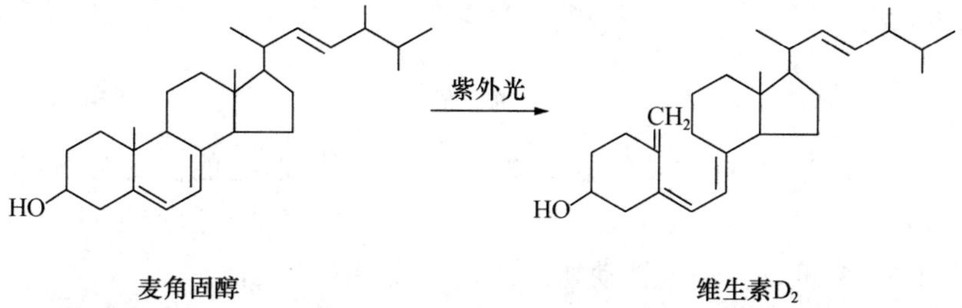

(3)胆酸　胆甾酸是指存在于动物胆汁中，结构与胆固醇类似的酸，其中最重要的是胆酸。胆酸在胆汁中多与甘氨酸(H_2NCH_2COOH)或牛磺酸($H_2NCH_2CH_2SO_3H$)通过酰胺键结合成甘氨胆酸或牛磺胆酸，这些结合胆甾酸总称为胆汁酸。胆汁酸盐是良好的乳化剂，能使油脂乳化，并使其在小肠中易水解而被吸收。临床上常用的利胆药——胆酸钠，就是甘氨胆酸钠与牛磺胆酸钠的混合物。

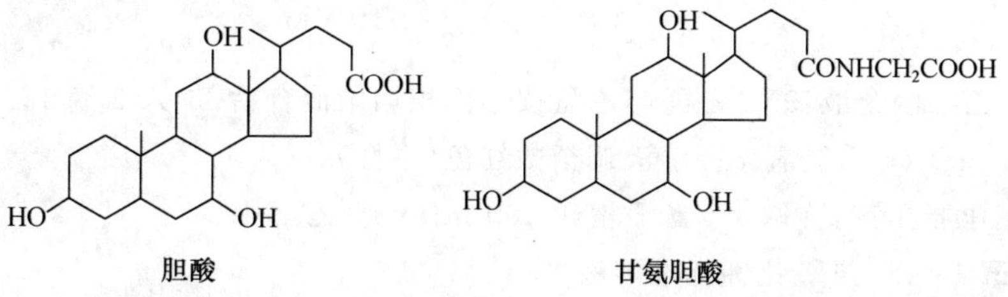

(4)肾上腺皮质激素　肾上腺皮质激素是肾上腺皮质分泌的激素。它的种类很多，按照生理功能可分为两类：一类是主要影响糖、蛋白质与脂质代谢的糖皮质激素，另一类是主要影响组织中电解质的转运和水的分布的盐皮质激素。这两类皮质激素在结构上的共同特点是 C_3 为羰基，C_4～C_5 间为双键，C_{17} 上连有—$COCH_2OH$ 基团。例如：

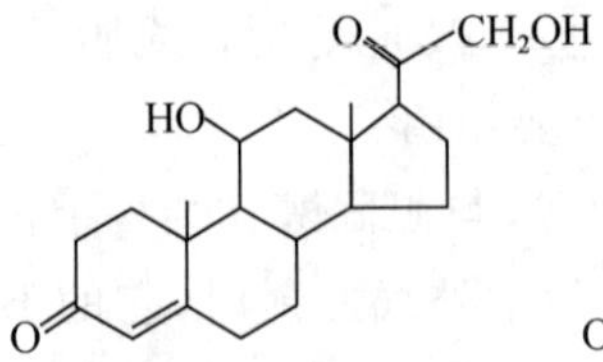

皮质酮

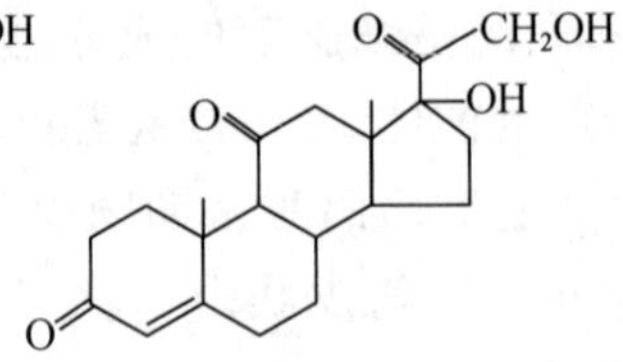

可的松

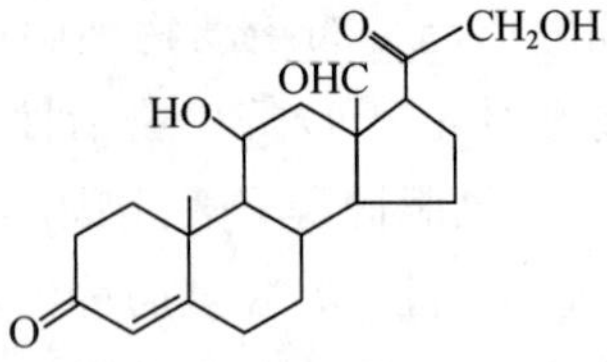

醛固酮

皮质酮和可的松属于糖皮质激素；醛固酮属于盐皮质激素。可的松常被用作治疗类风湿关节炎、气喘及皮肤病的药物。

(5)性激素　性激素是人类和动物性腺的分泌物，具有促进动物发育、生长及维持性特征的生理功能。性激素分为雌性激素和雄性激素两种，其中比较重要的有孕甾酮、雌二醇和睾酮。

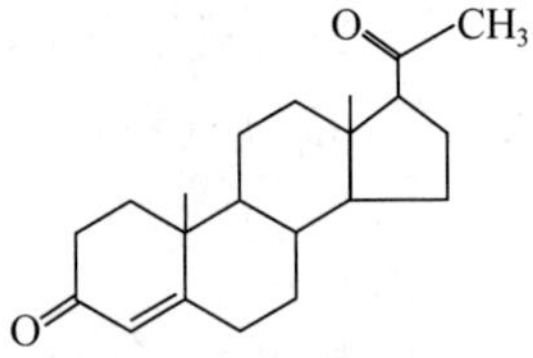

孕甾酮

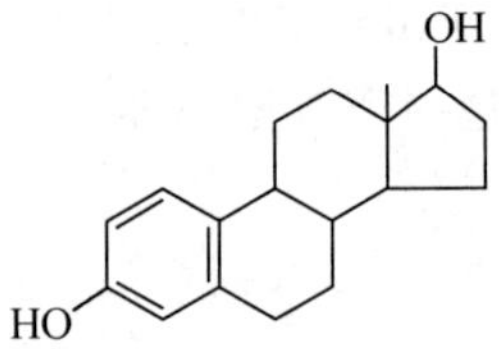

雌二醇

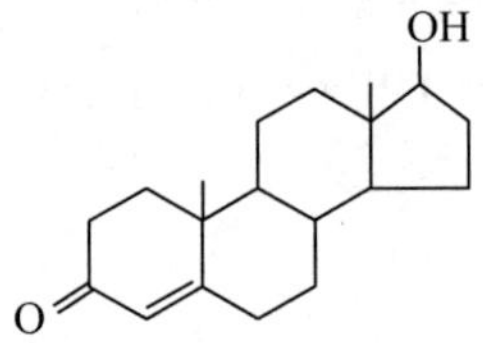

睾酮

孕甾酮是卵泡排卵后形成的黄体分泌物，故俗称黄体酮，它能使受精卵在子宫中发育，促进乳腺发育，并抑制排卵，在医药上可防止流产。雌二醇是卵泡产生的，它诱发性周期。睾酮是睾丸产生的，它可以促进雄性动物的发育和维持第二性征。

★ 实验操作

一、油脂酸值的测定

(一)实验仪器

锥形瓶，碱式滴定管，水浴锅。

(二)药品与试剂

(1)乙醚-乙醇混合液：95%乙醇与乙醚按等体积均匀混合后，加入 2 滴 1%酚酞指示剂，临用前用 0.1 mol・L^{-1}氢氧化钾溶液调至微红色(中性)。

(2)1%酚酞指示剂：称取 1 g 酚酞溶于 100 mL 95%乙醇中。

(3)0.1 mol・L^{-1}氢氧化钾标准溶液。

(4)豆油、菜籽油。

(三)操作步骤

准确称取油脂样品 3.0～5.0 g，放入 150 mL 干燥洁净的锥形瓶内，另取一只锥形瓶不加油样作为空白对照。在锥形瓶中分别加入 50 mL 乙醚-乙醇混合液，摇动混匀，使油脂完全溶解，呈透明状态，可以酌情增加混合液用量或在 50～60 ℃水浴上加热至完全溶解。油脂溶解后加入 1%酚酞指示剂 2～3 滴，用 0.1 mol・L^{-1}氢氧化钾标准溶液进行滴定至溶液出现微红色，30 s 不褪色为止。

(四)结果计算

酸值按下式进行计算：

$$\text{酸值(mg KOH/g 油脂)}=\frac{V_2-V_1}{m}\times c\times 56$$

式中：V_2 为滴定油样时耗用氢氧化钾标准溶液的体积，mL；V_1 为滴定空白对照时耗用氢氧化钾标准溶液的体积，mL；m 为油样质量，g；c 为氢氧化钾标准溶液的浓度，mol・L^{-1}。

(五)注意事项

乙醚、乙醇易燃、易挥发，使用中注意避免遇见明火。

二、油脂皂化值的测定

(一)实验仪器

磨口锥形瓶(250 mL)，回流冷凝管，酸式滴定管，恒温水浴锅，电炉，移液管，电子天平。

(二)药品与试剂

(1)0.5 mol・L^{-1} KOH-乙醇溶液：称取 30 g 氢氧化钾，溶于 1 000 mL 95%乙醇(不含醛)中，摇匀，静置 24 h，倒出上层清液(或过滤后滤液)备用。

(2)0.5 mol・L^{-1}盐酸标准溶液。

(3)1%酚酞溶液。

(4)豆油、麻油等。

(三)操作步骤

准确称取混匀油脂试样 1.5～2 g(准确至 0.001 g)注入锥形瓶中，加入 0.5 mol・L^{-1} KOH-乙醇溶液 25 mL，混匀。接上回流冷凝管，在水浴锅上加热回流约 30 min(至溶液清澈透明)，不时摇动。停止加热，取下冷凝管，加 3～5 滴酚酞指示剂，立即用 0.5 mol・L^{-1} 盐酸溶液滴定至红色消失为止。记下用去的盐酸溶液体积(mL)。同时进行空白试验。

(四)结果计算

皂化值按下列公式计算：

$$\text{皂化值(mg KOH/g 油)}=\frac{(V_2-V_1)\times c\times 56.1}{m}$$

式中：V_1 为滴定试样用去的盐酸标准溶液体积，mL；V_2 为滴定空白用去的盐酸标准溶液体积，mL；c 为盐酸标准溶液的浓度，mol・L^{-1}；m 为试样质量，g；56.1 为 1 mol・L^{-1} 盐酸标准溶液 1 mL 相当于氢氧化钾的毫克数。

(五)注意事项

(1)实验中用到的乙醇为中性乙醇。

(2)乙醇易燃、易挥发,应避免明火,注意安全。

★ 思考练习题

一、选择题

1. 下列叙述中,错误的是(　　)。

A. 油脂属于酯类　　B. 某些油脂兼有酯和烯烃的一些化学性质

C. 油脂的氢化又叫油脂的硬化　　D. 油脂是纯净物,不是混合物

2. 变质的油脂有难闻的哈喇味,这是因为发生了(　　)。

A. 氧化反应　　B. 加成反应　　C. 取代反应　　D. 水解反应

二、填空题

1. 油脂的主要成分是__________与______________所形成的酯。

2. 使 1 g 油脂完全皂化所需氢氧化钾的质量(单位:mg),叫作油脂的______;中和 1 g 油脂中的游离脂肪酸所需氢氧化钾的质量(单位:mg),叫作油脂的______。

3. 油脂的碘值越大,说明油脂的不饱和程度________。

4. 写出下列化合物的名称或结构简式。

(1)$CH_3(CH_2)_{16}COOH$　　(2)$CH_3(CH_2)_{10}COOH$　　(3)$CH_3(CH_2)_3(CH{=}CH)_3(CH_2)_7COOH$

__________　　______________　　______________________

(4)

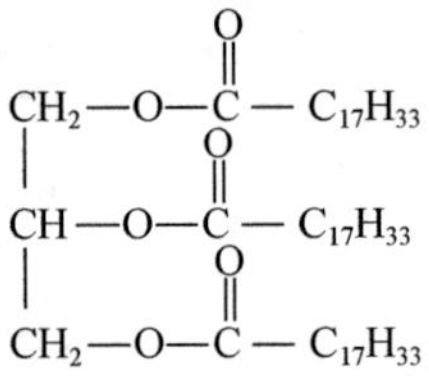

____

(5)

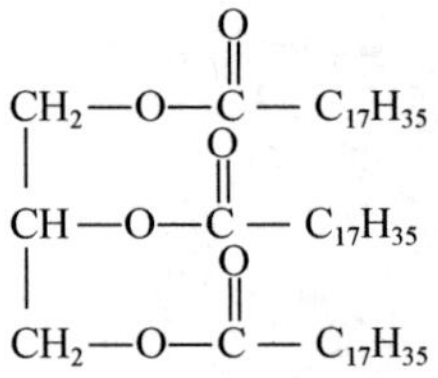

____

(6)软脂酸　　(7)亚油酸　　(8)L-α-卵磷脂

__________　　__________　　__________

三、简答题

1. 必需脂肪酸有哪几种?各属于哪类脂肪酸?

2. 油脂的酸值在油脂分析中有何意义?为防止油脂酸败,应如何贮存油脂?

3. 油脂的皂化值在油脂分析中有何意义?

4. 磷脂为什么具有乳化作用?

5. 用皂化反应测定油脂皂化值时,哪些化合物的存在对测量有干扰?

单元二　动物体内脂类的代谢

★ 理论知识

课程 PPT

一、脂类的生理功能

1. 供能和贮能

机体内贮存的脂肪主要作为贮能和供能的物质。脂肪的贮存比糖原多，占体重的 13%～24%，每克脂肪氧化时产生约 37 kJ 能量，要比糖多 1 倍以上，而且占的体积小，贮存 1 g 糖原所占的体积是 1 g 脂肪的 4 倍。所以，一切动物都贮存脂肪以供机体利用。

2. 提供必需脂肪酸

必需脂肪酸有重要的生物学功能，长期缺乏会引起多种疾病。

3. 固定内脏和隔热保温的作用

一方面，内脏周围的脂肪不仅能够固定内脏，而且还可以避免内脏之间互相摩擦，并有缓冲的作用；另一方面，脂肪不易传热，动物秋季形成较多皮下脂肪，冬季则能防止热的散失，从而维持体温的恒定。

4. 构成细胞和其他物质的必需成分

如构成生物膜，磷脂占 50%～70%，胆固醇占 20%～30%。鞘脂类是神经纤维之间的绝缘体，棕榈酸是构成肺表面活性物质的主要成分，有防止肺水肿的作用。

5. 其他功能

脂肪能促进机体对脂溶性维生素及胡萝卜素等的吸收，能促进凝血酶原（其辅基中含有脑磷脂）的形成等。

二、脂肪的分解代谢

（一）脂肪的水解

脂肪经脂肪酶（该酶活性受激素直接或间接调控）催化水解生成甘油和脂肪酸，其反应如下：

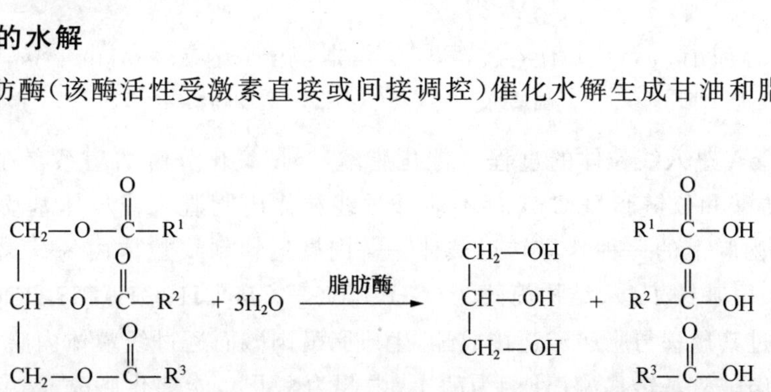

在某些生理或病理条件下，如兴奋、饥饿、糖尿病等，一些激素如肾上腺素、胰高血糖素

分泌增加，使脂肪酶磷酸化并被激活，从而促进脂肪水解。相反，胰岛素具有抗脂肪分解的作用。

(二)甘油的代谢

除脂肪组织甘油激酶活性很低外，其他组织均可将甘油转变成磷酸二羟丙酮，并沿糖酵解的途径氧化或转变成葡萄糖和糖原，其反应过程见图 7-1。由此可见，磷酸二羟丙酮是联系脂肪代谢和糖代谢的关键物质。

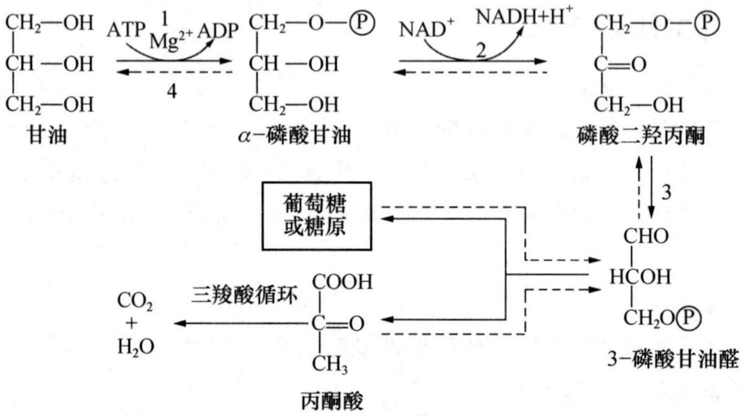

1. 甘油激酶 2. 磷酸甘油脱氢酶 3. 磷酸丙糖异构酶 4. 磷酸酶

上述反应过程中，实线为甘油的分解，虚线为甘油的合成

图 7-1 甘油的代谢

(三)脂肪酸的分解代谢

1. 脂肪酸的 β-氧化

从细胞外液摄入细胞内的脂肪酸，在细胞中氧化分解，是细胞能量的重要来源之一。

(1)脂肪酸的活化　脂肪酸在氧化分解之前，必须先活化形成脂酰 CoA。脂肪酸在线粒体外膜上的脂肪酸硫激酶(又称脂酰 CoA 合成酶)催化下，与 ATP 和 HSCoA 反应生成活化的脂酰 CoA，反应为：

$$\underset{\text{脂肪酸}}{ROOH} + ATP + \underset{\text{辅酶 A}}{HSCoA} \xrightarrow{\text{脂酰 CoA 合成酶}} \underset{\text{脂酰辅酶 A}}{RCO\text{-}SCoA} + AMP + \underset{\text{焦磷酸}}{PPi}$$

(2)脂酰 CoA 进入线粒体的过程　催化脂酰 CoA 氧化分解的酶系存在于线粒体基质内，而游离脂肪酸和长链脂酰 CoA 都不能透过线粒体内膜进入线粒体基质内。脂酰 CoA 是通过线粒体内膜上的一种特异转运载体——肉碱运转到线粒体内的。肉碱的化学名称是 L-3-羟基-4-甲基铵丁酸，结构简式为 $(CH_3)_3N^+{—}CH_2CH(OH)CH_2COOH$。

肉碱可通过其羟基与脂肪酸连接成酯，生成脂酰肉碱而透过线粒体内膜，由于线粒体内膜两侧存在着肉碱酰基转移酶(外侧为酶Ⅰ，内侧为酶Ⅱ)，能催化脂酰 CoA 与肉碱之间的酰基转移过程，最后在膜内形成脂酰 CoA，即可进行 β-氧化。脂酰 CoA 进入线粒体的过程如图 7-2 所示。

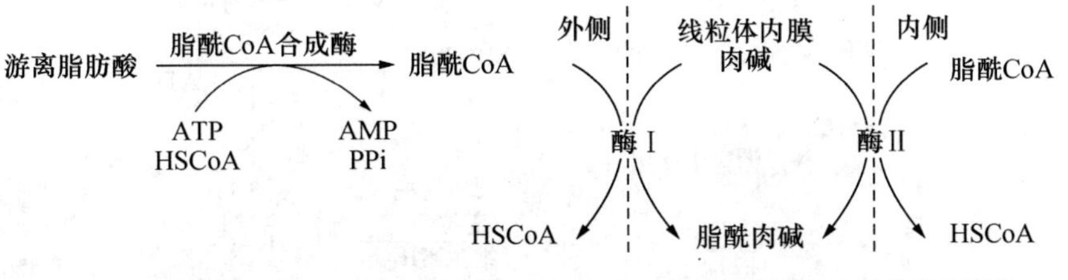

酶Ⅰ：位于线粒体外侧的肉碱酰基转移酶　酶Ⅱ：位于线粒体内侧的肉碱酰基转移酶

图 7-2　在肉碱参与下脂肪酸进入线粒体的过程

(3)脂肪酸的 β-氧化　进入线粒体基质内的脂酰 CoA 氧化分解，氧化发生在脂酰 CoA 的 β-碳原子上，故称为 β-氧化。脂酰化 CoA 的 β-氧化过程可分为下列 4 步反应：

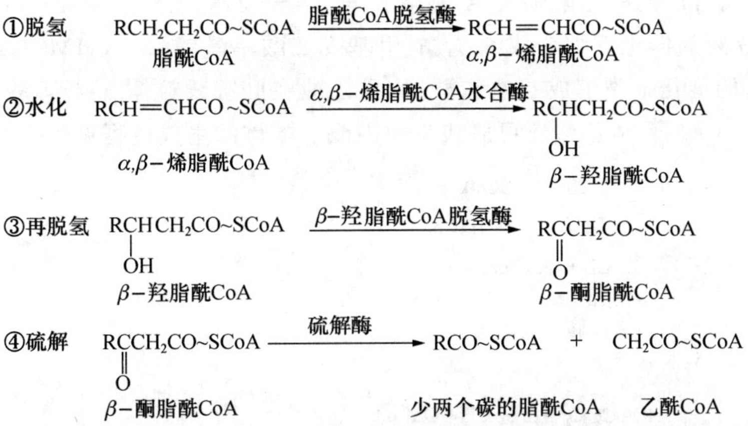

第四步生成的乙酰 CoA 进入三羧酸循环氧化分解，减少两个碳原子的脂酰 CoA 又经过脱氢、水化、再脱氢和硫解连续 4 步反应，如此反复进行，直到脂酰 CoA 全部变成乙酰 CoA 为止。

软脂酸为 C_{16} 的脂肪酸，经 β-氧化全部氧化为乙酰 CoA，需经过 7 次氧化，生成 8 分子乙酰 CoA、7 分子 $FADH_2$ 和 7 分子 $NADH+H^+$。氧化每分子 $FADH_2$ 生成 2 分子 ATP，氧化每分子 $NADH+H^+$ 生成 3 分子 ATP，每分子乙酰 CoA 经三羧酸循环彻底氧化为 CO_2 和 H_2O，可生成 12 分子 ATP。脂肪酸活化时又消耗 2 个高能键，因此 1 分子软脂酸彻底氧化，净生成 129 分子 ATP($7\times2+7\times3+8\times12-2$)。

2. 丙酸的代谢

动物体内奇数碳原子的脂肪酸经 β-氧化，除了生成乙酰 CoA 外，还要生成一分子丙酰 CoA。反刍动物瘤胃发酵产生的丙酸，要异生为糖，也须先形成丙酰 CoA。丙酰 CoA 经过丙酰 CoA 羧化酶催化，生成甲基丙二酸单酰 CoA。随后在甲基丙二酸单酰 CoA 变位酶催化下，经分子重排转变成琥珀酰 CoA，进入三羧酸循环彻底氧化或形成糖原(图 7-3)。

3. 酮体的生成和利用

脂肪酸在肝脏中不完全氧化生成乙酰乙酸、β-羟丁酸和丙酮，这 3 种物质统称为酮体。

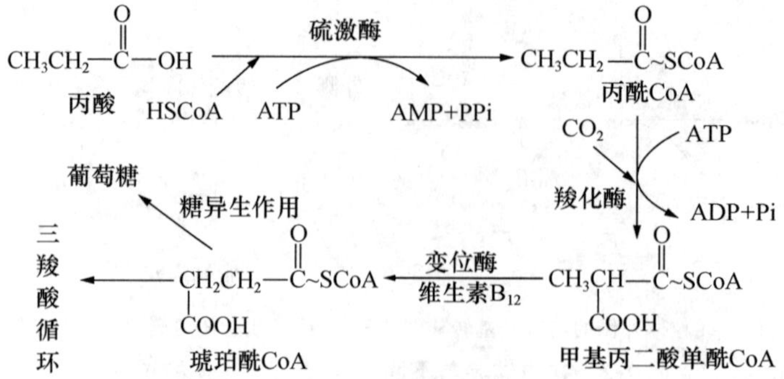

图 7-3 丙酸的代谢

(1)酮体的生成 酮体主要在肝细胞线粒体中由乙酰辅酶 A 缩合而成。二分子乙酰辅酶 A 在硫解酶的催化下,缩合成乙酰乙酰辅酶 A,后者再与一分子乙酰辅酶 A 在 β-羟-β-甲基戊二酸单酰辅酶 A 合成酶的催化下缩合成 β-羟 β-甲基戊二酸单酰辅酶 A(HMGCoA),然后在 HMGCoA 裂解酶的催化下裂解成乙酰乙酸;乙酰乙酸在肝脏线粒体 β-羟丁酸脱氢酶催化下又还原生成 β-羟丁酸;乙酰乙酸还可脱羧生成丙酮。酮体的生成过程见图 7-4。

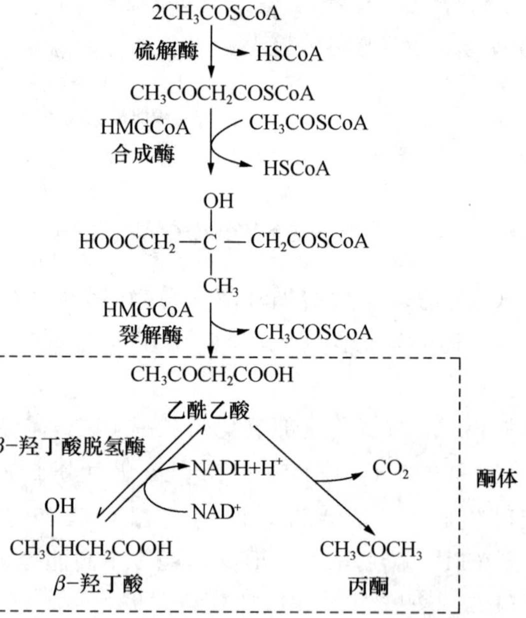

图 7-4 酮体的生成过程

酮体生成的全套酶系位于肝细胞线粒体的内膜或基质中,其中 HMGCoA 合成酶是酮体生成的限速酶。除肝脏外,反刍动物的瘤胃也是生成酮体的重要场所,肾脏也能生成少量的酮体。

(2)酮体的利用 生成的酮体,随血液送到肝外组织进行氧化分解。其中的 β-羟丁酸由 β-羟丁酸脱氢酶(其辅酶为 NAD^+)催化,生成乙酰乙酸。乙酰乙酸再在乙酰乙酸-琥珀酰辅酶 A 转移酶的作用下生成乙酰乙酰 CoA。乙酰乙酰 CoA 在硫激酶的作用下生成 2 分子乙酰 CoA，然后进入三羧酸循环，彻底氧化释放能量。乙酰乙酸-琥珀酰 CoA 转移酶在心肌、骨骼肌及大脑等组织活性很高，而肝脏缺乏这种酶，所以肝脏只能产生酮体供肝外组织利用，而本身不能利用。少量的丙酮可转变为丙酮酸或乳酸后进一步代谢，同时丙酮又是挥发性物质，还可通过肺部直接呼出体外。

(3)酮体的生理意义　酮体是脂肪酸在肝脏氧化分解时产生的正常中间产物，是肝脏输出能源的一种形式。当机体缺少葡萄糖时，需要动员脂肪供应能量。肌肉组织对脂肪酸的利用能力有限，因此，优先利用酮体以节约葡萄糖，来满足脑组织对葡萄糖的需要。大脑不能利用脂肪酸，却能利用酮体。例如在饥饿时，人的大脑可利用酮体代替其所需葡萄糖的25%左右。

由此可见，与脂肪酸相比，酮体能更有效地代替葡萄糖。机体通过肝脏将脂肪酸集中"转化"成酮体，以利于其他组织利用。

(4)酮病　正常情况下，肝脏产生酮体的速度与肝外组织分解酮体的速度是动态平衡的，血液中酮体含量很少。但在某些情况下，例如长期饥饿或废食、高产乳牛开始泌乳后及绵羊妊娠后期，可见到酮体生成量多于肝外组织的消耗量，在体内积存，引起酮病。患酮病时不仅血中酮体含量升高，酮体还可随乳、尿排出体外，分别称为酮血症、酮乳症、酮尿症，其中酮尿症最先出现。由于酮体的主要成分为酸性物质，因此大量积存的结果会导致机体发生代谢性酸中毒。

三、脂肪的合成代谢

动物的肝脏和脂肪组织是合成脂肪最活跃的组织。合成脂肪的直接原料是 α-磷酸甘油和脂酰辅酶 A。

(一)α-磷酸甘油的合成

α-磷酸甘油来源于两个途径：一是由糖分解途径的中间产物磷酸二羟丙酮还原而来；二是从食物中消化吸收的甘油，以及脂肪组织脂肪分解产生的甘油，在甘油激酶(肝脏)的催化下，磷酸化转化而来。

(二)脂肪酸的合成

合成脂肪时的脂肪酸一是来自食物中的脂类，二是体内新合成的。合成脂肪酸的直接原料为乙酰辅酶 A。因此，凡是能生成乙酰辅酶 A 的物质都是合成脂肪酸的碳源。脂肪酸的合成是在胞液中进行的，除反刍动物吸收的乙酸可以直接进入胞液转变为乙酰辅酶 A 外，乙酰辅酶 A 必须通过线粒体膜从线粒体内转移到线粒体外利用，而线粒体膜不允许辅酶 A 的衍生物自由通过。乙酰辅酶 A 转移出线粒体是借助柠檬酸-丙酮酸循环(图 7-5)的转运途径实现的。

合成脂肪酸时，除开始需要一分子的乙酰 CoA 以外，其余乙酰 CoA 必须先羧化成丙二酰 CoA。

动物体内许多组织的胞液中有合成脂肪酸的酶系，它们是一组多酶复合体，含有 7 种酶

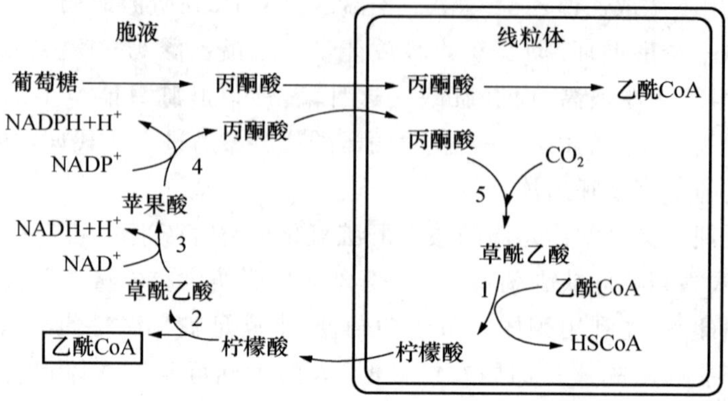

1.柠檬酸合成酶　2.柠檬酸裂解酶　3.苹果酸脱氢酶　4.苹果酸酶　5.丙酮酸羧化酶

图 7-5　乙酰辅酶 A 转运机制

与脂酰基载体蛋白(ACP)。ACP 牢固地结合了脂肪酸合成酶系，成为合成脂肪酸装配线的主要组成部分。ACP 由 77 个氨基酸组成，其中的丝氨酸残基上的羟基与辅基 4-磷酸泛酰巯基乙胺相连。磷酸泛酰巯基乙胺上的巯基是酰基载体蛋白上的活性基团，作用和辅酶 A 类似，是酰基的载体，携带着脂肪酸合成过程中的各个中间产物，从一个酶的活性位置转到另一个酶的活性位置。

脂肪酸合成的起始是乙酰辅酶 A 在 ACP 酰基转移酶作用下，其乙酰基与 ACP 巯基相连，生成乙酰载体蛋白。但乙酰基并不停留在 ACP 巯基上，而是转移到另一个酶 β-酮脂酰-ACP 合成酶的活性中心的半胱氨酸巯基上，成为乙酰缩合酶。空出的 ACP 的巯基，再由 ACP-丙二酸单酰辅酶 A 转移酶催化与丙二酸单酰 CoA 的丙二酰基结合，生成丙二酸单酰载体蛋白。

乙酰缩合酶与丙二酸单酰载体蛋白在 ACP 上的一系列酶的作用下发生缩合、还原、脱水和再还原反应生成丁酰载体蛋白，使乙酰载体蛋白多了 2 个碳原子，完成了脂肪酸合成的第一轮反应。生成的丁酰载体蛋白从 ACP 的巯基上转移到缩合酶的半胱氨酸的巯基上，为下一轮反应的丙二酰基的进入做好准备。再经过转移、缩合、还原、脱水、再还原的反应，丁酰载体蛋白又多了 2 个碳原子。如此反复，碳链不断延长，直至形成十六碳酰基载体蛋白，即软脂酰载体蛋白。软脂酰载体蛋白在硫解酶的催化下释放出软脂酸。绝大多数生物体的脂肪酸合成酶系终止于产生软脂酸(又称棕榈酸)。软脂酸合成过程见图 7-6。

软脂酸合成的总反应式为：

$$8CH_3CO\sim SCoA + 14(NADPH + H^+) + 7ATP + H_2O \xrightarrow{\text{脂酰 CoA 合成酶系}}$$
$$CH_3(CH_2)_{14}COOH + 8HSCoA + 14NADP^+ + 7ADP + 7Pi$$

值得注意的是：

(1)软脂酸合成所需要的氢原子必须由还原型辅酶Ⅱ(NADPH)供给。在乙酰辅酶 A 的转运中，能产生 NADPH，不足的部分由磷酸戊糖途径提供。

(2)机体脂肪酸合成酶系合成的终产物为软脂酸，碳链的进一步延长和双键的添加(只

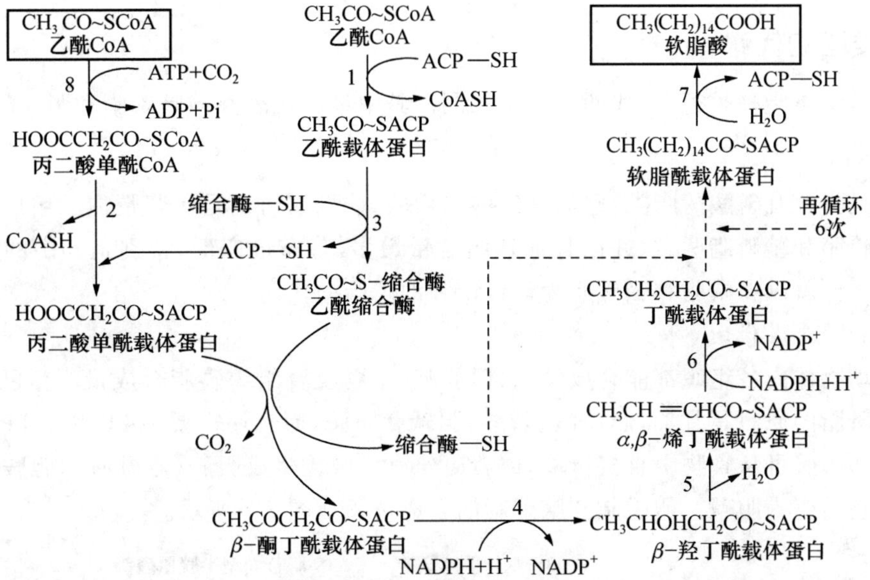

1. ACP 酰基转移酶 2. ACP-丙二酸单酰辅酶 A 转移酶 3. β-酮脂酰-ACP 合成酶 4. β-酮脂酰-ACP 还原酶 5. β-羟脂酰-ACP 脱水酶 6. 烯脂酰-ACP 还原酶 7. 脂酰-ACP 硫解酶 8. 乙酰辅酶 A 羧化酶

图 7-6 软脂酸合成过程

能合成带一个双键的脂肪酸)，则由存在于线粒体和微粒体中的酶催化完成。

(三)脂肪的合成

哺乳动物的肝脏和脂肪组织是合成脂肪最活跃的组织，合成过程主要在内质网进行，合成途径有两条：一是 α-磷酸甘油途径，二是甘油一酯途径。α-磷酸甘油途径通过以下反应完成。

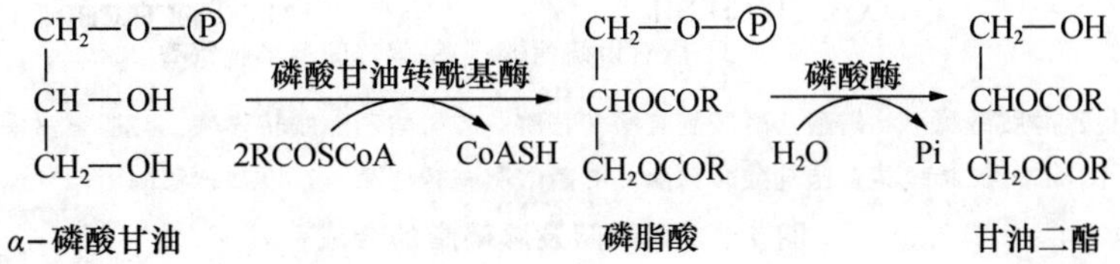

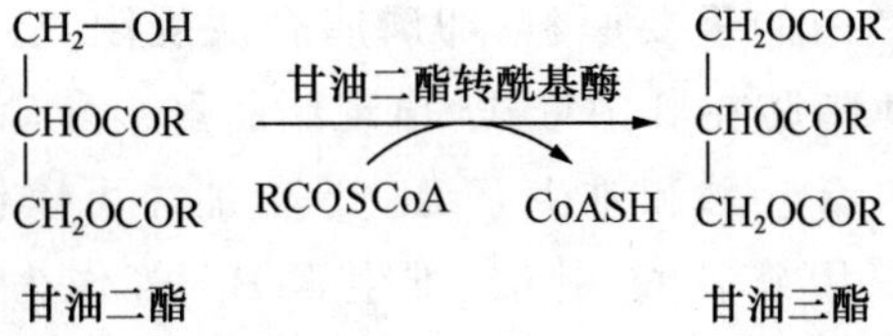

此途径是肝细胞和脂肪组织合成脂肪的主要途径。此外，动物体的转酰基酶对十六碳和十八碳的脂酰辅酶 A 的催化能力最强，所以脂肪中十六碳和十八碳脂肪酸的含量最多。

四、类脂的代谢

动物体内类脂种类很多，代谢也各不相同。其中最具代表性的是磷脂和胆固醇的代谢。

（一）磷脂的代谢

磷脂是指含有磷酸的脂类，它们是细胞结构的重要成分，也是血浆蛋白的组成部分。磷脂分甘油磷脂和鞘磷脂两类，并以甘油磷脂含量最多，分布最广泛，特别是其中的卵磷脂和脑磷脂。下面就以卵磷脂和脑磷脂为例讨论甘油磷脂的代谢。

1. 磷脂的合成代谢

哺乳动物体内各组织都能合成磷脂，但肝脏、小肠及肾组织磷脂合成最为活跃。合成卵磷脂和脑磷脂的原料是甘油、脂肪酸、磷酸、胆碱和胆胺，而且还需要 ATP 和 GTP。其中所需的胆碱和胆胺可从食物中直接摄取，或者由丝氨酸脱羧生成胆胺（乙醇胺），胆胺由甲硫氨酸提供甲基转变为胆碱。卵磷脂和脑磷脂的合成过程如图 7-7 所示。

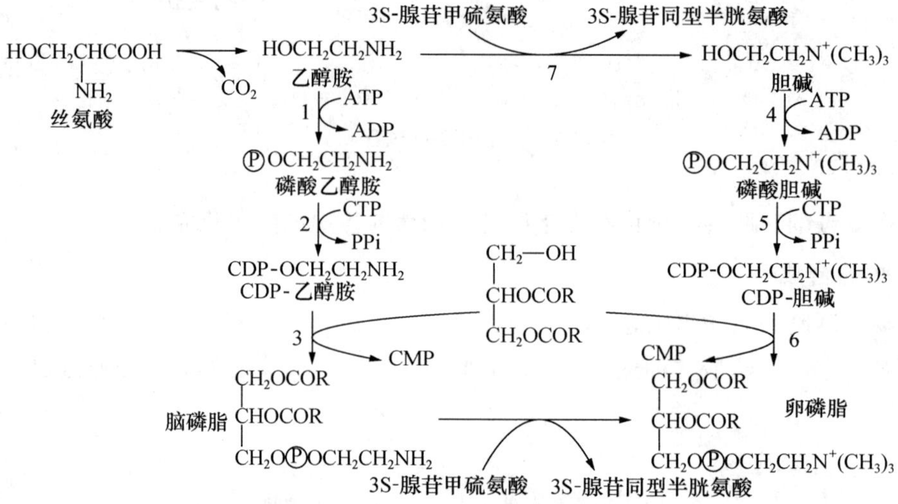

1. 乙醇胺激酶 2. 磷酸乙醇胺胞苷酸转移酶 3. 磷酸乙醇胺转移酶 4. 胆碱激酶
5. 磷酸胆碱胞苷酸转移酶 6. 磷酸胆碱转移酶 7. 甲基转移酶

图 7-7 卵磷脂及脑磷脂的合成

卵磷脂是合成血浆脂蛋白的重要原料，卵磷脂合成受阻，会导致血浆脂蛋白的合成障碍，影响肝内脂肪的运出，使脂肪在肝中堆积，出现脂肪肝。卵磷脂的合成需要必需氨基酸及必需脂肪酸，同时，还需要有叶酸和维生素 B_{12} 等参加才可以促进胆碱的合成。因此，临床上常用必需脂肪酸、胆碱、甲硫氨酸、叶酸、维生素 B_{12} 等作为治疗和预防此类脂肪肝的药物。

2. 磷脂的分解代谢

水解甘油磷脂的酶类称为磷脂酶，主要有磷脂酶 A_1、A_2、B、C 和 D，它们分别作用于磷脂分子中不同的酯键。

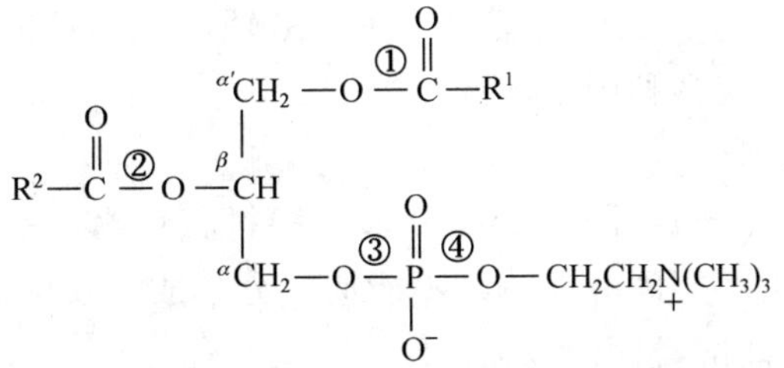

磷脂酶 A_1 作用水解位点①，A_2 作用水解位点②，产物为溶血磷脂 2 和溶血磷脂 1。

溶血磷脂是一类具有较强表面活性的物质，能致使红细胞膜和其他细胞膜破坏，引起溶血和细胞坏死。蛇毒中，磷脂酶 A_2 的活性相当高，故被毒蛇咬后会发生溶血作用。

磷脂酶 B 也称溶血磷脂酶，它可催化磷脂酶 A_2 水解的产物①位点的水解，而磷脂酶 A_1 的产物②位点的水解，则由磷脂酶 A_2 所催化，生成甘油磷酸胆碱和脂肪酸，从而失去溶血作用。生成的甘油磷酸胆碱先通过胆碱磷酸酶作用，水解位点④生成磷酸甘油和胆碱，最后甘油磷酸酶水解位点③生成甘油和磷酸。某些组织中的磷脂酶 C 可以特异地水解位点③，产物是甘油二酯和磷酸胆碱，而磷脂酶 D 可以水解位点④，生成磷脂酸及胆碱。磷脂酸分解产生的脂肪酸和甘油，可氧化分解为二氧化碳和水，或再参加新的物质合成；磷酸参加有机磷酸化合物的合成或生成无机磷酸盐，胆碱可转变为胆胺、氨基酸等有机物质进行代谢。

(二)胆固醇的代谢

胆固醇是动物体内重要的固醇类化合物，它既是细胞膜的成分之一，又是动物合成胆汁酸、类固醇激素和维生素 D 等生物活性物质的前体。

1. 胆固醇的合成

体内的胆固醇可来自食物，也可由组织合成。动物机体几乎所有的组织都可以合成胆固醇，但肝脏是胆固醇合成的主要场所。机体合成胆固醇的原料是乙酰辅酶 A，此外还需有 NADPH 供氢和 ATP 供能。胆固醇合成过程比较复杂，可概括为三个阶段：第一阶段由乙酰辅酶 A 缩合成 β,δ-二羟-β-甲基戊酸；第二阶段是鲨烯的生成；第三阶段为胆固醇的生成。主要步骤如图 7-8 所示。

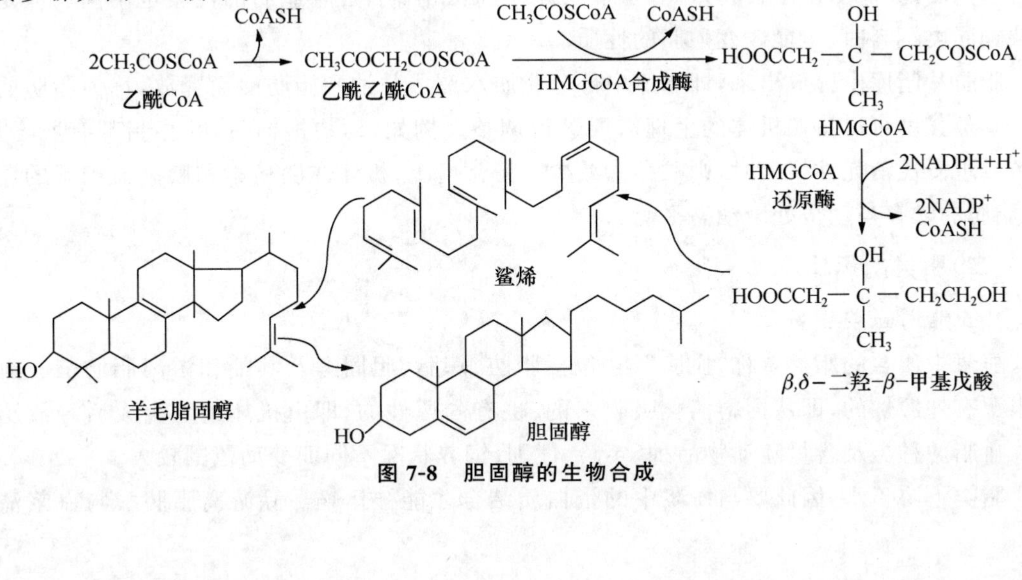

图 7-8　胆固醇的生物合成

在胆固醇合成过程中的β-羟-β-甲基戊二酸单酰辅酶A(HMGCoA)还原酶,是胆固醇生物合成的限速酶,其活性受多种因子的调节控制。

2.胆固醇的转变与排泄

血浆中的胆固醇大部分来自肝脏,少部分来自饲料和食物,并有两种存在形式,即游离型和酯型,其中以酯型为主。胆固醇在体内不能彻底分解成二氧化碳和水,主要的代谢去路是转变成具有重要生理功能的类固醇物质。

(1)血中胆固醇的一部分运送到组织,构成细胞膜的组成成分。

(2)血中胆固醇可脱氢生成7-脱氢胆固醇,贮存于皮下,经紫外线照射,可进一步转化成维生素D_3。

(3)胆固醇在肝脏中被氧化成胆酸,胆酸再与甘氨酸、牛磺酸结合,生成甘氨胆酸或牛磺胆酸等胆汁酸。胆汁酸的钠盐或钾盐随胆汁经胆道排入小肠,促进脂类及脂溶性维生素的消化与吸收。

(4)胆固醇在肾上腺皮质细胞中可转变成肾上腺皮质激素;在睾丸中可转变成睾酮等雄性激素;在卵巢可转变成孕酮等雌性激素。

体内大部分胆固醇在肝脏内转变为胆汁酸随胆汁排出,这是胆固醇排泄的主要途径。一部分胆固醇也可直接随胆汁或通过肠黏膜排入肠道。进入肠道的胆固醇,一部分被重新吸收,另一部分则被肠道细菌还原,变成粪固醇随粪便排出。但是摄取过多或代谢障碍时,胆固醇就会从血清中沉积在动脉血管壁上,导致冠心病和动脉粥样硬化症;过饱和胆固醇从胆汁中析出沉淀则是形成胆固醇结石的基础。所以既要提供足够的胆固醇来维持机体的正常生理功能,又要防止胆固醇过量所造成的不良影响。

五、脂类的运转概况

(一)脂类在体内的贮存和动员

机体所有组织都能贮存脂肪,但主要的贮存场所为脂肪组织。因此,称脂肪组织为脂库。不同动物种类,由于食物来源、环境条件、习惯等不同,贮存脂肪的性质也不同。但是长期喂饲同类饲料时,也能改变贮脂的性质。

脂肪从脂库中释放出来,即脂库中部分脂肪水解成甘油和脂肪酸而释放,称为脂肪的动员。动员强度可以按照机体的生理需要进行调整。例如,动物饱饲后,贮存脂都有所增加;饥饿或患慢性消耗性疾病时,则贮存脂减少。正常情况,机体在胰岛素和胰高血糖素的调节下,脂肪的贮存与动员处于动态平衡。

(二)脂类的运输

1.血脂与血浆脂蛋白

血浆中所含的脂类统称"血脂",它包括脂肪、磷脂、胆固醇及其酯和游离脂肪酸。血脂的来源有外源性的,即从饲料消化吸收来的;也有内源性的,即由机体组织合成后释放出来的。血脂的种类及含量随动物品种、年龄、性别、饲养状况不同而变动范围较大。

脂类不溶于水,因此要与血浆中的蛋白质结合才能被运输。除游离脂肪酸与血浆清蛋白结合成复合物运输外，其他的脂类都以脂蛋白的形式运输。

血浆脂蛋白呈球状，核心由疏水的甘油三酯和胆固醇酯构成；外层由兼有极性和非极性基团的载脂蛋白、磷脂和胆固醇包裹，其非极性基团朝向疏水的内核，极性基团朝外，形成可溶性的颗粒在血液中运输。

2. 血浆脂蛋白的分类

血浆脂蛋白的种类很多，通常采用超速离心或电泳两种方法进行分类。

(1)电泳分类法　由于各类血浆脂蛋白中的载脂蛋白不同，因而各血浆脂蛋白表面电荷不同，故在电场中其迁移速度不同，从而可互相分开。利用醋酸纤维素薄膜电泳法、纸电泳法和琼脂糖电泳法，可将血浆脂蛋白分为 4 个区带。与血浆蛋白电泳比较看，在原点不动的为乳糜微粒；β-脂蛋白相当于β-球蛋白的位置；前β-脂蛋白位于β-脂蛋白之前，相当于α_2-球蛋白的位置；α-脂蛋白相当于α_1-球蛋白的位置。

(2)密度分类法　各类血浆脂蛋白中脂类所占比例不同，致使各血浆脂蛋白密度不同，利用密度梯度超速离心技术，将血浆脂蛋白依其密度由小到大分为乳糜微粒(CM)、极低密度脂蛋白(VLDL)、低密度脂蛋白(LDL)和高密度脂蛋白(HDL)四类，分别相当于电泳分离到的 CM、前β-脂蛋白、β-脂蛋白和α-脂蛋白。

3. 血浆脂蛋白的主要功能

血浆脂蛋白不仅是脂类的运输形式，而且能在血浆中进行代谢。由于各类脂蛋白的组成不同，其生理功能与代谢也不相同。

(1)乳糜微粒(CM)　CM 是由小肠黏膜上皮细胞将饲料中的脂类消化吸收再合成脂肪，并同吸收和合成的磷脂、胆固醇一起由载脂蛋白包裹形成。其特点是含有大量的脂肪，磷脂、胆固醇，载脂蛋白含量甚少。由于 CM 中的脂肪来自食物，故 CM 为外源性脂肪的主要运输形式。

CM 在血中运输时，在脂蛋白脂肪酶的催化下，脂肪不断水解释放出脂肪酸和甘油，并进入肝脏和脂肪组织贮存和利用。CM 则不断变小，成为密度极高的脂蛋白(称为残余颗粒)而被肝细胞摄入。

(2)极低密度脂蛋白(VLDL)　VLDL 主要由肝细胞合成，合成过程和 CM 合成过程基本相似，小肠黏膜细胞也可合成少量的 VLDL。VLDL 的主要成分也是脂肪，但磷脂和胆固醇含量比 CM 多。VLDL 的主要功能是将脂肪从肝脏运到其他组织，特别是脂肪组织。所以，VLDL 是转运内源性脂肪的主要形式。

VLDL 在运输时，脂肪不断由脂蛋白脂肪酶作用而水解，水解产物脂肪酸等被组织摄取利用使其密度增加，转变为低密度脂蛋白。

(3)低密度脂蛋白(LDL)　LDL 由血浆中 VLDL 转变而来，其含有丰富的胆固醇和胆固醇酯，是向组织转运肝脏合成的内源胆固醇的主要形式。各种组织包括肝脏本身都能摄取和代谢 LDL。

(4)高密度脂蛋白(HDL)　HDL 主要在肝脏合成，也可在小肠合成，CM、VLDL 中脂肪水解进一步转化也可形成 HDL。HDL 的作用是将胆固醇运回肝脏进行代谢转变。成熟的 HDL 可能首先与肝细胞膜的 HDL 受体结合，然后被肝细胞摄取，其中的胆固醇可以用于合成胆汁酸或直接排出体外。

★ 实验操作——肝组织的生酮作用

(一)实验仪器

试管及试管架,剪刀,恒温水浴箱,匀浆器,研钵,离心机。

(二)药品与试剂

0.9%NaCl 溶液,1/15 mol·L^{-1} 磷酸缓冲液(pH 7.6),15%三氯醋酸,丙酮。

罗氏溶液:NaCl 0.9 g,KCl 0.042 g,$CaCl_2$ 0.024 g,$NaHCO_3$ 0.02 g,葡萄糖 0.1 g,溶解后加蒸馏水至 100 mL。

0.5 mol·L^{-1} 丁酸:取 44.0 g 丁酸溶于 0.1 mol·L^{-1}NaOH 溶液中,并用 0.1 mol·L^{-1} NaOH 溶液稀释至 1 000 mL。

检酮粉:亚硝基铁氰化钠 1 g、无水碳酸钠 30 g,硫酸铵 50 g,混合后研碎。

(三)操作步骤

(1)肝匀浆和肌肉匀浆的制备。取 1 只饥饿的实验兔,当头击毙,迅速解剖,取出全部肝脏和部分肌肉组织,分别置于研钵中,用剪刀剪碎,加入生理盐水(按重量∶体积=1∶3)和少许细砂,研磨成匀浆。

(2)取试管 5 支,编号,按下表操作:

mL

试 剂	管 号				
	1	2	3	4	5
磷酸缓冲液(pH 7.6)	15	15	15	15	—
罗氏溶液	15	15	15	15	—
丁酸	30	—	30	—	—
蒸馏水	—	30	—	30	30
丙酮	—	—	—	—	30
肝匀浆	15	15	—	—	—
肌匀浆	—	—	15	15	—

将各管混合均匀后置于 37 ℃水浴中保温 40 min。

(3)取出各管摇匀,置离心机运转 5 min(3 000 r/min)。

(4)取有凹的白瓷反应板一块,标号,在 5 个孔内放黄豆粒大小检酮粉,分别吸取离心出的上清液 1~2 滴,滴入各孔,观察颜色变化,并说明原因。

★ 思考练习题

一、名词解释

1. 脂肪酸的 β-氧化　2. 酮体　3. 乳糜微粒　4. VLDL　5. LDL　6. HDL

二、填空题

1. 脂类是________和________及其衍生物的总称。

2. 脂酰 CoA 是通过线粒体内膜上的一种特异转运载体________运转到线粒体内的。

3. ____________酶在心肌、骨骼肌及大脑等组织活性很高，而______缺乏这种酶，所以肝脏只能产生酮体供________利用，而本身不能利用。

4. α-磷酸甘油可以从以下两个途径来。一是由糖分解途径的中间产物________还原而来；二是由________磷酸化转化而来。

5. 合成脂肪酸的直接原料为________。合成脂肪酸时，除开始需要________分子的乙酰 CoA 以外，其余乙酰 CoA 必须先羧化成________。

6. 卵磷脂是合成血浆脂蛋白的重要原料，卵磷脂合成受阻，会导致________的合成障碍，影响肝内脂肪的运出，使脂肪在肝中堆积，出现________。

7. ________是一类具有较强表面活性的物质，能致使红细胞膜和其他细胞膜破坏，引起溶血和细胞坏死。

8. CM 为________的主要运输形式。________是转运内源性脂肪的主要形式。LDL 是向组织转运肝脏合成的________的主要形式。HDL 将________运回____进行代谢转变。

三、简答题

1. 一分子含三个软脂酸的甘油三酯彻底氧化分解成二氧化碳和水时，产生多少分子的 ATP？

2. 试述酮病的发病机理及防治原则。

3. 写出脂肪酸 β-氧化和脂肪酸合成的反应步骤，比较二者的异同点。

知识扩展　糖、脂类和蛋白质的代谢关系

动物机体的新陈代谢是一个完整而统一的过程，各种物质的代谢过程是密切联系和相互影响的。现将糖、脂类和蛋白质的代谢关系概述如下。

一、糖代谢和脂类代谢的联系

动物体内糖转化为脂类的作用很普遍。例如，动物育肥时，饲料中的成分是以淀粉等多糖为主，说明动物机体能将糖转变为脂肪。

乙酰辅酶 A 是糖分解代谢的中间产物，这一中间产物正是合成脂肪酸和胆固醇的重要原料；糖分解的另一中间产物磷酸二羟丙酮又是生成甘油的原料；另外，脂肪酸和胆固醇合成所需要的 NADPH 是由磷酸戊糖途径供给的。可见，动物体可以用糖合成脂肪和胆固醇。

动物体内脂肪转变为糖的作用不够显著。脂肪中的甘油可以通过磷酸二羟丙酮转变为糖，但脂肪酸分解产生的乙酰辅酶 A 不能净合成糖。这是因为丙酮酸氧化脱羧作用不可逆，不能将乙酰辅酶 A 转变为丙酮酸而生成糖。乙酰辅酶 A 要生成糖，必须经三羧酸循环生成

草酰乙酸转变成糖。但此时要消耗一分子草酰乙酸，故不能净生成糖。而奇数碳代谢产生的丙酰 CoA 可以异生成糖。

二、蛋白质代谢和糖代谢的联系

糖代谢途径中产生的 α-酮酸，经过氨基化和转氨基作用，可以生成许多非必需氨基酸，进而合成蛋白质。蛋白质分解产生的氨基酸中，除赖氨酸和亮氨酸外，脱氨生成的 α-酮酸都可以经过一系列反应转化为丙酮酸，从而异生成糖。

三、蛋白质与脂类代谢的联系

无论是生糖氨基酸，还是生酮氨基酸，都可生成乙酰辅酶 A，然后转变为脂肪和胆固醇。此外，某些氨基酸还是合成磷脂的原料。

脂肪中的甘油可以转变成糖，因而可同糖一样转变为各种非必需氨基酸。由脂肪酸转变成氨基酸是受限制的，因为脂肪酸分解产生的乙酰辅酶 A 虽然可以进入三羧酸循环产生 α-酮戊二酸，但代谢过程必须有草酰乙酸参与，而草酰乙酸只能由糖和甘油生成，可以说脂肪酸只能与其他物质配合才能合成氨基酸。糖、脂类和蛋白质之间的联系总结于图 7-9。

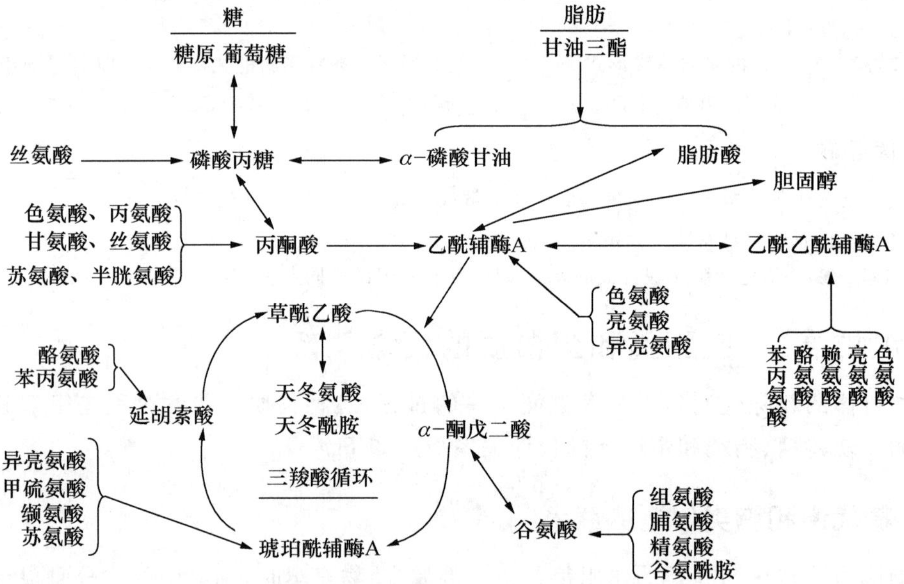

图 7-9 糖、脂类和蛋白质之间的联系

自测练习

附 录

附录 1 常用元素的相对原子质量

原子序数	元素名称	元素符号	相对原子质量	原子序数	元素名称	元素符号	相对原子质量
1	氢	H	1.007 94(7)	33	砷	As	74.921 60(2)
2	氦	He	4.002 602(2)	34	硒	Se	78.96(3)
3	锂	Li	6.941(2)	35	溴	Br	79.904(1)
4	铍	Be	9.012 182(3)	36	氪	Kr	83.798(2)
5	硼	B	10.811(7)	37	铷	Rb	85.467 8(3)
6	碳	C	12.010 7(8)	38	锶	Sr	87.62(1)
7	氮	N	14.006 7(2)	39	钇	Y	88.905 85(2)
8	氧	O	15.999 4(3)	40	锆	Zr	91.224(2)
9	氟	F	18.998 403 2(5)	41	铌	Nb	92.906 38(2)
10	氖	Ne	20.179 7(6)	42	钼	Mo	95.96(2)
11	钠	Na	22.989 769 28(2)	43	锝	Tc	98.907 2(4)
12	镁	Mg	24.305 0(6)	44	钌	Ru	101.07(2)
13	铝	Al	26.981 538 6(8)	45	铑	Rh	102.905 50(2)
14	硅	Si	28.085 5(3)	46	钯	Pd	106.42(1)
15	磷	P	30.973 762(2)	47	银	Ag	107.868 2(2)
16	硫	S	32.065(5)	48	镉	Cd	112.411(8)
17	氯	Cl	35.453(2)	49	铟	In	114.818(3)
18	氩	Ar	39.948(1)	50	锡	Sn	118.710(7)
19	钾	K	39.098 3(1)	51	锑	Sb	121.760(1)
20	钙	Ca	40.078(4)	52	碲	Te	127.60(3)
21	钪	Sc	44.955 912(6)	53	碘	I	126.904 47(3)
22	钛	Ti	47.867(1)	54	氙	Xe	131.293(6)
23	钒	V	50.941 5(1)	56	钡	Ba	137.327(7)
24	铬	Cr	51.996 1(6)	74	钨	W	183.84(1)
25	锰	Mn	54.938 045(5)	78	铂	Pt	195.084(9)
26	铁	Fe	55.845(2)	79	金	Au	196.966 569(4)
27	钴	Co	58.933 195(5)	80	汞	Hg	200.59(2)
28	镍	Ni	58.693 4(4)	82	铅	Pb	207.2(1)
29	铜	Cu	63.546(3)	84	钋	Po	[208.982 4]
30	锌	Zn	65.38(2)	86	氡	Rn	[222.017 6]
31	镓	Ga	69.723(1)	88	镭	Re	[226.024 5]
32	锗	Ge	72.64(1)	92	铀	U	238.028 91(3)

注:1. 本相对原子质量表按照原子序数排列。

2. 本表数据源自 2007 年 IUPAC 元素周期表(IUPAC 2007 standard atomic weights),以 $^{12}C=12$ 为标准。

3. 本表 [ ] 内的原子质量为放射性元素($Z>108$)的半衰期最长的同位素质量数。

4. 相对原子质量末位数的不确定度加注在其后的()内,比如 8 号氧元素的相对原子质量 15.999 4(3)是 15.999 4±0.000 03 的简写。

附录 2 常见物质的相对分子质量

分子式	相对分子质量	分子式	相对分子质量	分子式	相对分子质量
$AgBr$	187.77	$Ce(SO_4)_2$	332.24	H_2CO_3	62.03
$AgCl$	143.32	$CoCl_2$	129.84	$H_2C_2O_4$	90.04
$AgCN$	133.89	$CoCl_2 \cdot 6H_2O$	237.93	$H_2C_2O_4 \cdot 2H_2O$	126.07
$AgSCN$	165.95	$Co(NO_3)_2 \cdot 6H_2O$	291.06	HCl	36.46
Ag_2CrO_4	331.73	$CoSO_4$	154.99	HF	20.01
AgI	234.77	$CoSO_4 \cdot 7H_2O$	281.10	HIO_3	175.91
$AgNO_3$	169.87	$CO(NH_2)_2$	60.09	HNO_3	63.01
$AlCl_3$	133.34	$CrCl_3$	158.36	HNO_2	47.01
$AlCl_3 \cdot 6H_2O$	241.43	$Cr(NO_3)_3$	238.01	H_2O	18.02
$Al(NO_3)_3$	213.00	Cr_2O_3	151.99	H_2O_2	34.02
Al_2O_3	101.96	$CuCl_2$	134.45	H_3PO_4	98.00
$Al(OH)_3$	78.00	$CuCl_2 \cdot 2H_2O$	170.48	H_2S	34.08
$Al_2(SO_4)_3$	342.14	$CuSCN$	121.62	H_2SO_3	82.07
$Al_2(SO_4)_3 \cdot 18H_2O$	666.41	CuI	190.45	H_2SO_4	98.07
As_2O_3	197.84	$Cu(NO_3)_2$	187.56	$HgCl_2$	271.50
As_2S_3	246.02	CuO	79.55	Hg_2Cl_2	472.09
$BaCO_3$	197.34	Cu_2O	143.09	HgI_2	454.40
BaC_2O_4	225.35	CuS	95.61	$Hg(NO_3)_2$	324.60
$BaCl_2$	208.24	$CuSO_4$	159.60	HgO	216.59
$BaCl_2 \cdot 2H_2O$	244.27	$CuSO_4 \cdot 5H_2O$	249.68	HgS	232.65
$BaCrO_4$	253.32	$FeCl_2$	126.75	$HgSO_4$	296.65
BaO	153.33	$FeCl_3$	162.21	Hg_2SO_4	497.24
$Ba(OH)_2$	171.34	$NH_4Fe(SO_4)_2$	482.18	$KAl(SO_4)_2 \cdot 12H_2O$	474.38
$BaSO_4$	233.39	$Fe(NO_3)_3$	241.86	KBr	119.00
$BiCl_3$	315.34	FeO	71.85	$KBrO_3$	167.00
CO_2	44.01	Fe_2O_3	159.69	KCl	74.55
CaO	56.08	$Fe(OH)_3$	106.87	$KClO_3$	122.55
$CaCO_3$	100.09	FeS	87.91	$KClO_4$	138.55
CaC_2O_4	128.10	Fe_2S_3	207.87	KCN	65.12
$CaCl_2$	110.99	$FeSO_4$	151.91	$KSCN$	97.18
$CaCl_2 \cdot 6H_2O$	219.08	$FeSO_4 \cdot 7H_2O$	278.01	K_2CO_3	138.21
$Ca(NO_3)_2 \cdot 4H_2O$	236.15	$(NH_4)_2Fe(SO_4)_2 \cdot 6H_2O$	392.13	K_2CrO_4	194.19
$Ca(OH)_2$	74.10	H_3AsO_3	125.94	$K_2Cr_2O_7$	294.18
$Ca_3(PO_4)_2$	310.18	H_3AsO_4	141.94	$K_3Fe(CN)_6$	329.25
$CaSO_4$	136.14	H_3BO_3	61.83	$K_4Fe(CN)_6$	368.35
$CdCO_3$	172.42	HBr	80.91	$KFe(SO_4)_2 \cdot 12H_2O$	503.24
$CdCl_2$	183.32	$HCOOH$	46.03	$KHC_8H_4O_4$	204.22
CdS	144.47	$CH_3COOH(HAc)$	60.05	$KHC_2O_4 \cdot H_2O$	146.14

续表

分子式	相对分子质量	分子式	相对分子质量	分子式	相对分子质量
$KHC_2O_4 \cdot H_2C_2O_4 \cdot 2H_2O$	254.19	$(NH_4)_2MoO_4$	196.01	P_2O_5	141.95
$KHSO_4$	136.16	NH_4NO_3	80.04	$PbCO_3$	267.21
KI	166.00	$(NH_4)_2HPO_4$	132.06	PbC_2O_4	295.22
KIO_3	214.00	$(NH_4)_2S$	68.14	$PbCl_2$	278.11
$KMnO_4$	158.03	$(NH_4)_2SO_4$	132.13	$PbCrO_4$	323.19
KNO_3	101.10	NH_4VO_3	116.98	$Pb(CH_3COO)_2$	325.29
KNO_2	85.10	Na_3AsO_3	191.89	$Pb(NO_3)_2$	331.21
K_2O	94.20	$Na_2B_4O_7$	201.22	PbO	223.20
KOH	56.11	$Na_2B_4O_7 \cdot 10H_2O$	381.37	PbO_2	239.20
K_2SO_4	174.25	$NaBiO_3$	297.97	PbS	239.26
$MgCO_3$	84.31	NaCN	49.01	$PbSO_4$	303.26
$MgCl_2$	95.21	NaSCN	81.07	SO_3	80.06
$MgCl_2 \cdot 6H_2O$	203.30	Na_2CO_3	105.99	SO_2	64.06
MgC_2O_4	112.33	$Na_2CO_3 \cdot 10H_2O$	286.14	$SbCl_3$	228.11
$Mg(NO_3)_2$	256.41	$Na_2C_2O_4$	134.00	$SbCl_5$	299.02
$MgNH_4PO_4$	137.32	CH_3COONa	82.03	Sb_2O_3	291.50
MgO	40.30	$CH_3COONa \cdot 3H_2O$	136.08	Sb_2S_3	339.68
$Mg(OH)_2$	58.32	NaCl	58.44	SiO_2	60.08
$Mg_2P_2O_7$	222.55	NaClO	74.44	$SnCl_2$	189.60
$MgSO_4$	246.47	$NaHCO_3$	84.01	$SnCl_2 \cdot 2H_2O$	225.63
$MnCO_3$	114.95	$Na_2HPO_4 \cdot 12H_2O$	358.14	$SnCl_4$	260.50
$MnCl_2$	197.91	$Na_2H_2Y \cdot 2H_2O$	372.24	SnO_2	150.69
$Mn(NO_3)_2$	287.04	$NaNO_2$	69.00	SnS_2	150.75
MnO	70.94	$NaNO_3$	85.00	$SrCO_3$	147.63
MnO_2	86.94	Na_2O	61.98	SrC_2O_4	175.64
MnS	87.00	Na_2O_2	77.98	$SrCrO_4$	203.61
$MnSO_4$	151.00	NaOH	40.00	$Sr(NO_3)_2$	211.63
NO	30.01	Na_3PO_4	163.94	$SrSO_4$	183.68
NO_2	46.01	Na_2S	78.04	$ZnCO_3$	125.39
NH_3	17.03	Na_2SO_3	126.04	ZnC_2O_4	153.40
CH_3COONH_4	77.08	Na_2SO_4	142.04	$ZnCl_2$	136.29
NH_4Cl	53.49	$Na_2S_2O_3$	158.10	$Zn(CH_3COO)_2$	183.47
$(NH_4)_2CO_3$	96.09	$Na_2S_2O_3 \cdot 5H_2O$	248.17	$Zn(NO_3)_2$	189.39
$(NH_4)_2C_2O_4$	124.10	$NiCl_2 \cdot 6H_2O$	237.69	ZnO	81.39
$(NH_4)_2C_2O_4 \cdot H_2O$	142.11	NiO	74.69	ZnS	97.44
NH_4SCN	76.12	$Ni(NO_3)_2 \cdot 6H_2O$	290.79	$ZnSO_4$	161.44
NH_4HCO_3	79.06	$NiSO_4 \cdot 7H_2O$	280.85	$ZnSO_4 \cdot 7H_2O$	287.55

附录3 常用酸碱溶液的相对密度和浓度对应表

(一)酸溶液的相对密度、质量分数与物质的量浓度

相对密度(15 ℃)	HCl		HNO_3		H_2SO_4	
	w/%	c/(mol·L^{-1})	w/%	c/(mol·L^{-1})	w/%	c/(mol·L^{-1})
1.02	4.13	1.15	3.70	0.6	3.1	0.3
1.04	8.16	2.3	7.26	1.2	6.1	0.6
1.05	10.2	2.9	9.0	1.5	7.4	0.8
1.06	12.2	3.5	10.7	1.8	8.8	0.9
1.08	16.2	4.8	13.9	2.4	11.6	1.3
1.10	20.0	6.0	17.1	3.0	14.4	1.6
1.12	23.8	7.3	20.2	3.6	17.0	2.0
1.14	27.7	8.7	23.3	4.2	19.9	2.3
1.15	29.6	9.3	24.8	4.5	20.9	2.5
1.19	37.2	12.2	30.9	5.8	26.0	3.2
1.20			32.3	6.2	27.3	3.4
1.25			39.8	7.9	33.4	4.3
1.30			47.5	9.8	39.2	5.2
1.35			55.8	12.0	44.8	6.2
1.40			65.3	14.5	50.1	7.2
1.42			69.8	15.7	52.2	7.6
1.45					55.0	8.2
1.50					59.8	9.2
1.55					64.3	10.2
1.60					68.7	11.2
1.65					73.0	12.3
1.70					77.2	13.4
1.84					95.6	18.0

(二)碱溶液的相对密度、质量分数与物质的量浓度

相对密度(15 ℃)	$NH_3 \cdot H_2O$		NaOH		KOH	
	w/%	c/(mol·L^{-1})	w/%	c/(mol·L^{-1})	w/%	c/(mol·L^{-1})
0.88	35.0	18.0				
0.90	28.3	15				
0.91	25.0	13.4				
0.92	21.8	11.8				
0.94	15.6	8.6				
0.96	9.9	5.6				
0.98	4.8	2.8				
1.05			4.5	1.25	5.5	1.0
1.10			9.0	2.5	10.9	2.1
1.15			13.5	3.9	16.1	3.3
1.20			18.0	5.4	21.2	4.5
1.25			22.5	7.0	26.1	5.8
1.30			27.0	8.8	30.9	7.2
1.35			31.8	10.7	35.5	8.5

附录4 常用溶液的配制

(一)常用酸碱溶液配制

名 称(分子式)	密度/($g \cdot cm^{-3}$)	含量 w/%	近似物质的量浓度/($mol \cdot L^{-1}$)	欲配溶液的物质的量浓度/($mol \cdot L^{-1}$)			
				6	3	2	1
				配制 1 L 溶液用量/mL(或 g)			
盐酸(HCl)	1.18~1.19	36~38	12	500	250	167	83
硝酸(HNO_3)	1.39~1.40	65~68	15	381	191	128	64
硫酸(H_2SO_4)	1.83~1.84	95~98	18	84	42	28	14
冰醋酸(HAc)	1.05	99.9	17	253	177	118	59
磷酸(H_3PO_4)	1.69	85	15	39	19	12	6
氨水($NH_3 \cdot H_2O$)	0.90~0.91	28	15	400	200	134	77
氢氧化钠(NaOH)				(240)	(120)	(80)	(40)
氢氧化钾(KOH)				(339)	(170)	(113)	(56.5)

(二)某些试剂溶液的配制

名 称	配 制 方 法
镁试剂(0.01 $g \cdot L^{-1}$)	取 0.01 g 镁试剂(对硝基苯偶氮间苯二酚)溶于 1 L 1 $mol \cdot L^{-1}$ NaOH 溶液中
钴亚硝酸钠 $Na_3[Co(NO_2)_6]$	溶解 23 g $NaNO_2$ 于 50 mL 水中,加入 16.5 mL 6 $mol \cdot L^{-1}$ HAc 和 3 g $Co(NO_3)_2 \cdot 6H_2O$,放置 24 h,取其清液,稀释至 100 mL,贮存于棕色瓶中
钼酸铵(0.1 $mol \cdot L^{-1}$) $(NH_4)_2MoO_4$	取 124 g $(NH_4)_2MoO_4$ 溶于 1 L 水中,然后将所得溶液倒入 1 L 6 $mol \cdot L^{-1}$ HNO_3 中,放置 24 h,取其清液
双硫腙试剂	取 0.01 g 双硫腙溶于 100 mL CCl_4 中
奈氏试剂	取 11.5 g HgI_2 和 8 g KI 溶于水中,稀释至 50 mL。再加入 50 mL 6 $mol \cdot L^{-1}$ NaOH 溶液,静置取其清液,贮存于棕色瓶中
班氏试剂	称取 21 g 柠檬酸钠及 12.5 g 无水碳酸钠溶解于 100 mL 蒸馏水中;另溶解 2.1 g 硫酸铜于 10 mL 热蒸馏水中。将硫酸铜溶液缓缓倾入柠檬酸钠-碳酸钠溶液中,边加边搅,如有沉淀可过滤,此溶液可长期使用
斐林试剂	斐林试剂Ⅰ:3.5 g 硫酸铜晶体溶于 100 mL 水中;斐林试剂Ⅱ:25 g 氢氧化钠、17 g 酒石酸钾钠溶于 100 mL 蒸馏水中。将上述两种溶液等量混合
莫立许试剂	又称 α-萘酚酒精试剂,5 g α-萘酚溶于 95%乙醇并稀释至 100 mL,临用时配制,并贮于棕色试剂瓶中
谢里瓦诺夫试剂	又称间苯二酚-盐酸试剂,50 mg 间苯二酚溶于 1∶3 盐酸中,临用时配制
托伦试剂	加 20 mL 5%硝酸银溶液于一干净试管内,加入 1 滴 10%氢氧化钠溶液,然后滴加 2%氨水,边加边摇,直至沉淀刚好溶解
饱和亚硫酸氢钠溶液	在 100 mL 40%亚硫酸氢钠溶液中,加入 25 mL 不含醛的无水乙醇。混合后,如有少量亚硫酸氢钠结晶析出,必须过滤,或倾泻上层清液。此溶液不稳定,容易被氧化和分解。因此不能保存很久,实验前配制为宜
2,4-二硝基苯肼试剂	取 2,4-二硝基苯肼 3 g 溶于 15 mL 浓硫酸,将此酸性溶液慢慢加入 70 mL 95%乙醇中,再加蒸馏水稀释到 100 mL,过滤。取滤液保存于棕色瓶中
碘-碘化钾溶液	取 2 g 碘和 5 g 碘化钾,加入尽可能少的水中,搅拌至碘完全溶解,加水稀释至 100 mL
氯化亚铜氨溶液	取 1 g 氯化亚铜加 1~2 mL 浓氨水和 10 mL 水,用力摇动后,静置片刻,倾出溶液,并投入一块铜片,贮存备用

附录5　常用(标准)缓冲溶液的配制

缓冲溶液组成	pK_a	缓冲溶液 pH	缓冲溶液配制方法
邻苯二甲酸氢钾	2.95	(标准)4.01	称取在110 ℃烘干的分析纯邻苯二甲酸氢钾10.21 g，溶于蒸馏水中，再定容至1 000 mL
磷酸二氢钾-磷酸二氢钠		(标准)6.86	称取在110 ℃烘干的分析纯磷酸二氢钾3.39 g和磷酸二氢钠3.53 g，溶于蒸馏水中，再定容至1 000 mL
硼砂	标准	(标准)9.18	称取分析纯硼砂3.81 g，用蒸馏水溶解后定容至1 000 mL
甘氨酸-HCl	2.35	2.3	取甘氨酸150 g溶于500 mL水中，加盐酸80 mL，加水稀释至1 L
H_3PO_4-枸橼酸盐		2.5	$Na_2HPO_4 \cdot 12H_2O$ 113 g溶于200 mL水后，加枸橼酸387 g，溶解过滤后，稀释至1 L
一氯乙酸-NaOH	2.86	2.8	取200 g一氯乙酸溶于200 mL水中，加NaOH 40 g溶解后稀释至1 L
邻苯二甲酸氢钾-HCl	2.95	2.9	取500 g邻苯二甲酸氢钾溶于500 mL水中，溶解，稀释至1 L
甲酸-NaOH	3.76	3.7	取95 g甲酸和NaOH 40 g于500 mL水中，溶解，稀释至 1 L
NH_4Ac-HAc		4.5	取NH_4Ac 77 g溶于200 mL水中，加冰醋酸59 mL，稀释至1 L
NaAc-HAc	4.74	4.7	取无水NaAc 83 g溶于水中，加冰醋酸60 mL，稀释至1 L
NaAc-HAc	4.74	5.0	取无水NaAc 160 g溶于水中，加冰醋酸60 mL，稀释至1 L
NH_4Ac-HAc		5.0	取无水NH_4Ac 250 g溶于水中，加冰醋酸25 mL，稀释至1 L
六次甲基四胺-HCl	5.15	5.4	取六次甲基四胺40 g溶于200 mL水中，加盐酸10 mL，稀释至1 L
NH_4Ac-HAc		6.0	取NH_4Ac 600 g溶于水中，加冰醋酸20 mL，稀释至1 L
NaAc-H_3PO_4 盐		8.0	取无水NaAc 50 g和$Na_2HPO_4 \cdot 12H_2O$ 50 g，溶于水中，稀释至1 L
Tris-HCl[三羟甲基氨甲烷$CNH_2(CH_2OH)_3$]	8.21	8.2	取25 g Tris试剂溶于水中，加浓盐酸8 mL，稀释至1 L
NH_3-NH_4Cl	9.26	9.2	取NH_4Cl 54 g溶于水中，加浓氨水63 mL，稀释至1 L
NH_3-NH_4Cl	9.26	9.5	取NH_4Cl 54 g溶于水中，加浓氨水126 mL，稀释至1 L
NH_3-NH_4Cl	9.26	10.0	取NH_4Cl 54 g溶于水中，加浓氨水350 mL，稀释至1 L

注：1.缓冲液配制后可用pH试纸检查。如pH不对，可用共轭酸或碱调节。

2.若需增加或减少缓冲溶液的缓冲容量时，可相应增加或减少共轭酸碱对物质的量，再调节之。

附录6 弱电解质的电离常数(25 ℃)

(一)弱酸

弱 酸	分子式	分级	K_a	pK_a
砷酸	H_3AsO_4	1	6.3×10^{-3}	2.20
		2	1.0×10^{-7}	7.00
		3	3.2×10^{-12}	11.49
亚砷酸	H_3AsO_3		6.0×10^{-10}	9.22
硼酸	H_3BO_3		5.8×10^{-10}	9.24
乙酸	CH_3COOH		1.8×10^{-5}	4.74
甲酸	$HCOOH$		1.8×10^{-4}	3.74
碳酸	H_2CO_3	1	4.2×10^{-7}	6.38
		2	5.6×10^{-11}	10.25
铬酸	H_2CrO_4	1	1.8×10^{-1}	0.74
		2	3.2×10^{-7}	6.49
氢氟酸	HF		6.6×10^{-4}	3.18
氢氰酸	HCN		6.2×10^{-10}	9.21
氢硫酸	H_2S	1	1.3×10^{-7}	6.89
		2	7.1×10^{-15}	14.15
亚硝酸	HNO_2		5.1×10^{-4}	3.29
磷酸	H_3PO_4	1	7.6×10^{-3}	2.12
		2	6.3×10^{-8}	7.20
		3	4.4×10^{-13}	12.36
一氯乙酸	$ClCH_2COOH$		1.4×10^{-3}	2.85
硫酸	H_2SO_4	2	1.0×10^{-2}	2.00
亚硫酸	H_2SO_3	1	1.3×10^{-2}	1.89
		2	6.3×10^{-8}	7.20
草酸	$H_2C_2O_4$	1	5.9×10^{-2}	1.23
		2	6.4×10^{-5}	4.19
苯甲酸	C_6H_5COOH		6.2×10^{-5}	4.21
苯酚	C_6H_5OH		1.1×10^{-10}	9.96
乙二胺四乙酸	$CH_2—N(CH_2—COOH)_2$	1	2.1×10^{-3}	2.68
	|	2	6.9×10^{-7}	6.16
	$CH_2—N(CH_2—COOH)_2$	3	5.5×10^{-11}	10.26

(二)弱碱

弱碱	分子式	分级	K_b	pK_b
氨水	$NH_3\cdot H_2O$		1.8×10^{-5}	4.74
羟胺	NH_2OH		9.1×10^{-9}	8.04
六次甲基四胺	$(CH_2)_6N_4$		1.4×10^{-9}	8.85
三乙醇胺	$(HOCH_2CH_2)_3N$		5.8×10^{-7}	6.24
乙二胺	$NH_2CH_2CH_2NH_2$	1	8.3×10^{-5}	4.08
		2	7.1×10^{-8}	7.15
氢氧化钙	$Ca(OH)_2$	1	3.74×10^{-3}	2.43
		2	4.0×10^{-2}	1.40

附录 7 难溶电解质的溶度积

化合物	K_{sp}	化合物	K_{sp}
AgBr	5.1×10^{-13}	Hg_2Cl_2	1.3×10^{-18}
AgCl	1.8×10^{-10}	Hg_2Br_2	5.8×10^{-23}
Ag_2CO_3	8.1×10^{-12}	Hg_2I_2	4.5×10^{-29}
Ag_2CrO_4	2.0×10^{-12}	HgS(红)	4.0×10^{-53}
AgI	9.3×10^{-17}	HgS(黑)	2.0×10^{-52}
Ag_2S	2.0×10^{-49}	Li_2CO_3	1.7×10^{-3}
AgSCN	1.0×10^{-12}	$MgCO_3$	3.5×10^{-8}
$Al(OH)_3$(无定形)	1.3×10^{-33}	MgF_2	6.4×10^{-9}
$BaCO_3$	5.1×10^{-9}	$Mg(OH)_2$	1.8×10^{-11}
BaC_2O_4	1.6×10^{-7}	MgC_2O_4	8.6×10^{-5}
$BaCrO_4$	1.2×10^{-10}	$MnCO_3$	1.8×10^{-11}
$BaSO_4$	1.1×10^{-10}	$Mn(OH)_2$	1.9×10^{-13}
$CaCO_3$	2.9×10^{-9}	MnS(无定形)	2.5×10^{-10}
CaC_2O_4	2.3×10^{-9}	MnS(晶体)	2.0×10^{-13}
CaF_2	2.7×10^{-11}	β-NiS	1.0×10^{-24}
$CaSO_4$	9.1×10^{-6}	$PbCO_3$	7.4×10^{-14}
CdS	7.1×10^{-28}	$PbCl_2$	1.6×10^{-5}
CuS	6.0×10^{-36}	PbI_2	7.1×10^{-9}
Cu_2S	2.0×10^{-48}	$PbCrO_4$	2.8×10^{-13}
CuCl	1.2×10^{-6}	PbC_2O_4	2.7×10^{-11}
CuBr	5.2×10^{-9}	$PbSO_4$	1.6×10^{-8}
CuI	1.1×10^{-12}	PbS	8.0×10^{-28}
CuC_2O_4	2.9×10^{-8}	$SrCO_3$	1.1×10^{-10}
$Cu(OH)_2$	2.2×10^{-20}	$SrC_2O_4\cdot H_2O$	1.6×10^{-7}
$Fe(OH)_2$	8.0×10^{-16}	$SrSO_4$	3.2×10^{-7}
$Fe(OH)_3$	4.0×10^{-38}	$ZnCO_3$	1.4×10^{-11}
FeC_2O_4	2.1×10^{-7}	$Zn(OH)_2$	1.2×10^{-17}
FeS	6.0×10^{-18}	ZnS	1.2×10^{-23}

附录 8　常用指示剂的配制

指示剂名称	溶液配制方法
甲基橙	0.1%水溶液
甲基红	0.1 g 或 0.2 g 指示剂溶于 100 mL 60%乙醇中
酚酞	0.1 g 指示剂溶于 100 mL 60%乙醇中
甲基红-溴甲酚绿	一份 0.2%甲基红乙醇溶液，三份 0.1%溴甲酚绿乙醇溶液
铬黑 T (EBT)	0.5%水溶液(EBT 在水溶液中稳定性较差，可以配成指示剂与 NaCl 之比为 1∶100 或 1∶200 的固体粉末)
钙指示剂	0.5%乙醇溶液(可以配成指示剂与 NaCl 之比为 1∶100 或 1∶200 的固体粉末)
次甲基蓝	0.05%水溶液
荧光黄	0.2%乙醇溶液
铬酸钾	取铬酸钾 5 g，加水溶解，稀释至 100 mL
硫酸铁铵	取硫酸铁铵 8 g，加水溶解，稀释至 100 mL
曙红	0.5%水溶液
溴酚蓝	取溴酚蓝 0.1 g，加 50%乙醇 100 mL 溶解后过滤

附录 9　常用清洗液的配制

清洗液名称	用途	配制方法	使用注意事项
铬酸洗涤液(重铬酸钾-硫酸)	常用于洗不宜用刷子刷洗的器皿	量取浓硫酸 100 mL 于烧杯中，加热(不得加热至冒烟)，称取重铬酸钾 5 g，研细后，慢慢倒入热硫酸中，边倒边搅拌，溶液呈暗红色，冷却贮存于玻璃瓶中，备用	很强的氧化剂，但作用比较慢，使用时需将洗涤液倒入要洗涤的器皿中浸泡数分钟。铬酸洗涤液使用后，应倒回原来容器内以反复使用。如果洗涤液颜色变绿(还原成 Cr^{3+} 的硫酸根配合物)表示洗液失效，必须重新配制
碱性高锰酸钾洗涤液	用于洗涤油腻及有机物	将 4 g 高锰酸钾溶于少量水中，慢慢加入 100 mL 10% NaOH 溶液即可	
肥皂液、碱液及合成洗涤剂	用以洗涤油脂和一些有机物(如有机酸)	配成浓溶液即可使用	
酸性草酸或盐酸羟胺洗涤液	适用于洗涤氧化性物质，如沾有高锰酸钾、三价铁等的容器	取 10 g 草酸或 1 g 盐酸羟胺溶于 100 mL 20% 的 HCl 溶液中即可	用前者较为经济
有机溶剂洗涤液	用于洗聚合体、油脂及其他有机物	可直接取丙酮、乙醚、苯使用，或配成 NaOH 的饱和乙醇溶液使用	
浓 HNO_3	强氧化剂，必要时也可以用来洗涤器皿		

附录 10 一些配离子的稳定常数(298.15 K)

化学式	稳定常数 β	$\lg\beta$	化学式	稳定常数 β	$\lg\beta$
$[AgCl_2]^-$	1.1×10^{5}	5.04	$[Cu(NH_3)_2]^+$	7.4×10^{10}	10.87
$[AgI_2]^-$	5.5×10^{11}	11.74	$[Cu(NH_3)_4]^{2+}$	4.3×10^{13}	13.63
$[Ag(CN)_2]^-$	5.6×10^{18}	18.74	$[Fe(C_2O_4)_3]^{3-}$	10^{20}	20
$[Ag(NH_3)_2]^+$	1.7×10^{7}	7.23	$[FeF_6]^{3-}$	2×10^{15}	15.3
$[Ag(S_2O_3)_2]^{3-}$	1.7×10^{13}	13.22	$[Fe(CN)_6]^{4-}$	10^{35}	35
$[AlF_6]^{3-}$	6.9×10^{19}	19.84	$[Fe(CN)_6]^{3-}$	10^{42}	42
$[AuCl_4]^-$	2×10^{21}	21.3	$[Fe(NCS)_6]^{3-}$	1.3×10^{9}	9.10
$[Au(CN)_2]^-$	2.0×10^{38}	38.3	$[HgCl_4]^{2-}$	9.1×10^{15}	15.96
$[CdI_4]^{2-}$	2×10^{6}	6.3	$[HgI_4]^{2-}$	1.9×10^{30}	30.28
$[Cd(CN)_4]^{2-}$	7.1×10^{18}	18.85	$[Hg(CN)_4]^{2-}$	2.5×10^{41}	41.40
$[Cd(NH_3)_4]^{2+}$	1.3×10^{7}	7.12	$[Hg(NH_3)_4]^{2+}$	1.9×10^{19}	19.28
$[Co(NCS)_4]^{2-}$	1.0×10^{3}	3.00	$[Hg(SCN)_4]^{2-}$	2×10^{19}	19.3
$[Co(NH_3)_6]^{2+}$	8.0×10^{4}	4.90	$[Ni(CN)_4]^{2-}$	10^{22}	22
$[Co(NH_3)_6]^{3+}$	4.6×10^{35}	35.66	$[Ni(en)_3]^{2+}$	2.1×10^{18}	18.33
$[CuCl_2]^-$	3.2×10^{5}	5.50	$[Ni(NH_3)_6]^{2+}$	5.6×10^{8}	8.74
$[CuBr_2]^-$	7.8×10^{5}	5.89	$[Zn(CN)_4]^{2-}$	7.8×10^{16}	16.89
$[CuI_2]^-$	7.1×10^{8}	8.85	$[Zn(en)_2]^{2+}$	6.8×10^{10}	10.83
$[Cu(CN)_2]^-$	1×10^{16}	16.0	$[Zn(NH_3)_4]^{2+}$	2.9×10^{9}	9.47
$[Cu(CN)_4]^{3-}$	1.0×10^{30}	30.00			
$[Cu(en)_2]^{2+}$	1.0×10^{20}	20.00			

附录 11 化学试剂的保存方法

保存方法	适用对象	试剂性质	试剂
密封	多数试剂都要密封存放，是实验室保存试剂的一个重要原则	易挥发的试剂	浓盐酸、浓硝酸、浓溴水
		易与水蒸气、二氧化碳作用的试剂	无水氯化钙、苛性钠、水玻璃
		易被氧化的试剂(或还原性试剂)	亚硫酸钠、氢硫酸、硫酸亚铁
避光	见光或受热易分解的试剂	避免光照，置阴凉处	硝酸、硝酸银等，一般应盛放在棕色试剂瓶中
防蚀	有腐蚀作用的试剂	注意防蚀	氢氟酸不能放在玻璃瓶中
		不可用带橡胶塞的试剂瓶存放	强氧化剂、有机溶剂
		不能用带玻璃塞的试剂瓶存放	碱液、水玻璃
抑制	易水解、易被氧化的试剂	要加一些物质抑制其水解或被氧化	氯化铁溶液中常滴入少量盐酸 硫酸亚铁溶液中常加入少量铁屑
隔离	易燃有机物		要远离火源
		强氧化剂(过氧化物或有强氧化性的含氧酸及其盐)	与易被氧化的物质(炭粉、硫化物等)隔开存放

续表

保存方法	适用对象	试剂性质	试剂
通风	多数试剂存放要遵循这一原则	特别是易燃有机物、强氧化剂等	
低温	室温下易发生反应的试剂	需采取措施低温保存	苯乙烯和丙烯酸甲酯等不饱和烃及羧酸衍生物在室温时易发生聚合
		要在 10 ℃以下的环境保存	过氧化氢易发生分解
特殊	特殊试剂要采取特殊措施保存	实验室中大部分试剂都具有多重性质，在保存时要综合考虑各方面因素，遵循相应的原则	钾、钠要放在煤油中；白磷放在水中；液溴极易挥发，要在其上面覆盖一层水

附录 12　常用基准物质的干燥条件和应用

基准物质		干燥后组成	干燥条件/℃	标定对象
名称	分子式			
碳酸氢钠	$NaHCO_3$	Na_2CO_3	270～300	酸
碳酸钠	$Na_2CO_3 \cdot 10H_2O$	Na_2CO_3	270～300	酸
硼砂	$Na_2B_4O_7 \cdot 10H_2O$	$Na_2B_4O_7 \cdot 10H_2O$	放在含 NaCl 和蔗糖饱和溶液的干燥器中	酸
碳酸氢钾	$KHCO_3$	K_2CO_3	270～300	酸
草酸	$H_2C_2O_4 \cdot 2H_2O$	$H_2C_2O_4 \cdot 2H_2O$	室温空气干燥	碱或高锰酸钾
邻苯二甲酸氢钾	$KHC_8H_4O_4$	$KHC_8H_4O_4$	110～120	碱
重铬酸钾	$K_2Cr_2O_7$	$K_2Cr_2O_7$	140～150	还原剂
溴酸钾	$KBrO_3$	$KBrO_3$	130	还原剂
碘酸钾	KIO_3	KIO_3	130	还原剂
三氧化二砷	As_2O_3	As_2O_3	室温干燥器中保存	氧化剂
草酸钠	$Na_2C_2O_4$	$Na_2C_2O_4$	130	氧化剂
碳酸钙	$CaCO_3$	$CaCO_3$	110	EDTA
氧化锌	ZnO	ZnO	900～1 000	EDTA
氯化钠	NaCl	NaCl	500～600	$AgNO_3$
氯化钾	KCl	KCl	500～600	$AgNO_3$
硝酸银	$AgNO_3$	$AgNO_3$	280～290	氯化物
氨基磺酸	$HOSO_2NH_2$	$HOSO_2NH_2$	在真空硫酸干燥器中保存 48 h	碱

参 考 文 献

[1] 徐丽芳，姜有昌，于文惠. 农业基础化学. 2 版. 北京：中国农业大学出版社，2011.
[2] 张星海. 基础化学. 北京：化学工业出版社，2008.
[3] 吴华，董宪武. 基础化学. 北京：化学工业出版社，2008.
[4] 孙艳华. 基础化学. 北京：化学工业出版社，2008.
[5] 刘冬莲，高申. 无机与分析化学. 北京：化学工业出版社，2009.
[6] 徐宝荣，王芬. 分析化学. 2 版. 北京：中国农业出版社，2008.
[7] 陈桂银，任善茂. 饲料分析与检测. 北京：中国农业大学出版社，2013.
[8] 张丽英. 饲料分析及饲料质量检测技术. 3 版. 北京：中国农业大学出版社，2007.
[9] 潘亚芬. 基础化学实训. 北京. 化学工业出版社，2008.
[10] 张永士，曹凤云. 基础化学学习与习题指导. 北京：北京交通大学出版社，2005.
[11] GB/T 601—2002 化学试剂 标准滴定溶液的制备.
[12] 金颖. 药用化学. 北京：中国轻工业出版社，2012.
[13] 方渡. 有机化学. 2 版. 北京：学苑出版社，2007.
[14] 汪小兰. 有机化学. 4 版. 北京：高等教育出版社，2005.
[15] 吴旦. 从化学的角度看世界. 北京：化学工业出版社，2006.
[16] 陶蔚孙，李惟，姜涌明. 蛋白质分子基础. 2 版. 北京：高等教育出版社，1995.
[17] 金冬雁，金奇，侯云德. 核酸和蛋白质的化学合成与序列分析. 北京：科学出版社，1996.
[18] 徐秀璋，蛋白质顺序分析技术. 北京：科学出版社，1998.
[19] 来鲁华. 蛋白质的结构预测与分子设计. 北京：北京大学出版社，1993.
[20] 许根俊. 酶的作用原理. 北京：科学出版社，1984.
[21] 沈仁权，顾其敏. 生物化学教程. 北京：高等教育出版社，1993.
[22] 陈惠黎，李文杰. 分子酶学. 北京：人民卫生出版社，1993.
[23] 夏未铭. 动物生物化学. 北京：中国农业出版社，2006.
[24] 马金才，包志华，葛亮. 应用化学基础. 北京：化学工业出版社，2007.
[25] 张彩莹，肖连冬. 生物化学实验. 北京：化学工业出版社，2009.
[26] 姜光丽. 动物生物化学. 重庆：重庆大学出版社，2011.
[27] 潘亚芬. 生物化学. 北京：中国农业大学出版社，2009.
[28] 李京杰. 生物化学. 北京：中国农业大学出版社，2007.